煤层甲烷气勘探开发理论与实验测试技术

（第三版）

主编　钱　凯　赵庆波　孙粉锦　汪泽成

副主编　李贵中　昌新玲　张建博　万玉金　杜秀芳

U0339141

石油工业出版社

内 容 提 要

该书系统地介绍了煤层甲烷气勘探、开发的基本理论与实验测试技术。以煤层气吸附成藏理论为依据,详细论述了煤层甲烷形成、储层特征、气藏形成条件、综合地质评价及其储量计算,以及相关的钻采工艺、提高采收率、试井分析与产量预测技术。

本书可供从事石油天然气和煤田研究的科研人员、勘探开发人员、大中专院校石油地质和煤田地质专业的师生参考。

图书在版编目(CIP)数据

煤层甲烷气勘探开发理论与实验测试技术/钱凯等主编. —3 版.
北京:石油工业出版社,2013.9
ISBN 978 – 7 – 5021 – 9752 – 0

Ⅰ. 煤…

Ⅱ. 钱…

Ⅲ. ① 煤层 – 甲烷 – 油气勘探
② 煤层 – 甲烷 – 采气

Ⅳ. P618. 110. 8

中国版本图书馆 CIP 数据核字(2013)第 211881 号

出版发行:石油工业出版社
　　　　(北京安定门外安华里 2 区 1 号　　100011)
　　　　网　　址:http://pip. cnpc. com. cn
　　　　编辑部:(010)64523539　发行部:(010)64523620
经　销:全国新华书店
印　刷:北京中石油彩色印刷有限责任公司
2013 年 9 月第 3 版　2013 年 9 月第 3 次印刷
787×1092 毫米　开本:16　印张:17
字数:430 千字
定价:98. 00 元

第一版序言

目前,中国尚未发现工业规模的煤层甲烷气气田。要勘探开发这样的气田,不能不对国外煤层甲烷气的勘探开发及实验测试技术方面做些调研,也不能不在这些方面做些理论准备。

世界上,美国、加拿大、英国、西班牙、法国、匈牙利、捷克、波兰、中国、津巴布韦、南非、新西兰和澳大利亚等国家开展了煤层甲烷气的勘探,美国的煤层甲烷气已投入开发。

美国有较丰富的煤层甲烷气资源,估计资源量为 $11.3 \times 10^{12} m^3$,居世界第三位,以圣胡安、黑勇士两盆地的勘探与开发最为活跃。1977 年 2 月,Amoco 公司首先在圣胡安盆地 CeDAR-Hill 地区完钻第一口煤层甲烷气气井。20 世纪 70 年代末美国采矿局、美国钢铁公司和能源部一起在黑勇士盆地东部开辟了煤层甲烷气研究和开发试验项目,组建了 OakGrove 和 Brook Wood 两大煤层甲烷气开发脱气工程。80 年代,上述两盆地煤层甲烷气的勘探与开发取得突破性进展,其他盆地的勘探也相继展开,皮申斯、犹因塔、阿科马、绿河盆地均获得煤层甲烷气工业气流。90 年代,美国煤层甲烷气已逐渐发展成为一门新兴能源工业。目前,美国煤层甲烷气生产井有 7000 口以上。Amoco、Taurus、RiverGas 等公司对煤层甲烷气的勘探相当活跃,美国天然气研究所(GRI)、得克萨斯大学(UT)、阿拉巴马大学(UAB)等研究单位,对煤层甲烷气的研究做了出色的工作。美国煤层甲烷气工业发展有着成功的经验。

中国南北都有煤田分布,尤其是北方煤的缊藏量相当丰富。中国煤层甲烷气的勘探还处在探索阶段。辽宁、河北、山西、河南、江西、湖南、安徽等省均进行过煤层甲烷气的钻探,还未发现这样的气田。为此,人们提出了种种解释:如地应力太强,构造部位不利,成熟度太高。也提出了种种疑问:诸如是不是中国的地史演化不利,是不是煤层中缺水? 是不是渗透率太低? 总之,中国煤层甲烷气的勘探方向如何选择、钻井方法应注意的问题、采气应有哪些合理措施,需要走出去做一些调查。

1993 年 5 月,受中国石油天然气总公司委托,北京石油勘探开发科学研究院安排笔者率团赴美参加阿拉巴马州伯明翰市举行的"国际煤层甲烷气会议"(The 1993 International Coalbed Methant Symposium),并考察访问有关地区和科研、生产机构。代表团的成员有:华北石油管理局总地质师梁生正,中国石油天然气总公司信息研究所勘探室主任张绍海,北京石油勘探开发科学研究院万庄分院天然气研究所煤层气实验室当时的负责人苏小鹏。代表团出访主要成果有以下三个方面[1]。

1. 勘探方面

美国人的成功经验告诉我们:如果煤层单层厚 1 ~ 5m,总厚 10 ~ 30m,埋深一般小于 1500m,只要有一定面积且煤阶适宜,甲烷含量较高(一般大于 $10 m^3/t$),渗透率为 2×10^{-3} ~ $10 \times 10^{-3} \mu m^2$,即可形成煤层甲烷气气田。

---

[1] 钱凯、梁生正、张绍海、苏小鹏,中国石油天然气总公司国际煤层甲烷会议代表团工作汇报,1993。

在上述条件中,有待研究的主要是渗透率及甲烷气含量由什么因素决定。美国人的研究证明:煤层埋藏较浅,厚度适中,背斜、向斜主体部位的裂隙发育,都可能成为高渗透区。这两种部位甲烷气含量并不一致,即使是同一背斜及向斜,其含量相差也很悬殊,甚至可以或有或无。因此,确定煤层甲烷气勘探方向最难预料的因素应是其实际含量。对于这个问题,即煤层甲烷气含量或煤层吸附气体得以保存的地质条件如何,美国人没有现存答案,但提供了三个可以据之解答的事实。

第一,圣胡安、黑勇士盆地大面积高产甲烷气气田都位于单斜偏低部位及向斜中含水层位发育区。水主要赋存于煤的面割理、端割理中,裂缝内有较高压力。在圣胡安盆地,即使北部单斜高部位的一个局部背斜,其煤层中含气量及单井气含量也远不及单斜低部位向斜中的高。

第二,有些地区无水煤层亦可产气。如弗吉尼亚,甲烷气产于背斜中,其产量较低。

第三,吸附等温试验证明,随着压力下降,煤层中吸附气逐渐游离,向外逃逸。

这三个事实与美国煤层甲烷气勘探开发现状结合起来,不难得出这样的结论,即煤层甲烷气藏是一种压力圈闭气藏。这种气藏又可分为水压圈闭气藏和气压圈闭气藏。

水压圈闭气藏中,水充填煤层中的裂缝,并有足够压力,吸附气不能解析而得以保存。向斜、单斜低部位是形成这类气藏的有利地区。美国圣胡安、黑勇士盆地大型气田占盆地面积三分之一,它们均处于向斜或单斜低部位。

气压圈闭气藏中,充填煤层裂缝空间的是气体,达到足够压力,煤层吸附气不能解析,不能沿裂缝运移而得以保存。此种气藏形成机理如同一般油气藏,其勘探方向亦应相似,但其储层为煤层,储集空间为微孔隙。

2. 完井工艺

众所周知,煤层甲烷气气井完井必须进行煤层改造才能进行排水产气。完井工艺要根据气田的地质特征来决定,其完井方式有三种:一是下套管固井射孔用无砂水压裂完井,二是下套管固井射孔用凝胶加砂压裂完井,三是洞穴完井。

1990 年,Amoco 公司在黑勇士盆地 OakGrove 气区进行无砂水压裂改造煤层试验。其结果表明,无砂水压裂效果较凝胶加砂压裂的好,单井获得气产量增高,而成本只有后者的一半,但气产量不如后者的高。因此,从综合经济效益考虑,加砂压裂是改造煤层较好的完井方式,此方式适用于煤层单层薄、层数多的气区。

煤层集中、单层厚度大、压力大、渗透性能好的气区,宜采用洞穴完井。此方式以负压条件下钻穿煤层,下筛管完井。美国天然气研究所在圣胡安盆地 BloncoUnit 气区 20 口井实施的煤层改造完井实验证明,在有利的地质条件下,洞穴完井单井产气量是加砂压裂完井的 6~8 倍。为此,寻找可供洞穴完井的高产气区是煤层甲烷气勘探的重要任务之一。

3. 增产措施

煤层甲烷气气田井网密度为 0.77 口/km² 左右。圣胡安盆地气田井距为 1.5km,比油田的井距大。

用本井产的气作动力,采用小型燃气发动机,实行单井气水同采,再用计算机遥控管理,可大大降低采气成本。重复压裂改造煤层,可提高单井气产量。黑勇士盆地 RockCreek 气区 P3

井重复压裂，日产气量由 $1.42 \times 10^6 m^3$ 提高到 $8.50 \times 10^6 m^3$，增产 5 倍。

Amoco 公司在圣胡安盆地西北部开辟注氮采气试验。一个井组 5 口井，外围 4 口井注氮，井距 $500 \sim 700m$，中间的 1 口井采气，气井距注氮井 $400 \sim 600m$。实践表明，气产量提高了 2 倍，由日产 $11.33 \times 10^6 m^3$ 上升到 $33.98 \times 10^6 m^3$，效果很好。氮气可由两台设备就地生产，一台空气液化机，另一台是氮气分离机，分离后的氮气纯度可达 99.60%。

全团人员回国后，拟将收集的"国际煤层甲烷气会议"的报告、访问考察的材料整理出版，以利于我国天然气勘探开发事业。可惜时隔不久，同行者或因工作太忙，或因另有他事，原计划未能实现。

目前，我国已有一批与煤层甲烷气相关的著作陆续问世。这反映了该领域诱人的前景和中国能源界力图尽快开创我国煤层甲烷气工业的强烈愿望，当然也是我国地质、煤炭和石油天然气工业三大系统内正在从事煤层甲烷气勘探开发试验的科研生产人员的实际要求。事实将会证明，中国煤层甲烷气工业必将得以建立与发展。

本书的编著，除去上述原因之外，还出于一种还债感的驱使，欠债的意识使我始终不敢忘却自己的责任，于是在日常工作之余，重新分析、整理考察资料，拟定编著框架，确定主要内容。在副主编汪泽成、万玉金、杜秀芳和朱宗浩等诸同志的共同努力下，终于完成了此书的编著工作。全书共分十三章，第一章至第四章由汪泽成编著，第五章至第七章由杜秀芳编著，第八章由李素珍编著，第九章由严启团编著，第十章由王红岩编著，第十一章至第十三章由万玉金编著，朱宗浩负责统编工作，最后全书由主编钱凯和赵庆波审定。

如果没有两年前的访美，就不会有编写这本书的素材，也不会认识到煤层吸附气压力封闭成藏论应是煤层甲烷气勘探的理论基础，所以笔者对访美同行们深为怀念，感谢他们作出的贡献。本书全部图件由杜笑梅同志清绘，全部稿件由丁玉梅、沈珏红打字及清样，技术编辑工作由王薇波担任，在此一并致谢。由于编著者理论水平和实践经验所限，错误及不当之处在所难免，欢迎读者、行家批评指正。

钱凯

1995 年 12 月

再 版 序 言

    《煤层甲烷气勘探开发理论与实验测试技术》一书出版以来，受到专家、学者及有关学科同行们的欢迎，这对编著者是一个很大的鼓舞和有力的鞭策。为此，再版前我们又一次系统地考察了国内外煤层甲烷气勘探开发有关方面的研究现状，其中也包括对美国天然气研究院有关新进展方面的考察。这个研究院从 70 年代起就出资支持并组织了煤层甲烷气有关问题的研究。可以很欣慰地告诉读者，考察结果表明，本书提供的煤层甲烷气勘探开发理论与技术总体上是成熟的、先进的。感到不足的是，裂缝性煤层甲烷的勘探开发书中没有述及，而这一问题也正是美国同行目前研究的热点。本书第一版有少处错漏，唯第十一章错误稍多，尤其是个别公式有错，这也是本书再版的重要原因。再版修改工作由副主编张建博完成。由于水平所限，再版可能还会有错漏及不当之处，敬请专家、学者和同行们批评指正。

钱 凯

1997 年 10 月

第三版序言

　　中国煤层气勘探开发历经矿井瓦斯抽排利用、现代煤层气理论技术的引进、结合中国地质条件的发展创新、商业化开发试验及产业化发展5个阶段。本书第一版原稿起于1994年，出版于第二阶段，重在介绍引进。第二版出版于2001年，当时中国煤层气理论技术已有所发展，特别是关于高煤阶煤层气的勘探开发，但总体上创新较少，二版也修改不多。第三版书稿则完成于产业化发展的当前时期，阶段特点是：中国在煤层气地质基础理论、勘探技术方法、开发工艺技术、集输利用与管理制度等领域展现了全面发展、创新和集成的形势，我国已有能力大规模发展煤层气产业，为我国能源发展战略创出了非常难得的历史机遇。为了进一步加快煤层气产业的发展，必须加强统筹规划，发挥多种积极性；加强煤层气地质研究、提高对区域勘探的指导与目标评价水平；开展高效低成本开发工艺技术攻关；发展煤层气产品集输和加工利用；继续跟踪国外煤层气前沿理论技术，加强技术交流与合作研究。

　　在此背景下，孙粉锦教授力主并鼎力支持完成了第三版书稿的补充修订。新版中，增加内容以中国实践为主，着重下述有关方面内容的介绍、论述。一是基础理论方面，包括煤层气成因，煤储层弹性能及其成藏控制作用，中国在煤层甲烷气解吸、吸附领域的实验、理论研究和实践应用，复合成藏与"二次"成藏；二是开发理论方面，包括开发程序与方案编制的科学性与实用性，煤层气解析地质控制论，煤层气开发能量效应，动态平衡与"二次"开发，伴生致密气及页岩气开发的必要性等；三是技术方法方面，包括煤层气评价选区技术，新兴钻井技术，增产改造技术，采排特征与科学管理技术，煤粉测试控制技术，储层孔渗核磁测试技术等。

　　我国煤层气勘探开发事业在蓬勃发展，理论技术也在创新发展，希望此书也能在新老煤层气工作者的努力下不断修善发展，更好地服务于我国煤层气勘探开发事业。

钱 凯

2012 年 12 月 13 日

目　　录

第一章　煤层甲烷的成分、成因与特性

第一节　煤层甲烷的元素组成与煤层气的成分

煤层甲烷气常被略称为煤层气,其实两者的涵义是有区别的。

一、煤层甲烷的元素组成与基本性质

煤层甲烷气是指以游离态、吸附态和固溶态富集在地下煤层里的"甲烷"。乌克兰科学院 Alexeev 等(2004)采用核磁共振氢谱(^{1}H NMR)和 X 射线衍射技术,发现煤中有机质"微晶"结构在吸附甲烷后发生了明显变化,认为 CH_4 能以固态存在于煤中,而不仅仅呈吸附态,为煤层气资源评价和煤矿瓦斯灾害防治提供了新的思路。室温和低温条件下的 ^{1}H NMR 揭示,煤样中存在三种分子流动相的甲烷形态。基于对扩散系数的研究,笔者认为这三种形态分别为游离甲烷、吸附态甲烷和固溶态(solid solution)甲烷。其中,固溶态甲烷以晶体形式存在于煤基质中,除了核磁共振以外,采用其他方法几乎不可能对其进行研究,因此可能导致目前的煤层气资源评价的不准。

甲烷是最简单的碳氢化合物,也是通常勘探开发所关注的纯洁能源气体。甲烷的物理性质:分子直径为 0.414nm,无色、可燃,熔点为 −182.5℃,沸点为 −161.49℃,溶解度很小,在 20℃、0.1kPa 时,100 单位体积的水只能溶解 3 单位体积的甲烷,蒸气压为 53.32kPa(−168.8℃),饱和蒸气压为 53.32kPa(−168.8℃),对空气的重量比是 0.54,相对水的密度是 0.42(−164℃),燃烧热为 890.31kJ/mol,总发热量为 55900kJ/kg(40020kJ/m³),净热值为 50200kJ/kg(35900kJ/m³),临界温度为 −82.6℃,临界压力为 4.59MPa,爆炸上限为 15%(V/V),爆炸下限为 5.3%(V/V),闪点为 −188℃,引燃温度为 538℃。甲烷的化学性质:分子式 CH_4,分子量 16.04,C—H 键能 413kJ/mol,H—C—H 键角 109°28′,分子结构为正四面体形非极性分子,一个 C 以 sp^3 杂化位于正四面体中心,4 个 H 位于正四面体的 4 个顶点上,晶体类型为分子晶体,化学性质比较稳定。甲烷在煤层中主要呈吸附态存在。

二、煤层气的主要成分

煤层气是指所有储集于煤层中的天然气,本质上是等多种气体的混合物。就产状而言,则包括游离、吸附、溶解三种状态。其组分构成,除 CH_4、N_2、C_2H_6、CO_2 主要组分外,一般还含有 Ar、He、H_2S、SO_2、CO 等组分,其含量通常均低于1%,甚至更低(陶明信,解光新,2008)。这些组分的含量虽然很低,但包涵很多地球化学信息,而且 H_2S、SO_2、CO 为有害气体,因此具有重要的理论与实际研究意义。如何对待煤层甲烷气与煤层气两种说法,请见本节"五、术语的应用"。

三、煤层甲烷的同位素特征

稳定同位素组成与示踪指标是煤层气地球化学研究的最重要内容。

煤层甲烷的组成成分变化多样,煤层甲烷的同位素组成也是多种多样,甲烷的碳同位素 $\delta^{13}C_1$ 值为 −80‰ ~ −16.8‰,二氧化碳的碳同位素 $\delta^{13}C$ 值为 −26.6‰ ~ +18.6‰。

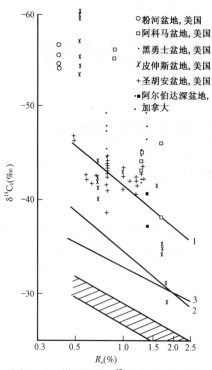

图 1-1　煤层甲烷 $\delta^{13}C_1$ 与 R_o 关系图

（据 D. D. Rice 等，1993）

回归线 1 对应于 I、II 型干酪根的气体；回归线 2 为煤层和煤样热裂解的气样（中国）；回归线 3 为煤层邻近储层采集的气样（中国）；斜线区是煤样热解气及煤层邻近储层采集的气样

D. D. Rice 等（1993）总结了美国和加拿大煤层甲烷的同位素分析资料，得出甲烷的碳同位素 $\delta^{13}C_1$ 值和煤阶有很好的相关关系（图 1-1）。一般说来，低煤阶煤，甲烷的碳同位素轻，$\delta^{13}C_1$ 值小；随煤阶增大，碳同位素变重，$\delta^{13}C_1$ 值增大。即使如此，对于某一给定的煤阶，$\delta^{13}C_1$ 值仍有很大的变化范围。

虽然，煤层甲烷的碳同位素值在 $\delta^{13}C_1$—R_o 关系图上呈散点分布，但这些点与煤层现今的埋深有较好的对应关系。在不考虑煤阶情况下，浅部煤层甲烷由轻同位素的甲烷组成，深部煤层甲烷由较重同位素的甲烷组成。在煤层甲烷的分子组成、同位素组成与深度的关系中，存在过渡和突变。这种变化关系可以发生在任何深度，但通常发生在离地表 1km 范围之内。

不同成因的煤层甲烷，其碳同位素值不同。可以用甲烷碳同位素值来区分煤层甲烷的成因。通常生物成因甲烷，碳同位素值一般为 $-55‰ \sim -90‰$；而热成因甲烷，碳同位素值大于 $-55‰$（图 1-2），且随煤阶增大，碳同位素 $\delta^{13}C_1$ 值增大。两种成因的甲烷碳同位素 $\delta^{13}C_1$ 值在 $-40‰ \sim -55‰$ 之间相互重叠。

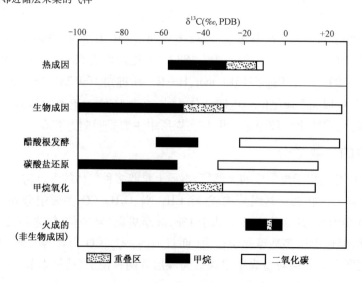

图 1-2　煤层气中甲烷和二氧化碳的碳同位素特征图

（据 Scoot，1993）

热成因甲烷碳同位素值比生物成因甲烷碳同位素值要大，因为在热解过程中很少有同位素动力效应。总体上，热成因的甲烷 $\delta^{13}C_1$ 值随煤阶增大而增大，这是因为在热降解过程中，

^{12}C—^{12}C键比^{12}C—^{13}C键更容易断开,使得残留物质生成的气体富集^{13}C。除煤阶外,煤的组成成分也影响煤层甲烷的同位素组成。富氧干酪根煤(多数镜质组)生成的气体在热成熟度相同条件下,$\delta^{13}C$值比富氢干酪根(壳质组和富氢镜质组)高,并且甲烷和乙烷的$\delta^{13}C$值分布范围较窄。这些差异是由于富氢干酪根生成的脂肪型结构烃热裂解产生的甲烷同位素值较低,而富氢干酪根生成的芳香型结构烃热裂解生成的甲烷同位素较重(图1-1)。

次生作用影响煤层气的组分,也影响同位素组成,尤其在浅部。在不考虑煤阶的情况下,碳同位素轻的甲烷主要分布在浅层。次生作用活动和影响煤层气组分的深度段称之为过渡带或转换带,在过渡带以下的气体很少发生次生作用,故称之为原生气。

浅部煤层常常是含水层,微生物繁盛,微生物的生化作用以两种方式影响已生成煤层气的组分。第一,由厌氧微生物作用生成的碳同位素轻的甲烷气(晚期生物成因气)同早期热解成因气相混合,或者充填已经脱气的煤层。第二,喜氧细菌优先破坏多数湿气使甲烷气增多。

在过渡带,混合作用和氧化作用影响煤层气的成分,其影响深度为100~1000m,且常常局限在盆地边缘,在特定条件下,也可延伸到整个盆地。过渡带的纵横延伸主要受煤层的物理自然特性、埋藏史和水文动力学控制。地层的抬升和剥蚀使得地层泄压,继而发生脱气。另外,地层的抬升和剥蚀导致应力降低和渗透率的增加,又有利于含水层的发展和脱气过程。最后,在活跃的含水层里微生物广泛分布,微生物生化作用较强,包括喜氧细菌的氧化作用和厌氧细菌的甲烷生成作用。

除烃类气体外,二氧化碳是煤层气的另一重要组分。如前所述,煤在热脱脂或去挥发分作用,特别是在大量热裂解成因甲烷气生成之前,会产生大量的二氧化碳。然而,二氧化碳在水中具有高的溶解性和很强的活性,而且有多种成因。因此,现保存在煤层气中的二氧化碳除了去挥发分成因外还有多种成因。

煤层气中二氧化碳的富集与同位素组成通常不同于邻近储层的气体,二氧化碳的富集程度和同位素($\delta^{13}C$)值有很大的变化范围,表明煤层气中的二氧化碳不只是煤化作用的产物,可能有多种成因。主要包括:① 碳酸盐岩的热分解;② 有机质的生物降解;③ 细菌的氧化作用;④ 岩浆或深部地幔气的运移。

不同干酪根生成的甲烷具不同的同位素值,对于煤层气或煤成气与常规天然气混存的含气盆地,可用甲烷同位素值来进行气源对比。例如鄂尔多斯盆地存在三类烃源岩:下古生界碳酸盐岩、上古生界煤系地层及中生界泥岩。三类烃源岩都有气体生成,下、上古生界以干气为主,中生界以油田气为主。三类烃源岩气体的同位素有明显的区别。上古生界的深层天然气与深层煤层气、深层煤样解吸(或脱附)气以及上古生界的煤、泥岩热解气的$\delta^{13}C_1$值具有明显的一致性,其平均值分别为$-32.93‰$与$-33.26‰$、$-32.57‰$、$-32.78‰$、$-33.65‰$。它们与中生界内陆淡水湖泊相混合型烃源岩生成的深层油田气的同位素值($-44.93‰$)显著不同,与奥陶系海相腐泥型生油岩热解气的同位素值($-39.6‰$)亦有明显差别(表1-1)。说明上古生界深层天然气与下伏气源岩(煤及泥岩)之间存在着明显的亲缘关系。上古生界浅层天然气的碳同位素比深层要轻,与中生界油田气不易区分,二者的$\delta^{13}C_1$值分别为$-48.64‰$和$-53.6‰$。但可通过天然气中甲、乙、丙烷同位素系列对比,将它们区分开。这三个样的对比,明显地反映出上古生界天然气与中生界油田气不同源(图1-3)。

表 1-1　鄂尔多斯盆地各种类型天然气甲烷 $\delta^{13}C_1$ 值表 [1]

层位	天然气分类	$\delta^{13}C_1$ (‰,PDB)		样品数
		分析范围	平均值	
第四系	浅层生物气	−72.0 ~ −77.9	−74.95	2
中生界	深层(>1000m)油田气	−42.2 ~ −48.1	−44.93	7
	浅层(<1000m)油田气	−48.0 ~ −59.2	−53.6	2
上古生界	深层(>1000m)天然气	−28.2 ~ −37.08	−32.93	8
	深层(>1000m)煤层气	−30.35 ~ −34.82	−33.26	3
	深层(>1000m)煤样脱附气	−32.54	−32.57	2
	煤热解气	−31.3 ~ −34.1	−32.78	2
	泥岩热解气	−32.6 ~ −34.7	−33.65	2
	浅层(<1000m)天然气	−42.20 ~ −58.01	−48.64	3
	浅层(<1000m)煤样脱附气	−33.1 ~ −58.4	−44.74	5
奥陶系	生油岩热解气		−39.6	1

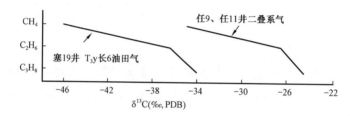

图 1-3　鄂尔多斯盆地上古生界天然气与中生界油田气中 $\delta^{13}C$ 对比图 [1]

陶明信等(2008)指出,煤层气 $\delta^{13}C_1$ 值的变化非常复杂,作为示踪指标实际应用中,存在许多问题。通过对各类煤层气样品进行系统的测试与研究,并结合以往的相关资料分析,煤层气 $\delta^{13}C_1$ 值的主体分布范围约为 −70‰ ~ −30‰,在整体分布上,$\delta^{13}C_1$ 值具有随煤岩 R_o 值增大而变高的趋势。但 R_o 值相近或热演化程度相同的煤岩中煤层气的 $\delta^{13}C_1$ 值分布范围很宽,相互之间的差别与变化很大。而不同热演化程度煤岩所产甲烷的 $\delta^{13}C_1$ 值又具有相当大的重叠性。煤层甲烷碳同位素组成与变化的机理与影响因素,主要是煤层甲烷的形成途径、煤岩的热演化程度、煤层气解吸过程中的同位素分馏作用和次生生物气的形成与叠加作用。对不同类型样品的 $\delta^{13}C_1$ 值的对比研究表明,排采气的 $\delta^{13}C_1$ 值最稳定且代表性最好,煤心一次解吸气的 $\delta^{13}C_1$ 值也相对稳定且代表性较好,矿井煤样解吸气的 $\delta^{13}C_1$ 值则变化很大,应慎用。陶明信等对一批煤层气样品的甲烷氢同位素进行了测试,并取得了某些实质性的研究进展。例如,新集、恩洪等地区煤层气 δD_{CH_4} 值(SMOW)的分布范围为 −244‰ ~ −196‰,反映了次生生物成因甲烷及其与热成因甲烷混合的特征。但有关煤层甲烷氢同位素的整体分布与变化特征及其控制因素等深层次问题还有待进一步研究。

---

[1] 王少昌等,我国煤层气、油地球化学特征、煤成气藏形成条件及资源评价,1985。

四、典型产区煤层气主要成分实例

本书在研究广义煤层天然气的基础上,重点讨论的是能形成大规模煤层气藏的吸附态甲烷气。典型的煤层气中,甲烷一般占95%～98%(表1－2),这是符合管道运输标准的天然气。重烃数量一般很小,这就使得煤层甲烷的热值比常规天然气要低。其他气体,包括CO_2、N_2和He一般也能见到,有时也可达到足以影响气体质量的浓度。

表1－2　煤层甲烷和天然气的成分及热值(据 B. S. Kelso 等,1988)

来源	盆地	CH_4	C_{2+}	H_2	惰性气体	O_2	热值(kJ/m^3)
波卡洪特斯3号煤层	中阿巴拉契亚	96.87	1.40	0.01	2.09	0.17	39455.14
匹兹堡煤层	北阿巴拉契亚	90.75	0.01	—	8.84	0.20	36251.04
基坦宁煤层	北阿巴拉契亚	97.32	0.01	—	2.44	0.24	38710.00
下哈茨霍恩煤层	阿科马	99.22	0.01	—	0.66	0.10	39417.88
马里利煤层	黑勇士	96.05	0.01	—	3.45	0.15	38151.14
天然气		94.40	4.90	—	0.40	—	39790.45

五、术语的应用

由上论述不难明白,煤层甲烷气与煤层气的涵义是确有区别的。但要指出,将煤层甲烷气略称为煤层气也有其可以理解的原因:一是因为煤层甲烷气是煤层中所储天然气的主要成分;二是因为煤层甲烷气是相关能源勘探开发活动的主要标的物,其余混合物,除少量C_2H_6及高分子烃类外,基本上都是需要净化的杂质,进而自然有了第三条原因,这就是在生产上将煤层甲烷气略称为煤层气的潜在含义指的还是甲烷气。

第二节　煤层气成因的基础认识:煤的元素组成与煤化作用

煤层甲烷的成气母质及其形成与煤及煤化作用密切相关,因而了解煤的元素组成与煤化作用是认识煤层甲烷成气成因的基础。

一、煤的元素组成

煤层甲烷的形成与煤的有机组分有关。煤的有机组分主要由五种元素组成:C、H、O、N、S。对这五种元素的测定结果通常用重量百分比来表示,有时用原子百分比来表示。如不特别说明,数据通常用重量百分比表示。

不同类型煤的C、H、O元素随煤阶增大而发生变化。单一考虑煤层甲烷的生成,几种很重要的变化趋势是:① 对各种类型的煤,碳的含量随氢、氧含量的减少而增多,原始煤的碳含量占重量的70%左右,当煤变质为"石墨"时,碳含量可增大到100%;② 不同类型的煤在演化初期,碳、氢、氧重量比例不同,腐殖煤最初富氧贫氢,藻煤最初富氢贫氧,烛煤在两者之间变化;③ 尽管不同煤在演化初期各种元素含量差异很大,但随煤阶的增大,其差异性逐渐减小,到无烟煤时,已不能分辨出来(图1－4)。

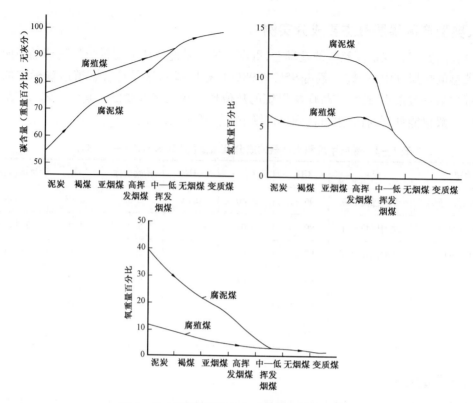

图 1-4　不同类型煤的主要元素与煤阶关系图

（据 W. B. Ayers 等，1993）

煤元素组成变化可用 Vankrevelen 图解表示（图 1-5）。

图中纵轴为 H 与 C 原子比，横轴为 O 与 C 原子比。在煤化作用过程中，C 的富集反映为 H 与 C 原子比和 O 与 C 原子比的降低。图中，成熟路径上标"Ⅰ"对应藻煤，"Ⅱ"对应"烛煤"，"Ⅲ"对应腐殖煤。由此可见，不同类型的煤在不同演化阶段，元素组成的变化不同，生气能力也不同。

二、煤化作用

一般认为，从泥炭向褐煤经烟煤到无烟煤的转变过程称作煤化作用。泥炭化作用表示由植物转变为泥炭的过程，谓之成煤过程的第一大阶段。由于这个过程的实质是生物化学作用，故也称为生物化学作用阶段。煤化作用表示由泥炭转变为煤的过程，谓之成煤过程中的第二大阶段。从作用的性质上看，煤化作用又包括了两个连续发展的演化阶段，即成岩化

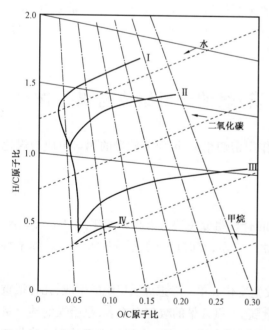

图 1-5　干酪根类型及其演化路径 Vankrevelen 图解

（据 J. R. Levine，1987）

孢子体对应 Ⅰ 型、Ⅱ 型干酪根；镜质体对应Ⅲ型干酪根；

惰质体对应Ⅳ型干酪根

作用和变质化作用,前者实质上是一个地球化学作用,后者则是一个物理化学作用。不管煤化作用过程多么复杂,它们能简化成五个连续作用阶段:① 泥炭化作用;② 去氢—去氧作用;③ 沥青化作用;④ 去沥青化作用;⑤ 准石墨化作用。在各个作用阶段之间,没有一个绝对的界限。煤化作用向前推进,预示着后面的作用越来越占主导地位,并且多个作用可以同时进行。上述五个阶段的描述有助于理解、认识煤化作用的成因过程,特别是当煤作为烃源岩及储层时,可以认识其演化历史。有趣的是,这五个阶段与美国材料试验协会(ASTM)划分的煤阶(泥炭、褐煤和亚烟煤、高挥发分烟煤、中—低挥发分烟煤、半无烟煤和无烟煤)相对应(表1-3)。从表1-3中可以看出,煤化作用过程可以与 Tissot 和 Welte(1984)的有机质成烃演化模式相类比。

表1-3 煤化作用与煤阶对应关系

煤化作用期 (W. B. Ayer,1993)	煤阶 (ASTM)	成烃模式 (Tissot 和 Welte,1984)	主要作用过程
泥炭化阶段	泥炭	成岩作用	渗浸作用,腐殖化作用,胶凝作用, 发酵作用,芳构化作用
去氢化阶段	褐煤—亚烟煤	深层作用	脱水,压实作用,去含氧基团 —COOH,CO_2、H_2 的排出
沥青化阶段	亚烟煤 A—高挥 发分 A 烟煤		烃的生成和聚集,煤基质的解聚,干酪根结合增强
去沥青阶段	高挥发分 A 烟煤— 低挥发分烟煤		重烃分子裂解,低分子(特别是甲烷)的排出
准石墨化阶段	半无烟煤—无烟煤— 变质无烟煤	变质作用	芳香结构壳层的聚集和重排,氢的消失

认识煤化作用化学过程的关键是:H、C 两元素是以什么样的形式从煤中产出的? 其答案是煤化作用的产物以富氢和富氧的形式存在,如 CH_4、H_2O、CO_2 等。当这些分子物质形成及释放之后,煤就变成富碳物质。

三、煤化作用产物

由于煤化作用是个复杂的自然过程,人们能够认识和描述的其实不是其形成过程,而是其产物的特征。

煤化作用过程可用下列简化方程式来表示:

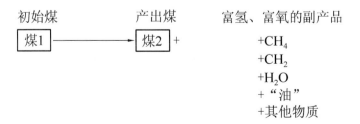

初始煤　　　　产出煤　　　　富氢、富氧的副产品

煤1 ⟶ 煤2 +

+CH_4
+CH_2
+H_2O
+"油"
+其他物质

这一过程称之为"去挥发分"。副产品的成分随煤阶而变化,低煤阶的煤以产水为主,中等煤阶的煤以产 CO_2 为主,高煤阶的煤以产烃为主。

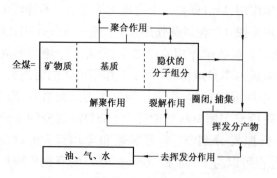

图 1-6 煤化作用过程中煤成分演化图

（据 Levine,1991）

虽然去挥发分作用能成功地说明煤的元素组成（或显微组分）的变化，但它不能代表煤化作用的全部过程，也不能描述煤分子结构的演化，特别是围捕在煤结构里的分子物质及煤本身的后期破坏。图 1-6 较好地描述了煤化作用的全过程，这里，将煤组成划分为三类：矿物质、大分子基质、被"圈闭"的小分子物质，用箭头表示煤化作用过程。图中存在三个主要煤化反应类型，其中两个为降解作用，另一个为建设性的聚合作用：① 解聚反应——大分子基质破裂成很多小分子；② 裂解反应——"圈闭"的小分子被裂解成更小的分子；③ 聚合反应（或称缩合反应）——小分子物质通过共价键结合成高分子。

在煤化作用过程中，煤的分子构成及丰度会发生明显变化。低煤阶时（$R_o < 0.73\%$），以产水为主。中等煤阶时（R_o 为 0.73%~1.50%，高挥发分烟煤至中挥发分烟煤），以产甲烷和二氧化碳为主。高煤阶时（$R_o > 1.5\%$，低挥发分烟煤及以上煤阶）以产甲烷为主。

除甲烷外，一些煤具有生成湿气和油的能力，称之为煤成油。煤生成重烃与富氢组分有关，如壳质组。煤层甲烷中重烃气体组成通常用湿度（C_{2+}）来表示，范围为 0~0.5%。美国和加拿大的煤层甲烷分析资料表明，所有的煤层甲烷都有这样一种趋势：甲烷富集在低煤阶和高煤阶的煤中，湿气富集在中等变质程度的煤中（R_o 为 0.8% 左右）（图 1-7）。这些实际资料证实了煤和腐殖型干酪根生气比腐泥型或混合型干酪根生气要早的热模拟实验结果。

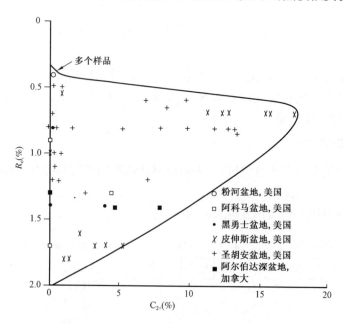

图 1-7 煤层气中湿气与镜质组反射率（R_o）关系图

（据 D. D. Rice 等,1993）

第三节　煤层甲烷的成因类型

上节论述了甲烷在煤化作用中出现的一般过程与条件,这节进一步讨论其更广泛、更深入的形成机理与类型。通常认为,煤层甲烷包括煤化作用阶段产生的原生(早期)生物成因、热成因和煤化作用期后产生的次生生物气三类。宋岩领导的国家973煤层气项目诸多学者通过对中国一些地区煤层气的地质地球化学综合研究,相继识别并提出了一系列煤层气的成因类型及其相应的综合示踪指标体系。具体包括:原生生物成因煤层气(新疆沙尔湖地区煤层气为其典型实例)、热降解煤层气(甘肃宝积山地区煤层气为其典型实例)、热裂解煤层气(山西沁水盆地南部煤层气为其典型实例)、次生生物成因煤层气(山西李雅庄煤层气为其典型实例)和混合成因煤层气(即次生生物气与热成因气的混合气,安徽淮南煤层气为其典型实例)。构成了目前最系统的煤层气成因类型划分方案与综合示踪指标体系(陶明信等,2005,2008;王爱宽等,2010)。但本书在此仅讨论其基本型,因为余将不难推知。

一、原生(早期)生物成因煤层甲烷气

原生生物成因煤层甲烷气由微生物分解有机质而产生,其生成被认为遵从厌氧发酵理论,即经典的厌氧发酵"四阶段"理论(图1-8),生物甲烷的产生最终由产甲烷菌通过CO_2还原和乙酸发酵作用形成(王爱宽等,2010),即

$$CO_2 + 4H_2 \longrightarrow CH_4 + 2H_2O$$

$$CH_3COOH \longrightarrow CH_4 + CO_2$$

其形成的主要条件是:缺氧环境、低硫浓度、低温(通常在50℃以下,相当于褐煤和亚烟煤)、丰富的有机质、高pH值及适当的空间。当这些条件得到满足时,有机质经过数万年的埋藏,就能生成大量的生物成因甲烷。

地史上,原生(早期)生物成因煤层甲烷气形成于煤层埋藏初期,相当于成岩作用早期。其时,煤层埋深浅、温度低、煤化作用处于泥炭—褐煤(亚烟煤)阶段,埋深一般小于400m,R_o小于0.5%,由于温度较低,有机物结构不能发生变化而形成气体,因而该阶段形成的甲烷由微生物对有机物分解而成。

因为生物成因气的碳源不同,所以可归纳为两种情况:第一,二氧化碳还原形成甲烷;第二,醋酸、甲醇、甲胺等发酵形成甲烷(杜江,胡艾丽,2010)。在泥炭沼泽环境中,随着上浮有机物不断沉积,达到一定厚度时,沉积环境变为还原性,而有机物上部仍为氧化性。虽然甲烷生成于还原环境,但是氧化环境为成气提供了物质基础。在氧化环境中,纤维素、蛋白质等有机物在酶的作用下可以形成单糖,

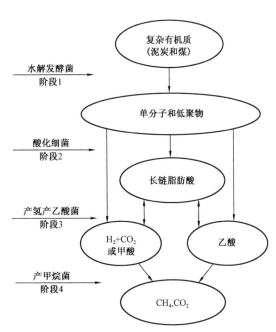

图1-8　厌氧环境下有机质甲烷化四阶段示意图

单糖是形成甲烷的物质基础。下面以纤维素为例说明:在氧化环境中,纤维素在酶的作用下水解:$(C_6H_{12}O_6)_n + nH_2O \longrightarrow nC_6H_{12}O_6$;还原环境中,单糖经过一系列的反应形成甲烷:$C_6H_{12}O_6 \longrightarrow C_4H_8O_2 + C_2H_4O_2 + CH_4$;乙酸在水中电离出乙酸根,继而被还原成甲烷:$CH_3COO^- + H_2 = CH_4 + CO_2$ 同时,甲烷菌在辅酶作用下活化二氧化碳和氢气,使之还原为甲烷。

早期生物成因煤层甲烷气气量约占煤层总生气量的 10%,难以保存,只有较快的沉积速率才能对这类气体的运移、聚集有利,所以早期生物成因甲烷不是煤层甲烷的主要勘探对象。

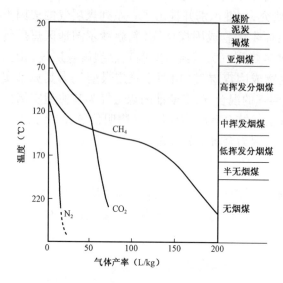

图 1 - 9　不同温度下煤成气产出率图
（据 Hunt,1979）

二、热成因煤层甲烷气

煤层随着埋深的增大,温度增高、压力增大、煤化作用增强,煤变为富碳和富氢的挥发分物质。甲烷、二氧化碳和水是去挥发分作用过程中的主要产物(图1 - 9),这些气体称之为热成因甲烷。热成因甲烷生成的初始煤阶是高挥发分烟煤($R_o > 0.6\%$),其生气量随煤阶增高而增大。在实验条件下,煤的产气率估计为 100 ~ 300cm^3/g。在自然条件下,煤的实际产气率大致为 150 ~ 200cm^3/g。热成因煤层甲烷的形成机理与腐殖型干酪根生成"煤成气"的机理是一致的,杨天宇、王函云(1984)对不同母质类型干酪根所进行的热演化模拟实验,反映了不同类型干酪根的热演化规律。

实验样品采自松辽盆地下白垩统黑色泥岩、渤海湾盆地东营凹陷沙三段泥岩及云南柯渡新生界煤层,均属未成熟烃源岩。从烃源岩中所提取的干酪根,经鉴定分别属于腐泥型、混合型和腐殖型。将以上干酪根分别在相同实验条件下进行热解。腐泥型和混合型干酪根具有较高的生烃潜力,它们具有相似的演化趋势,在热解温度比较低时(< 250℃),干酪根处于未成熟阶段,液态烃和气态烃产量都很少,主要产物是非烃气体(CO_2、H_2S)和水。当温度增加到250 ~ 350℃,R_o 大于 0.8%,干酪根进入成熟阶段,开始释放出中等分子量的烃类化合物,液态烃增多。当温度超过350℃时,干酪根已达到高成熟阶段,液态烃显著减少气态烃增多。在更高温度(450 ~ 500℃)时,所产气体重量百分比又有所减少,气体成分全部为甲烷。当温度达到600℃时,残留液态烃小于1%,而气态烃只有甲烷存在。

腐殖型干酪根则与上述两种干酪根不同,它在热解温度比较低时,就开始有气体产出,并随着演化加深生气量增加,两者呈良好的线性关系,到600℃时产量最高,可达32%(重量)。因此,腐殖型干酪根(煤)在演化过程中形成的气体主要不是来自液态烃的裂解,而是直接从干酪根释放出来,在实验温度范围内,温度越高,释放得越多。

实验数据表明,腐泥型和混合型干酪根在演化过程中都有三个明显阶段:未成熟阶段仅有少量烃产出;成熟阶段以液态烃为主(腐泥型可达47.8%,混合型约12%);过成熟阶段以气态烃为主(腐泥型和混合型分别达33.2%和20.8%)。而腐殖型干酪根热解过程中则未出现三个演化阶段,600℃时产气可达32.9%(图1 - 10、图1 - 11)。

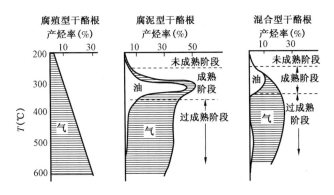

图 1 – 10　不同类型干酪根产烃模式图

（据杨天宇等，1984）

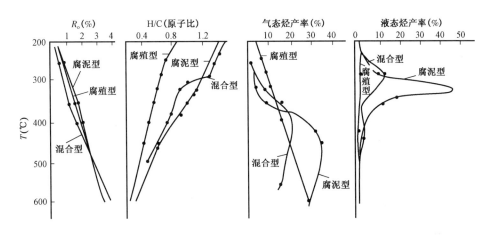

图 1 – 11　不同干酪根成熟顺序比较图（据杨天宇等，1984）

近年来，国家煤层气 973 项目、国家天然气 973 项目都从机理认识出发，通过煤的热模拟试验进一步反映了煤层甲烷形成过程的量化规律。鉴于煤岩对烃分子有强吸附性，煤岩是高度富含有机质且微孔隙极其发育的气源岩，因此集生烃与储烃于一体。煤岩中的有机化合物通过非共价键的形式（π—π作用力、氢键、电荷转移、范德华力等分子间力相互作用）存在于有机质大分子之间，用氯仿溶剂不能抽提干净，赵长毅等在实验中，对选自不同产地且热演化程度较低的煤岩，在室温和超声波搅拌条件下，用对烃类有较大溶解度的 Cs_2 和 – N – 甲基 – 吡咯烷酮（NMP）混合溶剂（Cs_2/NMP）抽提和常规氯仿抽提，前者获得的抽提物数量是后者的 15 倍（图 1 – 12）。因为除 Cs_2/NMP 对有机化合物的溶解能力较强外，其本身的供电子基团与煤岩有机质中的缺电子基团还可形成氢键，所以，其抽提物数量比氯仿抽提物数量高得多。这反映煤岩中可溶有机质含量较高。赵文智等（2005）采用库车坳陷阳霞煤矿的煤样进行热解实验时，实验从 300℃ 开始，最高热解温度为 550℃，11 个样品分别加热到设定温度后，计量生气量，残渣用 Cs_2/NMP 溶剂抽提。由图 1 – 13 可见，在 455℃ 以前，抽提物数量变化不大，但累计产气量却在增加，而 455℃ 以后，随温度升高，抽提物数量急剧减少，到 550℃ 时抽提物数量几乎减至零。455℃ 以后的阶段产气量几乎保持稳定（图 1 – 13b），说明 455℃ 以前主要是Ⅲ型干酪根生气，以后则是煤岩中可溶有机质裂解成气。

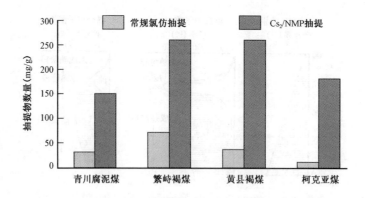

图 1 - 12　用不同溶剂抽提煤岩获得的抽提物数量对比

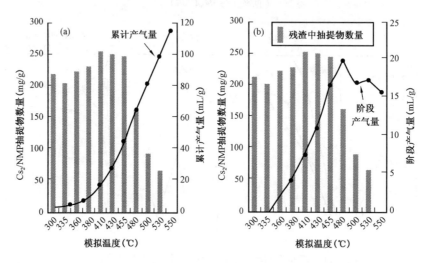

图 1 - 13　不同温阶下煤热模拟残渣 Cs_2/NMP 抽提物数量和原煤热模拟产气量对比
（据赵文智等）

从煤岩生烃机理看,455℃以前煤岩中可溶有机质的含量应是动态稳定的,一方面是由于早期生成的液态烃会裂解生气,另一方面由于煤岩中Ⅲ型干酪根降解也会新生成一部分液态烃。煤岩中Ⅲ型干酪根降解过程中,单位干酪根生成液态烃量不大,但从煤岩总体积来说,产生的液态烃总量并不小。可见,煤岩可溶有机质裂解成气的时机晚于Ⅲ型干酪根降解生气的时机。根据实验温度与地下有机质热演化程度对应关系分析,455℃温度条件相当于值 R_o 约 1.3%即二者接替时机大致在 R_o 值为 1.3%前后。

吴保祥等(2010)也进行了热成因煤层气组成与演化的模拟试验。通过成煤原始物质泥炭在封闭体系条件下的热解实验,获取了甲烷、重烃(C_2—C_5)和二氧化碳在不同成熟度阶段的产率和固体产物镜质组反射率(R_o)数据(表 1 - 4),发现:随着 R_o 的增大,煤层气甲烷相对含量呈现上升的趋势,CO_2 则呈现单向降低的趋势,重烃气体呈先增后降趋势图 1 - 14。这里需要指出:与很多实际的煤层气藏中 CO_2 的含量相比,该研究获得的 CO_2 在气体组分中的含量明显较高。我国煤层气中的 CO_2 含量一般小于 2%,尤其在煤岩演化程度很高的含煤盆地,CO_2 在煤层气中的比重反而较低,例如,我国山西沁水盆地南部煤层气 CO_2 含量就只有 0.03%~0.17%。造成这种差别的主要原因是该实验条件为封闭体系,其中的 CO_2 总体保持了持续增长的累计产率特征。除了可能参与的一些化学反应而被消耗之外,其余大部分在实验的各个阶段均被保存下来,增加了在产物气体中的含量。而在地质条件下,CO_2 会因易溶解于水而被带走,降低了其在煤层气中的比重。因为 CO_2 在地质环境中极不稳定,易于散失的特点可以导致煤层气的相对高甲烷含量,以及高成熟度指标(干燥系数),所以 CO_2 的含量的多少和保存条件的好坏直接影响到对现今煤层气成熟度的评价。

表1-4　气体组分产率及残留物的 R_o 数据表

$R_o(\%)$	有机物气体产率(mL/g)		
	CH_4	C_{2-5}	CO_2
0.96	4.0	4.1	304.5
1.28	8.6	9.1	319.3
1.57	21.0	20.6	292.4
1.86	41.3	38.7	295.4
2.18	76.8	63.4	359.2
2.48	119.9	83.0	366.3
2.80	174.1	78.3	382.6
3.08	232.7	60.1	394.0
3.40	302.1	9.8	459.5
3.66	357.4	1.8	541.9
3.93	395.4	1.9	574.6
4.19	411.3	0.9	618.6

给出了为模拟煤层气的 $C_1/(C_1+C_{2-5})$ 系数随 R_o 的变化关系(图1-15),建立了煤从一定成熟度,分别达到最高演化阶段情况下的3种煤层气组分构成模式(图1-16),为恢复现今阶段煤层气藏的原始煤层气组分构成情况提供了参考。

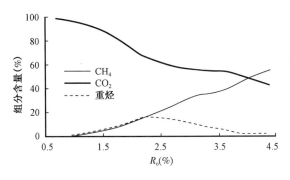

图1-14　模拟煤层气组分含量随
成熟度的演化特征图

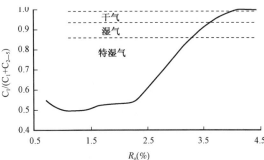

图1-15　模拟煤层气干燥系数$[C_1/(C_1+C_{2-5})]$随
成熟度(R_o)的演化特征图(划分方案据 Scoot,1994)

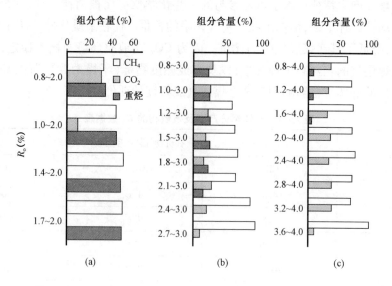

图 1-16　模拟煤层气甲烷(CH_4)、二氧化碳(CO_2)和重烃(C_{2-5})组分含量构成模式图

三、次生生物气

生物成因甲烷还可以发生在煤层形成之后,即煤岩物质在超过原生生物气、热成因气形成阶段后,由于煤层被抬升到浅部,在微生物作用下所生成的,是煤层气的一种新的成因与资源类型。这个过程可以在距今数万或数百万年间完成。当煤层被构造运动抬升并剥蚀到近地表处,细菌由地表水或大气降水带入煤层,在细菌的作用下也能生成生物成因甲烷,称之为次生生物气。这类气体的形成只要有地下水活动,创造一个适合于细菌活动的环境即可,不受煤阶限制。对于一个受构造抬升和剥蚀影响的煤盆而言,由于煤层出露或埋深变浅而与大气水相通,水动力活动是能创造生物成因甲烷所需条件的基础,而且生成的甲烷能被保存下来,如美国圣胡安盆地和皮伸斯盆地(详见第三章)。因此,晚期生物成因甲烷是煤层甲烷勘探不可忽视的资源。陶明信等(2005)对安徽新集、山西李雅庄和云南恩洪地区煤层气的组分和碳、氢及氮的同位素组成特征和煤层气地质环境条件的综合研究发现,这些地区的煤层气具有明显的次生生物成因特征,并含有残留的热成因气。其基本特征为:组分以甲烷为主,C_1/C_{2-5}大于0.99,属于干气,$\delta^{13}C_1$值为 $-61.7‰ \sim -47.9‰$,绝大部分小于 $-55‰$,比该区煤岩所处热演化阶段(R_0值为 $0.87\% \sim 1.43\%$)所产热成因甲烷的 $\delta^{13}C$ 估算值低得多,显示甲烷具次生生物成因特征;δD_{CH_4}值为 $-244‰ \sim -196‰$,$\delta^{13}C_2$ 值为 $-26.7‰ \sim -15.96‰$,$\delta^{13}C_3$ 值为 $-10.8‰ \sim -25.3‰$,重烃属热成因;CO_2 含量极低,$\delta^{13}C$ 值变化很大,反映出次生变化的特征;$\delta^{15}N_2$ 值主要在 $-1‰ \sim +1‰$ 之间,指示 N_2 主要源于大气,而 N_2 与 CH_4 含量之间具良好的负相关线性关系,反映出含菌地表水渗入煤层的活动。综合示踪指标研究表明,研究区煤层气为以次生生物气为主,含有部分残留热成因气的混合气(图 1-17),煤层抬升和断裂发育为次生生物气的形成提供了良好条件。

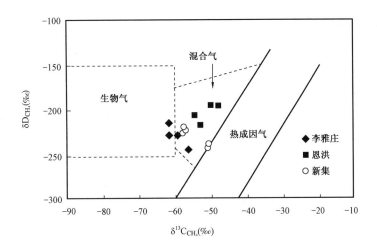

图 1-17 煤层 CH_4 的 $\delta^{13}C$ 与 δD 值的成因类型特征

第四节 煤层甲烷的吸附特性

一、煤层甲烷的赋存状态

天然气以游离、吸附和溶解三种状态赋存于煤层中。

1. 游离状态

天然气以自由气体状态存在于煤的割理和裂缝孔隙中,可以自由运移,运移的动力主要是地层水压力。当天然气运移进入裂隙网络中呈游离状态以后,可用常规气田用的方法进行研究,游离状态的天然气约占 10%~20%。

2. 吸附状态

在煤的内表面上,分子的吸引力一部分指向煤的内部,已达到饱和,而另一部分指向空间,没有饱和,就在煤的表面产生吸附场,吸附周围的气体分子。这种吸附属于物理现象,是 100% 的可逆过程。在一定条件下,被吸附的气体分子与煤的内表面脱离并进入游离相,这一过程叫做解吸,呈吸附状态的天然气可占 70%~95%。由此可见,天然气在煤层中的储集主要依赖于吸附作用,而不依赖于是否有储集气体的常规圈闭存在,因而与常规砂岩中天然气的储集有本质上的区别。由此可见,煤层作为储层与常规储层差别很大,两者的评价方法也因此不同,关于这一点后面再叙。

3. 溶解状态

煤中还有少量的天然气溶解在煤层的地下水中,称为溶解气。天然气在煤中的赋存状态,可能由于钻井和采样过程中外界条件的改变而发生变化,所以,在测定煤样含气量时并不是按这三种状态去测定的。测定气体含量时,按采样过程和测定方法的不同划分为逸散气、解吸气和残余气三部分。必须注意,天然气在地下的三种赋存状态和样品状态下分别测定的三部分气体不能等同而论。

二、煤层甲烷吸附特性

气体赋存在物质上的过程称为吸附,相反过程称为解吸。表面吸附是指某物质富集在另一物质表面,而不是内部。但对煤来说,甲烷和水渗透到煤的每个分子结构,因此,这里所谓的表面吸附纯粹是概念上的。

吸附作用有两种,即物理吸附和化学吸附。对所有物质来说,前者的吸附量是变化多样的,因为它们通过范德华力而被吸附,而这种弱的作用力存在于任何分子或原子之间。甲烷和煤的其他组分之间的结合是弱的作用力,归功于范德华力。相对于物理吸附而言,化学吸附是很强的,包括了离子键或共价键。

前已叙述,煤中的天然气以三种状态存在,且以吸附状态为主。理论上讲,单个气体分子存在着吸附—解吸的连续转换,但以吸附状态存在的时间最长。

物理吸附和化学吸附都随压力的增大而增强,在低温时物理吸附量大,当温度增高时,吸附量减小。当一个分子同另一个分子发生吸附作用时,释放出的热量与分子间作用力的强度成正比。物理吸附释放的热量很低,一般只有 2.09 ~ 20.92J/mol;相反,化学吸附释放的热量很高,可达 20.92 ~ 41.84J/mol。源于范德华力的物理吸附释放出的热量与气体凝聚成液态所需热量接近。从本质上讲,物理吸附和"凝缩作用"相似,因此吸附状态的甲烷与液体状态的甲烷具有相似的物理性质和密度。如果煤储层的温度高于临界温度,则甲烷不以液态存在。

三、煤层甲烷吸附等温线

1. 吸附等温线

在等温条件下,确定压力与吸附气体定量关系的曲线称为吸附等温线。甲烷吸附等温线是煤储层评价的重要参数曲线。吸附等温线、气体含量、扩散系数、渗透率等参数为描述和建立煤储层模型和煤层气资源地质评价提供了重要的基础数据。

精确的煤层甲烷吸附等温线有以下三个方面的作用(图 1 - 18)。

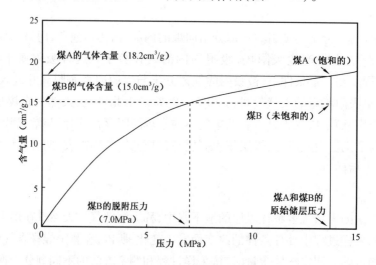

图 1 - 18　典型煤层气吸附等温线图(据 D. D. Rice 等,1993)

图示饱和气体煤 A 和未饱和气体煤 B 的煤储层压力与气体含量之间的关系。

粗实线表示在某一压力条件下,煤层吸附气体的最大值

第一,确定煤层原始状态的甲烷含量最大值。因为直接测量甲烷初始含量是不可能的,只有通过吸附等温线进行推算。其前提是,假设煤被甲烷饱和以及流体压力是埋深的函数。

第二,确定开采过程中,压力下降时甲烷的产量。

第三,确定"临界解吸压力"。低于临界压力,甲烷将从煤层中解吸出来。当煤未被甲烷饱和时,这个值的测量是很重要的。

2. 等温吸附

煤吸附气体的能力是煤的物理结构和煤层与吸附物质间的分子间作用力的函数。对于任何单个煤层,吸附量随温度增加而降低,随压力的增大而增大,随其他物质(主要是水)的存在而降低。

煤结构里存在的小分子物质,如甲烷、二氧化碳、水、"油"等,是以弱作用力如范德华力与煤结合或"圈闭"在煤结构里,都具有等温吸附的特征。极性键结合的水比范德华力结合的甲烷具有更强的作用力,同时水分子之间也可以通过偶极子运动结合起来,因此水在煤结构中的结合比甲烷更为紧密,尤其在低煤阶时。二氧化碳的吸附能力比甲烷强,但比水弱。尽管这些物质存在着与煤结构亲和力的差异,但它们(如甲烷、水、二氧化碳、氮气、油等)在煤结构里都彼此竞争着被吸附的位置,所以甲烷的吸附能力随其他小分子物质的增加而降低。

3. 纯物质吸附

煤对小分子物质的吸附能力变化很大,从图1-19中可以看出N_2、CH_4、CO_2吸附能力的差异。煤对水和CO_2具有强的结合力,因而吸附量大;对N_2、CH_4的结合力较弱,吸附量较小。就烃类而言,高分子烃在煤结构里结合紧密,不易释放出来。如图1-20所示,乙烷的吸附量在同一压力下比甲烷吸附量大。这也就说明了甲烷比乙烷更易于从煤结构里释放出来,所以甲烷气体是煤层气中最有意义的气体。

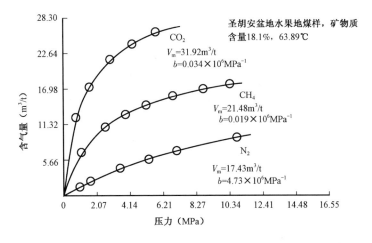

图1-19 单一气体吸附等温线图(据Arri等,1992)

被吸附物质的吸附力随沸点的增高而加大。如氮气的沸点最低为-195.8℃,吸附力最弱;二氧化碳沸点较高,为-78.5℃,吸附力较强;丙烷等高分子烃沸点高(丙烷沸点为-42.1℃),具有更强的吸附力。

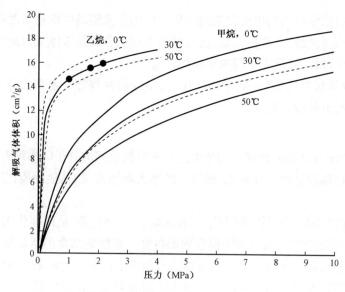

图 1 – 20　甲烷、乙烷吸附等温线图（据 Rupple 等,1972）

4. 影响因素

煤层甲烷的等温吸附实验表明,煤层甲烷的吸附量随压力的增大而增大,随温度的升高而降低。在自然状态下,煤层所受压力通常是埋深的函数,所以随着煤层深度的增加,吸附量增大。

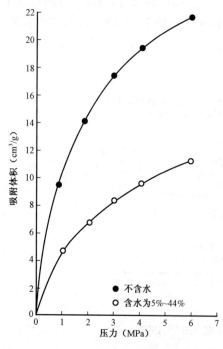

图 1 – 21　水分含量对煤层甲烷吸附影响图
（据 Joubert,1974 修改）

煤层甲烷吸附量受其他吸附物质的影响。Joubert 等(1974)已经证实煤的水分含量对甲烷吸附的影响(图 1 – 21)。水含量越高,吸附量越低。这些研究说明水分子优先于甲烷占据煤孔隙。

最近阿拉巴马大学的微量天平吸附研究表明:被水饱和的煤样在其暴露时比高压下的重量要小。这就说明水分子会从暴露的煤(压力低)中运移出去。由于非极性、低分子密度甲烷的存在,煤表面吸附水分子即使是损失少量部分,也会导致煤重量的减小,这种假设还有待于进一步证明。

Amoco 公司研究实验室最近研究了 N_2 和 CH_4、CO_2 和 CH_4 混合物的"二元"吸附特性(Puri 和 Yee,1990;Arriet,1992),这些研究用于评价注入高压 N_2 或 CO_2 提高采收率的方法(图 1 – 22)。从图 1 – 22 中可以看出,在 N_2—CH_4 混合体系中,氮气分子呈吸附相的克分子数比呈气相的克分子数要小,这就说明氮气的吸附能力比甲烷要小,氮气含量的增加,可以提高甲烷的吸附量。在 CO_2—CH_4 混合体系中,甲烷分子呈吸附相的克分子数比呈气相的克分子数要小,二氧化碳则恰恰相反,说明二氧化碳的吸附能力比甲烷大,其含量的增加,降低了甲烷的吸附量。

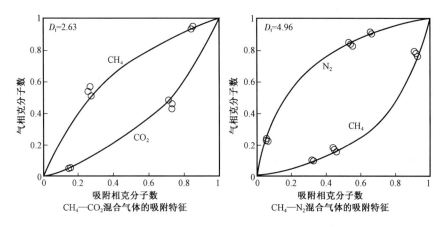

图 1-22　二元混合气吸附特征图(据 Arri 等,1992)

煤分子构成的成分和丰度直接影响水、二氧化碳、甲烷的吸附能力。Frankin(1949)已证明每个吸附物含量与煤阶密切相关。在煤阶不断增高过程中,吸附量开始降低,在高挥发分烟煤 A 时,为很宽的低值,然后在低挥发分烟煤 C 开始增加。Thomas 和 Damberger(1976)也证明了从高挥发分烟煤 C 到高挥发分烟煤 A 时,N_2 和 CO_2 的表面积减少。这个煤阶范围正好与煤进入"石油窗"相吻合。此时的煤含水量减少,从 20%(重量)减少到 5% 左右,CO_2 的"表面积"从 $200m^2/g$ 减至 $50m^2/g$。Thomas 和 Damberger 把 CO_2 表面积的减少归结为低沸点的烃类物质"挤"入煤孔隙所造成的,导致甲烷表面积增加。

实验和油田资料表明甲烷吸附能力受油影响,油的存在导致甲烷吸附能力的减弱,这主要由于甲烷的体积小、极性低、结合力弱所致。尽管如此,在高含油的煤里仍有相当数量的甲烷。至少有四种独立的实验研究(Moffat 和 Weale,1955;Schwarzer,1983)表明甲烷吸附量随煤阶增大而减小,在煤的碳含量为 85% 左右时,甲烷吸附量最低,然后在高阶煤时,甲烷吸附量又增大(图 1-23)。导致这种结果的原因,可以假设为生成的油分子占据了甲烷分子的位置,使甲烷的吸附量减少。

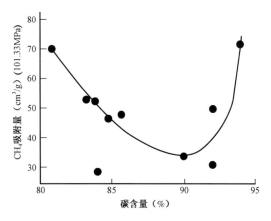

图 1-23　甲烷吸附量与煤中碳含量关系图
(据 Moffat 等,1955)

上述假设从圣胡安盆地 BEAl5-4 井水果地组(Fruitland Formation)所取的煤样分析中得到很好的证实。该井所取的两块样,相差 30.48m,两者煤阶不同,煤的分子构成也不同。层位低的煤含有更多的含蜡油,该煤层中水和二氧化碳的可进度只有低蜡煤的一半。解吸测试两块煤样的气体产出量是低蜡煤的两倍。蜡煤里的甲烷吸附量也是很低的。当两煤样放进亚甲氯化物溶解,去掉油后,蜡煤的吸附能力迅速提高。这表明油占据了煤结构中吸附甲烷的位置,当油去掉后,甲烷的吸附能力迅速增大。

另有一种相反观点,认为煤对甲烷的吸附量是随煤阶而呈单调增加的趋势,这一观点在过去煤层气文献中已成为定论。实际上,两者之间关系是很复杂的。煤的吸附涉及多相物质的存在,包括水、油、各种气体等。许多研究成果都是从干煤的实验中得出来的,它不能代表煤在自然界的真实情况。例如,Joubert 等(1974)指出,低阶煤对水吸附优于对甲烷的吸附,因此对于饱和水的煤,其甲烷吸附量很低。而 Kim(1977)认为饱和水的煤,随煤阶增高,甲烷吸附量增大。由此可见,煤对甲烷的吸附量取决于煤的挥发分构成,并不是煤阶的单一函数。

有关煤的显微组分对吸附能力的影响的研究甚少,只有少量的研究涉及这方面。目前这方面的研究主要在北美和欧洲(如 Kim,1977;Creedy,1988)。

俄罗斯研究文献曾报导煤"类型"对甲烷吸附量的影响。据报导气体产出量随丝煤含量的增加而增加,随镜煤含量的增加而降低(Ettinger,1966)。Zabigaylo 等(1972)指出,凝胶的镜煤成分增加,能提高煤的吸附能量,但他们同时也指出丝煤具有相反的影响。同一研究还表明煤的非均质性增加也会降低吸附能力。根据阿拉巴马的卡哈巴盆地 57 个岩心解吸测试资料,Levine(1987)提出惰质组含量和气体产量之间有弱的正向相关。澳大利亚南部煤田的惰质体含量和气体产量成正向相关关系,惰质体含量从 10% 增到 50%,气体产量从 $6cm^3/g$ 增到 $10cm^3/g$。Creedy(1988)和 Vlery(1988)发现岩石学成分对天然气产出量影响虽较小,但总是有影响的。

与油田研究相比,实验室研究表明镜质体比其他三大类显微组分有更高的吸附能力。例如,Thomas 和 Damberger(1976)研究表明,从高挥发分 C 烟煤到高挥发分 A 烟煤,镜煤的 CO_2 表面积平均为 $60m^2/g$,比同一煤阶的"全煤样"要高。单一丝煤(含 90% 的惰质体)CO_2 的表面积只有 $35m^2/g$,全煤样的 CO_2 表面积为 $160m^2/g$,同一煤阶的镜煤为 $220m^2/g$。对甲烷而言,则不一定有类似的结论。Jolly 等(1968)报道,亮煤对甲烷的吸附量为 $24.07m^3$,而暗煤只有 $16.14m^3$,两者的含碳量相似,表明这两类煤的分子结构上的差异控制着吸附能力。

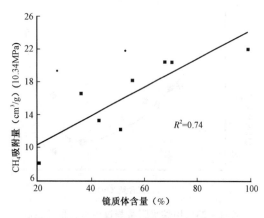

图 1 - 24　甲烷吸附量与煤镜质体组分
含量相关关系图(据 Levine,1992)

Lamberfon 和 Bustin(1992)用高压甲烷吸附等温线和低压 CO_2 表面积研究成果来评价煤岩石学成分对煤吸附的影响。这些成果证明岩石学成分对 CO_2 和 CH_4 吸附能力有强烈的影响。气体吸附总量受镜质体含量的影响,镜质体含量高,甲烷吸附量增大(图 1 - 24)。

1997 年,上述关于煤层甲烷气解吸、吸附特点的研究与认识,随本书第一版的问世被引入中国(刘曰武,苏中良,方虹斌等,2010),其后,中国煤层甲烷气解吸、吸附领域的研究在实验、理论和应用三个方面逐步展开。

1999 年,周胜国,郭淑敏详细分析了煤岩的解吸—吸附等温线特征及其影响因素,探讨了解吸—吸附能力与储层压力的对应关系,提出体积法测试煤岩吸附需要进一步研究吸附相对体积的影响。2001 年幸敏、陈昌国、鲜学福等在利用 Langmuir 模型模拟煤层气注气开采过程中的多组分气体吸附方面进行了探讨,表明各组分气体间具有竞争吸附,混合气的吸附与组分含量密切相关。2001 年,蔺金太等人认为,煤岩中甲烷、二氧化碳和氮气的吸附均为物理吸附,但在煤层条件下的吸附形式不同,甲烷和氮气的吸附可用 Langmuir 模型来描述,二氧化碳的吸附则要用 BET 吸附模型来表征。

2005 年,崔永君、李育辉、张群、降文萍等以吸附势理论为基础,对 4 种不同煤阶煤分别在 20℃、30℃、40℃、50℃下进行了等温吸附实验,然后利用吸附势理论获得了每种煤吸附甲烷的特征曲线,计算过程中采用改进的 Dubinin 公式(k 取 2.7),结果显示不同温度下的特征曲线几乎落在同一条曲线上,说明煤吸附甲烷的特征曲线和温度无关。特征曲线显示出吸附相体积和吸附势呈对数关系,并由此获得了吸附量和温度、压力 3 个参数之间的关系表达式。据文章提出的思路和计算方法,仅凭借一个温度下的吸附数据,就可预测不同温度、压力条件下的吸附量。其应用价值在于:对于那些无吸附测试数据或者储层温度不同于已有实验温度的煤层,结合其埋藏史、地温变化过程、煤变质过程、生气过程等,在研究煤层气的储集历史、资源预测、有利区优选、储层特征描述等内容时都会有所帮助。

桑树勋、朱炎铭、张井、张晓东、唐家祥(2005)以沁水盆地煤样品的煤孔隙分析和等温吸附试验研究为基础,通过煤吸附气体动力学过程和吸附理论模型分析,从物理化学层面对煤吸附气体的固气作用机理进行了深入探讨,认为煤吸附气体动力学过程包括渗流阶段、表面扩散阶段、体扩散阶段和吸着阶段;煤—煤层气吸附体系的吸附力和吸附能决定了不同煤阶煤对不同气体吸附量的大小;扩散对煤吸附气体的动力学过程有重要控制作用;煤—甲烷吸附体系应存在多元化的吸附模型。当压力在 8 ~ 10MPa 以上时,Langmuir 单分子层吸附模型的适应性受到限制,孔隙发育和气体凝聚是制约 Langmuir 单分子层吸附模型的主要因素。

2007 年,唐巨鹏、潘一山、李成全、董子贤以辽宁阜新孙家湾煤矿这一典型高瓦斯矿井为例,将煤层气集聚、赋存和运移视为地应力场、温度场、化学场综合作用的连续物理力学过程,通过考虑三维应力作用,在连续先加载(模拟漫长地质作用)后卸载(模拟井巷开采)过程中,改变轴压、围压和孔隙压力不同组合,模拟煤层气聚集、赋存和运移的应力状态,连续进行了煤层气吸附—解吸实验研究。得到了以下认识:即加载过程中解吸量、解吸时间均与孔隙压力呈抛物线关系变化,拟合效果良好;卸载过程中随轴压减小,解吸量增加,解吸时间减少;同样荷载条件下,加载时解吸量大于卸载时解吸量,而加载时解吸时间却小于卸载时解吸时间;只有在加载时改变孔隙压力变化的情况下,才具有解吸量越大解吸时间越长的规律,其余则表现为解吸量越大、解吸时间越短的规律。

2008 年,李安启、张鑫、钟小刚、杨焦生、任源峰综合国内外几种不同类型的解吸曲线,阐述其在煤层气勘探开发中的参考价值,并提出了以下看法:有利于煤层气开发的解吸曲线应该具有含气饱和度高、地解压差小、曲线斜率大的特点;煤层渗透率是实现煤层降压、煤层气脱附和产出的重要因素;有必要模拟地层条件进行脱附(产出)模拟实验,以利指导煤层气开发。

张福凯等(2008)通过对中梁山改性煤样在不同流速下的穿透实验,得到了该煤样的吸附柱穿透曲线,建立了等温条件下的非线性柱动力学穿透模型,并通过 MATLAB 求解软件对该模型进行了数值求解。采用中梁山改性前后煤样、松藻改性煤和活性炭作为吸附剂对模拟煤层气进行变压吸附浓缩分离研究表明,对于低浓度的煤层气而言,采用中梁山酸碱改性煤样在提纯低浓度煤层气实验中优于活性炭。

陈振宏、王一兵、宋岩、刘洪林(2008)利用煤层气成藏物理模拟及热变模拟实验等手段,研究了高、低煤阶煤层气吸附、解吸特征的根本性差异,并深入剖析了该差异的形成机制。指出:高煤阶煤层气藏吸附平衡时间长且较分散,初期相对解吸百分率与相对解吸速率低;低煤阶煤层气藏吸附平衡时间短而集中,初期相对解吸百分率与相对解吸速率高;其化学分子结构、物理结构及显微组分的差异是导致该差异的主要原因。因此,高煤阶煤层气藏解吸效率较低,开发难度较大,低煤阶煤层气藏开发较容易。同时,构造热事件对高煤阶煤储层的改造作用很显著,有助于高煤阶煤层气藏的开发生产。

2009 年,陈润、秦勇、杨兆彪、王国玲介绍了煤层气超临界吸附的基本特征及近年来煤层气吸附的行为与规律;对影响煤层气吸附的因素以及煤层气吸附模型在研究中所取得的成果进行了总结;分析了煤层气超临界吸附研究中存在的问题。所谓超临界吸附就是指气体在其临界温度以上在固体表面的吸附。它与亚临界吸附相比无论在表征还是在机理上都有显著的不同。首先,超临界吸附的吸附量不再是压力的单增函数,而是存在一个最大值,最大值以后,随着压力的升高吸附量反而下降。在某些特定的吸附体系,压力升高到一定值后,吸附量甚至出现负值。关于超临界吸附等温线存在最大值这一现象在化工界已经达成了共识[试验测得的吸附量是 Gibbs 所定义的过剩吸附量,其表达式为 $n = n_t - V_a \rho_g = V_a(\rho_a - \rho_g)$,其中 n_t 为绝对吸附量;V_a 为吸附相体积;ρ_a 为吸附相密度;ρ_g 为气相密度。压力较低时,过剩吸附量是压力的增函数,随着压力的升高,主体相密度不断增大,当压力达到某一值,主体相密度随压力的增长速率与吸附相密度随压力的速率相等,等温吸附线出现最大值,继续升高压力,吸附量下降]。其次,超临界吸附的吸附机理与亚临界吸附相比有显著不同。对于亚临界吸附,可用单分子层吸附、多分子层吸附、微孔填充等机理对吸附现象进行解释,且吸附相密度可用假定的饱和液相密度代替。然而,超临界温度条件下,气体在固体表面的吸附机理则发生了根本的变化,不能简单地用亚临界吸附的校正模型进行处理,且在超临界条件下,气体不可能被液化,因此用假定的液相密度替代吸附相密度也是行不通的。目前,有关超临界吸附的机理,主要用吸附势理论、分子模拟技术、密度函数理论等进行研究。作者在上述研究分析的基础上,指出煤层气超临界吸附规律、超临界吸附的热力学模型、动力学模型及量子化学模型等将是今后煤层气超临界吸附研究的重点。

这一年,注意到甲烷超临界吸附的还有王乐平和王现强及蒋书虹和欧成华等。前者概述了我国在煤层气超临界吸附方面的研究进展,从气体超临界吸附的特点及研究状况入手,分析了我国煤层气超临界吸附研究的现状,并在此基础上提出了研究中存在的不足及进一步的研究方向。后者则着眼于煤层气藏的有效描述。

张时音、桑树勋(2009)应用扩散理论模型模拟吸附扩散过程,根据四种煤阶煤样的平衡水和注水等温吸附实验数据,计算吸附扩散系数,研究吸附扩散的规律。研究认为基于煤吸附—解吸的基本可逆性,认为煤吸附过程是由浓度梯度和压力梯度引起的,因而在大裂隙孔隙中运移遵从达西定律,在过渡孔和微孔中遵循菲克扩散说定律,整个吸附扩散过程是渗透—扩散—吸附的过程,所以应用解吸扩散理论模型来模拟吸附扩散过程是可行的。通过等温吸附实验数据拟合可得吸附扩散系数,对比注水煤样和平衡水煤样的扩散系数发现,注水煤样扩散系数小于平衡水煤样,随着煤阶的升高其差值越来越小,高煤阶时趋于一致(图 1 -25)。也就是液态水对煤的润湿性随煤阶增高而降低,对吸附扩散过程的影响逐渐减小。这是因为煤的表面物理化学性质随煤阶变化使液态水对煤吸附甲烷的影响也随之变化,不同煤阶的煤孔隙结构的变化是吸附扩散系数变化的主要因素(或者说煤的孔隙结构是影响煤吸附扩散过程的主要因素)。随着煤阶的升高,总孔容曲线开始急剧下降—缓慢下降—

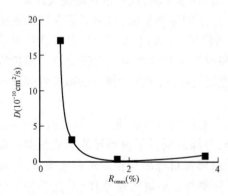

图 1 -25　注水煤样与平衡水煤样扩散系数差值随煤阶变化趋势

最后慢慢抬升,而扩散系数曲线也随着一起变化,随着过渡孔和微孔的比例增高吸附扩散速率逐渐减慢(图1-26),亦即:大孔和中孔发育的煤扩散速率较快、扩散系数高,过渡孔和微孔发育的煤相对扩散速率较慢、扩散系数低。

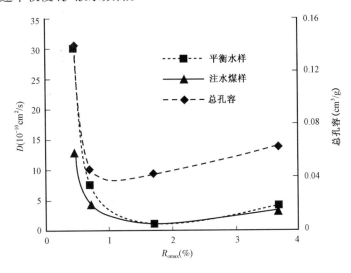

图1-26 扩散系数和总孔容与煤阶的关系

在生产应用上,宋旭、孙娇鹏、程龙等(2009)以克隆拉多方程以及朗格谬尔方程为解释基础,结合煤储层煤层甲烷的赋存、解吸方式解释煤储层甲烷气体压力的转变、受控因素以及作用效果。进而解决瓦斯突出机理,为瓦斯突出防治提供了有益的参考。

2010初,刘应书、郭广栋、李永玲通过两塔真空变压吸附装置,对低甲烷浓度的煤层气进行了浓缩实验。实验中研究了两种活性炭、三种不同的流程以及均压时间和节流孔径等操作参数对解吸气甲烷浓度和甲烷回收率的影响。结果表明,比表面积和分离因子都较大的活性炭更适合用作浓缩煤层气的吸附剂;上下不同步均压流程比其他两种流程有更好的浓缩效果且上、下均压时间都存在着最佳值;节流孔径对甲烷回收率影响较大(图1-27),为同时保证解吸气甲烷浓度和甲烷回收率,需要选择合适的节流孔径。这些研究结果可为变压吸附浓缩低浓度煤层气的深入研究和工程应用提供参考。

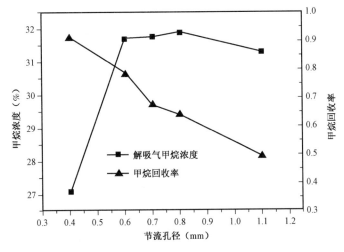

图1-27 节流孔径对解吸气甲烷浓度和甲烷回收率的影响

2010年,刘曰武、苏中良、方虹斌等对国内外煤层气解吸—吸附机理研究作了很好的综合。通过分析国内外解吸—吸附机理的研究历史和现状,将煤层气的解吸—吸附机理归纳综合为单分子层吸附和多分子层吸附两大类,将机理模型归纳为五种,即 Langmuir 等温吸附及其扩展模型、BET 多分子层吸附模型、吸附势理论模型、吸附溶液模型和实验数据拟合分析模型等。对影响煤层气解吸—吸附的因素,如煤层的性质、孔隙性结构、煤层气的组分、压力条件和温度条件等也进行了详细的分析说明。

大家知道平衡吸附量是吸附量的极限,在实际应用中,平衡吸附量的数值一般是用吸附等温线来表示的。对于单一气体(或蒸气)在固体上吸附已观测到的常见的等温线有五种形式(图1-28),化学吸附只有Ⅰ型等温线,物理吸附则有Ⅰ—Ⅴ型五种。Ⅰ型等温线表明,低压时,吸附量随组分分压的增大而迅速增大。当分压达到某一点后,增量变小,甚至趋于水平。适用于以微孔为主或无孔均一表面的吸附剂,吸附量有极限值。一般认为,这是单分子层吸附的特征曲线,也有人认为它是由微孔充填形成的曲线。Ⅱ型等温线表明,吸附量随组分分压的增大而迅速增大,适用于以中、大孔为主的吸附剂,吸附质和吸附剂作用较强,是多层吸附的表现。Ⅲ型等温线适用于大孔为主的吸附剂,吸附质和吸附剂之间作用力较弱。Ⅳ型等温线具有明显的滞后回线,适用于以单分子层吸附为主并发生毛细凝聚现象的吸附。Ⅴ型等温线与Ⅳ型线相似,具有明显的滞后回线,只是吸附质与吸附剂相互作用较弱,适用于发生多分子层吸附和毛细凝聚现象的吸附。

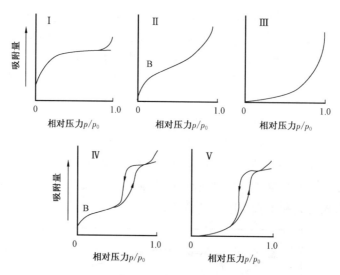

图1-28　吸附等温线类型示意图(据刘日武等,2010)

p_0 为饱和气压

为了描述这些吸附等温线,人们提出了大量的理论模型与拟合方程。国内外大量研究表明,煤对甲烷等气体吸附的吸附等温线为Ⅰ类。由于煤对煤层气的吸附属于物理吸附,具有可逆性,即吸附与解吸作用的平衡,所以当煤储层煤层气抽放或开采时,由于压力降低,破坏了原始的平衡状态,吸附在煤基质微孔隙内表面上的气体就会解吸下来,重新回到微孔隙空间成为气态的自由气体,以达到新的平衡。大体上,煤的等温解吸曲线与其等温吸附曲线是相同的,因此同样可以根据建立的吸附模型来描述等温解吸的过程。煤储层中的煤层气开始解吸,还与煤储层的煤层气饱和度密切相关。如果煤储层的煤层气达到饱和,即落在等温吸附曲线的上方时,只要压力一降低,煤层气就开始解吸;如果煤储层的煤层气未达到饱和,即煤层气含气量在等温吸附曲线的下方，那么尽管开采时压力降低，煤层气也不会马上开始解吸，直到储层压力降到某一压力，即等温吸附曲线上与该气体含量数值大小相同的那一点所对应的储层压力时，才会有煤层气解吸。该压力称为临界解吸压力。临界解吸压力与储层压力的比值直接决定了煤层气排水降压的难易程度，比值越大，煤层气井产气越容易。在煤储层含气处于饱和的情况下，临界解吸压力与储层压力相等。解吸过程快慢可以用解吸时间来度量。所谓解吸时间，是指总的吸附气体的 63.2% 释放出来所需要的时间。

刘曰武等对其总结的前三类解吸—吸附模型，即 Langmuir 等温吸附及其扩展模型、BET 多分子层吸附模型、吸附势理论模型等作了具体论述，对后两类即包括吸附溶液模型和实验数据拟合分析模多组分解吸—吸附模型则做了综合性介绍。

（1）Langmuir 型吸附模型。甲烷分子要与煤表面发生作用必须跨过一个表面势垒，这个势垒就是吸附势阱点，即吸附势能最低点（图 1-29）。随着距离减小，核间排斥力增加，势能迅速增大。距离增大时，由于核间引力增加，也导致势能逐渐增大，在间距 0.55nm 后增加放慢，说明甲烷分子与煤表面发生作用的有效距离在 0.55nm 左右，吸附势阱距离在 0.35nm 左右，而甲烷有效直径在 0.2 ~ 0.36nm 之间，因此也可推测甲烷在煤表面的吸附主要以单分子层为主。

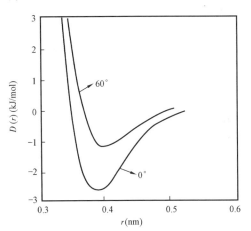

图 1-29　甲烷在煤核表面吸附势能
（据陈润等）

Langmuir 型吸附模型由法国化学家朗格缪尔在 1916 年提出，其基本假设条件是：吸附平衡时，体系中气体的吸附速度与脱附速度相等，吸附是可逆的，吸附和脱附之间没有滞后发生，吸附平衡是动态平衡；吸附剂表面均匀光洁，固体表面的吸附势能呈均质状态，活化能为零；被吸附的气体分子之间没有相互作用力；固体表面吸附平衡仅形成单分子层。

Langmuir 等温方程也可以用含气浓度表示，即

$$C = C_{\mathrm{L}} \frac{p}{p_{\mathrm{L}} + p}$$

式中　C_{L}——Langmuir 浓度，t/m^3。

在 Langmuir 理论模型的基础上，后人相继推出了一系列相似的模型或模型的改进形式。这些模型使用了全部或者部分的 Langmuir 理论模型的假设，因此被称为 Langmuir 型吸附模型。

（2）Freundlich 等温吸附方程。Freundlich 等温吸附方程最初为经验吸附方程，考虑了固体表面的不均一性，因其形式简单，得到了广泛的应用。后来证实，该方程可以通过热力学的方法推导出来。Freundlich 等温吸附方程描述了多层吸附的特点，即

$$V = kp^{\frac{1}{n}} \quad (n > 1)$$

式中　V——吸附体积；

　　　k——常数，与温度、吸附剂种类、吸附剂的比表面所采用单位有关；

　　　n——常数，与温度有关，表征吸附体系的性质。

将 Freundich 方程式两边取对数,则得

$$\log V = \log k + \frac{1}{n}\log p$$

将 $\log V$ 对 $\log p$ 作图应得直线,截距为 $\log k$,斜率为 $1/n$。

(3)Langmuir—Freundlich 等温吸附方程(L—F 方程)。吸附温度在临界温度以上时,可以认为不发生多层吸附,实际煤储层一般都是这种情况。考虑到吸附剂表面非均相性,以及被吸附分子之间的作用力等复杂因素时,使用 L—F 方程来描述超临界吸附的吸附量 V。L—F 方程形式简单,仅有 3 个参数且意义明确,因而得到广泛的应用,方程的一般形式为

$$V = V_L \frac{K_b p^n}{1 + K_b p^n}$$

式中　V_L——Langmuir 吸附常数(与 Langmuir 等温方程中的 V_L 意义相同),cm^3/g;

　　　K_b——Langmuir 结合常数(反映了吸附速率与脱附速率的比值),无量纲。

K_b 很小或者组分分压很低时,相当于 Henry 系数 V_H。

其中　　　　　　　　　　　　　　$V_H = V_L b$

温度越高,V_H 值越小;n 为与温度和煤孔隙分布有关的模型参数,用来校正吸附位与吸附分子。当一个活性中心吸附一个吸附分子时,$n = 1$;一个吸附中心吸附两个吸附分子时,$n = 1/2$。

(4)BET 多分子层模型。BET 多分子层理论模型是由 Brunauer、Emmett、Teller 于 1938 年在 Langmuir 等温吸附方程的基础上提出来的,它除了保留 Langmuir 等温方程中吸附是动态平衡、固体表面是均匀的、被吸附分子间无作用力外,还补充了以下假设:被吸附分子和碰撞到其上面的气体分子之间存在范德华力,会发生多层吸附;第一层的吸附热和以后各层的吸附热不同,第二层以上各层吸附热为相同值(吸附质液化热);不一定要上一层吸附满了才能开始下一层的吸附,所以表面不同位置吸附的分子不一定相同;吸附质的吸附和脱附只发生在直接暴露于气相的表面上。

BET 二常数表达式为

$$\frac{p}{V(p_0 - p)} = \frac{1}{V_m C} + \frac{C - 1}{V_m C} \times \frac{p}{p_0}$$

或

$$V = \frac{V_m C p}{(p_0 - p)[1 + (C - 1)p/p_0]}$$

式中　p_0——实验温度下吸附质的饱和蒸汽压,MPa;

　　　V_m——BET 方程单分子层吸附量,cm^3/g;

　　　C——和吸附热及被吸附气体液化有关的常数。

当 C 大于 1 时,也就是被吸附气体与吸附剂间的引力大于液化状态时气体分子间的引力时,等温线为 I 型;当 C 小于 1 时,也就是吸附剂与吸附质之间的引力小时,等温线为 III 型。

BET 吸附模型是目前采用很频繁的方程之一,可以用来描述 I、II、III 型吸附等温线,其中一个重要用途是测试固体的比表面积。

(5)吸附势理论模型。吸附势理论是从固体存在着吸附势能场出发,描述多分子层吸附的理论模型。它和 Langmuir 型吸附模型、BET 多分子层吸附理论的最大差别在于,它认为在

固体表面上有一个吸附势场,距离固体表面越远,吸附势能越低。因此,吸附层的密度也和距离表面的远近有关。早在 1914 年,Polanyi 就对吸附势进行了定性描述。因此,这种理论有时候也被称为 Polanyi 吸附势理论。但是,对等温吸附进行了定量描述的,则是著名的 Dubinin—Radushkevich(D—R)方程和 Dubinin—Astakhow(D—A)方程。

Dubinin—Radushkevich(D—R)方程为

$$V = V_0 \exp\left[\left(\frac{RT}{\beta E}\ln\frac{p_0}{p}\right)^2\right]$$

Dubinin—Astakhow(D—A)方程为

$$V = V_0 \exp\left[\left(\frac{RT}{\beta E}\ln\frac{p_0}{p}\right)^n\right]$$

式中 V_0——微孔体积,cm^3;

β——吸附质和吸附剂的亲和系数。

(6)关于多组分气体的解吸—吸附理论模型综合介绍。煤层气中除了甲烷以外还有其他气体,如 CO_2、N_2 等,虽然含量相对很小,但它们对煤层气的吸附和解吸却产生了比较明显的影响。这是因为对于多组分混合物吸附质的吸附,除了各组分吸附亲和力大小各异外,各组分间还有相互作用以及竞争效应,因此会产生组分干涉影响。多元气体吸附的研究与单组分气体有所不同。

单组分气体吸附时,成分不发生变化;而混合气体吸附时,由于混合气体中各组分的吸附能力各不相同,每种气体也不是独立吸附的,而是互相竞争相同的吸附位。这是由于吸附平衡是动态平衡,气体在煤中的吸附和解吸一直在进行着,而分子间范德华力较大的气体会优先占据煤表面的吸附位,分子间范德华力较小的气体会被从煤表面置换下来,其中一部分可能又被吸附到新的吸附位。因此,在吸附实验过程中,从吸附实验开始到结束,吸附能力不同的气体,在游离相中的浓度在不断发生着变化。吸附能力强的气体在气相中的浓度下降;相反,吸附能力弱的气体在气相中的浓度会上升。混合气体的吸附性不仅与混合气体中各组分的吸附能力有关,而且还与各组分的分压有关。分压越大,气体的吸附量越大。混合气体吸附时,各组分间相互影响,竞争吸附。目前,广泛采用纯甲烷进行煤的等温吸附试验,所得到的煤储层的解吸—吸附特性不能代表煤储层的真实情况。以此为依据来评估煤层气的开发潜力,可能会产生夸大的结论,以至于误导投资者,或造成不必要的损失。煤吸附气体属于物理吸附,无选择性,表明吸附剂可吸附不同种类的气体。多组分气体吸附的一个重要研究内容是建立多组分气体解吸—吸附的理论模型,然后利用单组分吸附实验结果预测多组分吸附。目前,应用较多的预测模型有:扩展的 Langmuir 等温吸附方程(Extended Langmuir Equation,简称 E—L 方程)、IAS 理论(Ideal Adsorded Solution,理想吸附溶液理论)、BET 多组分气体吸附模型、扩展的吸附势理论,以及其他吸附模型,如空位溶液模型、格子模型等。在煤层气的多组分吸附领域,应用较多的是 E—L 方程和 IAS 理论。多组分气体的解吸—吸附理论模型以 E—L、IAS 和 N—A(Numerical Analysis,数值分析)三种为重点。

2011 年,姜伟、吴财芳、王聪等以晋城无烟煤为研究对象,进行了 30℃时煤对甲烷和氮气的吸附解吸试验。基于吸附特性曲线的唯一性特点,根据 30℃甲烷的吸附—解吸数据,以吸附势理论为依据,预测了 50℃时甲烷的等温吸附曲线,结果表明预测曲线与实测曲线吻合良好,其预测值平均绝对误差为 0.5 cm^3/g,平均相对误差为 3.12%。同时依据 30℃时氮气和甲烷的吸附特性曲线,发现氮气和甲烷的吸附势对应压力在 0.61MPa 时存在交点,表明压力低于 0.61MPa 时氮气的吸附势高于甲烷的吸附势,此时注入氮气对提高煤层气的增产具有促进作用,这为煤储层在 N_2 – ECBM(注氮增产法)过程中确定氮气的注气压力范围提供了有益的理论参考。

陈浩、李建明、孙斌等同样为在生产中发挥吸附理论的作用做了有益的工作:在煤层气研究过程中,通过对曲线形态进行分析,认为在煤层气开采初期和中期兰氏体积和兰氏压力越大对产气越有利;而在开采后期,兰氏压力越小对产气越有利。同时也可根据曲线方程估算出煤层气采收率,进而获得煤层气可采资源量。

马东民、张遂安、彭瑛(2011)面对目前煤层气开采过程中确定产气时间、提高煤层气的采收率与产量预测必需解决的问题,对当前一些煤层气勘探开发较为活跃地区的煤进行了吸附—解吸实验,对实验数据拟合分析,得到煤层气降压解吸服从数学模型

$$V_d - c = \frac{a_d b_d p}{1 + b_d p}$$

式中　V_d——吸附过程不同压力 p 下煤样的含气量,m^3/t;

　　　a_d——解吸过程的饱和吸附量,m^3/t;

　　　b_d——解吸过程吸附热与解吸速率有关的常数;

　　　p——当前实验压力,MPa;

　　　c——残余气量,m^3/t。

在煤层气井排水降压产气过程中,采用此模型对煤层气的解吸量进行计算,揭示了降压解吸滞后是由于剩余含气量 c 的存在,解吸量 a_d 与最大含气量 a_{max} 线性相关,最大解吸率为 c/a_{max},生产上要提高解吸量只能通过改变吸附系统吸附热与解吸速率。两口直井与两口水平井的排采实践验证了研究结论。

第五节　与煤层甲烷吸附特性论相关的含气量地质影响因素

标准的含气量数据是煤层甲烷开发计划中计算资源量所不可缺少的参数之一,直接关系到产气能力的预测、布井和开采条件的确定。确定含气量的目的在于查清所勘查的煤层甲烷储层是否储集了有经济价值的天然气资源,这是一个常被忽视的关键问题。因为已有许多情况证实,解吸气测试结果表明作为目的层的煤层储层由于向大气自然脱气使含气量大大降低。

前已叙述,煤层甲烷以三种状态存在,但绝大多数气体以吸附状态存在。因此,影响煤层甲烷吸附能力的地质因素控制了煤层甲烷含气量。

一、煤层埋深

煤层甲烷含气量随深度增加而增大。从瓦斯风化带边界到 400 ~ 600m 深度,甲烷含量增加最快;800 ~ 1000m 是缓慢增加的区段;1000 ~ 1500m 甲烷含量变化很小,属于稳定区段。

二、煤阶

对于每个煤阶来说,其含气量都有一定的变化范围,但总体上含气量随煤阶的增加而增大。低煤阶的煤,含气量为 2.5cm³/g;高煤阶的煤,气体含量可达 31cm³/g。在亚烟煤 A 和高挥发分 C 烟煤之间,含气量增加较快。其主要原因在于处于高煤阶期的煤化作用形成的热成

因气比低煤阶期生物成因气要多得多。在高煤阶(中挥发分烟煤以上),煤产生的甲烷气体比它们能吸附的气体多,这样就有可能向相邻的储层运移。

含气量与煤阶的关系,可用含气量与镜质组反射率关系图表示。例如,美国皮伸斯盆地红山单元 1DS32 – 2 井中卡米奥煤层的含气量数据与镜质组反射率关系图表明,VR_o 为 1.19% 时含气量为 7.48m³/t,到 VR_o 为 1.27% 时含气量为 11.86m³/t(图 1 – 30)。上一节所引张时音和桑树勋(2009)"不同煤级煤层气吸附扩散系数分析"则反映了中国学者对这个问题的深入认识。

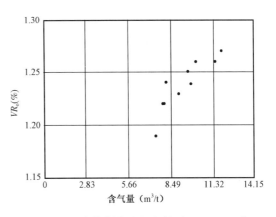

图 1 – 30　皮伸斯盆地红山单元 1DS32 – 2 井
含气量与 VR_o 相关关系图

三、压力和温度

压力和温度对含气量也起重要作用。一定煤阶的煤,随压力的增大,含气量增大;随温度的增高,含气量降低。由于高温高压通常和高煤阶相对应,因此高煤阶的煤常常能预测到高的含气量。然而,对于某些高煤阶的煤,由于地层的抬升和剥蚀,煤层接近地表,使得煤层气发生自然解吸,这样就会导致意想不到的低含气量。因此,计算某一煤阶的含气量,其数值有很大的变化范围。

四、临界含水量

自然状态下,几乎所有的煤层都含有水。为便于实际应用,美国 ASTM(1973)规定煤层含水量是指温度在 104 ~ 110℃时,煤层水以水分子(H_2O)形式释放出来的数量。水在煤里以自由水、分解水和水化合物的形式存在。自由水存在于裂隙和大孔隙内。分解水和含氧官能团(—OH、—COOH、—C = O)通过氢键结合。水化合物附属在无机矿物,如石膏和黏土上(Allardice 和 Lahiri,1978)。这些水常常和甲烷竞争被吸附的位置。煤层吸附水的数量称为临界含水量,它取决于煤层氧的含量(Joubert 等,1973)。高于临界含水量的水含量并不影响甲烷气的吸附能力。低煤阶煤比高煤阶煤含有更多的氧,因而其吸附水要比高煤阶煤要多,含气量相对要少。

五、煤的无机组成和显微组分

煤的无机组成和显微组分是影响煤吸附气含量的另一因素。无机物质表面和气体之间没有亲合力。有机物质占据的空间若被无机物质所替代,势必会减少有机物质吸附气体的表面积。因此,对于同一煤阶而言,高含灰分的煤比低含灰分的煤吸附的气要少。因为富氢的高挥发分烟煤有重烃物质存在,使得煤的微孔隙被堵塞,导致储气能力下降。对于更高煤阶(低挥发分烟煤以上的煤阶),因为重烃物质又被热裂解成水分子,煤的储气能力又有所增大。

除此之外,煤层含气量还受热力场、大地构造条件、水文地质条件等影响。因此,进行煤层甲烷资源评价和开采时,必须取全取准资料,以便对勘探区的资源量作出准确的评价。

第二章　煤层甲烷储层特征

成煤物质从埋藏到成煤以后都能生成大量的烃类物质,特别是气态烃,煤是烃源岩。同时煤成烃除部分运移到围岩外,还有一部分保存在煤层里,所以煤又是储层。煤作为储层,具有两方面的特性:① 在压力作用下,煤层具有容纳气体的能力;② 煤具有允许气体流动的能力。煤储集天然气的能力取决于煤层的压力、温度、煤阶、矿物质含量、水饱和度等因素。

煤层为什么能储集天然气呢? 要回答这个问题,必须对煤、煤的分子构成有清楚的了解。

第一节　煤及煤的分子构成

一、煤的定义

煤的定义多种多样,有岩石学、地层学、地球化学或其他方面的定义。虽然通常人们把煤看成是一种固体燃料,但正确地理解煤的结构和化学组成,需要外延更广的定义,包括煤的组成成分,如挥发分、水、油、甲烷等。

美国地质研究所出版的《地质辞典》对煤定义如下:煤是一种能迅速燃烧的岩石,由占重量50%以上、占体积70%以上的含碳物质及结合水组成,形成于各种蚀变植物体的固结和压实……不同的显微组分(类型)、不同的变质作用(煤阶)和不同的杂质含量(煤级)是各种煤分类的标准(Bates 等,1980)。

二、煤构成的三维图解

根据上述煤的定义,可按煤的显微组分(类型)、变质程度(煤阶)和杂质含量(煤级)来进行分类,这三者构成了煤构成的"三维图解"(图 2-1)。

图解中的煤级通常用有机质占总重量的百分比表示;类型通常用煤的显微组分表示,近几年来,也有人用地球化学参数来表示类型;煤阶可用碳含量、镜质组反射率或其他和煤阶有相关关系的参数表示。

用煤级、类型、煤阶作为三个相互垂直的轴,构成煤组分的三维图解,这种表示比传统的煤岩相学更接近于煤的组成。这个图解提供了划分煤或含有机质的沉积岩的综合性框架,同时也提供了煤和其他有机沉积岩的区分标准。煤构成的三维图解反映了煤在埋藏和沉积过程中发生的地质作用。类型和煤级是建立在沉积环境基础上,两者构成的面反映沉积环境。垂直于该面的煤阶对应于地下的埋藏环境。

煤级反映了沉积岩中有机质的富集程度,当有机质含量(重量)超过50%时,为碳质页岩或油页岩。从理论上讲,煤级在煤热变质过程中会发生变化,因为煤化作用过程中的挥发分副产品从煤中散失,使残留的矿物质增多。需要说明的是,"煤级"一词在这里的用法和传统的地质用法不同,如在变质岩中,"煤级"用来表示变质作用程度,对于煤而言,煤的"变质程度"等同于"煤阶"。另外,"灰分"是指煤燃烧后或低温灰化后的残留物质,但习惯上,很多人把"灰分"等同于"矿物质含量",这是错误的。虽然灰分主要来源于矿物质,但两者在成分上有明显的区别。

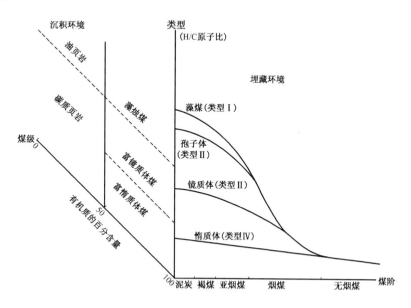

图 2-1 煤构成的三维图解(据 W. B. Ayers 等,1993)

类型反映了煤的有机质组成成分。煤是由多种不同有机质组成的非均质体,按某一系统把煤的有机质组成划分为几个有意义的"组",有助于人们更清楚地理解煤的有机质构成及其在煤化作用过程中所发生的变化。煤有机质类型的划分方案很多,根据手标本上可识别的物理性质,或根据显微镜下能鉴别的颜色和形态,或根据有机地球化学特征等进行分类。本书采用有机显微组分来分类(图 2-1),因为显微组分分类能很好地反映不同类型有机质在元素和分子组成上存在的差异。从图 2-1 中看出,低煤阶时各显微组分差别很大,随煤阶的增大,逐渐收敛并趋于合并,反映在热变质过程中不同类型显微组分的差异渐渐减小,到烟煤或无烟煤时已不能分辨出来。

煤阶表示煤在埋藏历史中,沉积物有机质在成分和结构上经历了一系列变化,其过程称之为煤的变质作用或煤化作用。可以用多种物理和化学参数来表征煤的变质程度,常见的煤阶参数有固定碳含量、镜质组反射率、水分含量。表 2-1 是美国材料试验协会(ASTM)关于煤阶的划分标准。

"煤阶"和"成熟度"存在着细微差别,煤阶是指沉积物有机质的成岩作用程度,而成熟度则是指广义的沉积物有机质的一切成分变化,这种变化有一些发生在沉积物被埋藏和发生成岩作用之前。因此,在使用这两个词时,应区别对待。

综上所述,描述煤构成的三个参数(煤级、类型、煤阶)在沉积作用和煤化作用过程中所发生的变化是不同的,对煤层气的贡献(生成、保存、扩散、运移)也不同(表 2-2)。

表 2 - 1　美国(ASTM)煤阶划分标准(据 Stach 等,1982)

煤阶	镜质组反射率R_o(%)	矿物质含量(%,daf)	石炭镜煤(daf)	水含量	热值K(cal/kg)
泥炭	0.2	68			
		64	ca.60	ca.75	
褐煤	0.3	60			
		56		ca.35	4000
亚烟煤　C／B	0.4	52			
		48	ca.71	ca.25	5500
A	0.5				
C	0.6	44	ca.77	ca.8~10	7000
B	0.7	40			
	0.8				
A（高挥发分烟煤）	1.0	36			
		32			
中挥发分烟煤	1.2	28	ca.87		8650
	1.4	24			
低挥发分烟煤	1.6	20			
	1.8	16			
半无烟煤	2.0	12			
		8	ca.91		8650
无烟煤	3.0 / 4.0	4			
超无烟煤					

表 2 - 2　煤的构成对煤层气影响表(据 W. B. Ayers 等,1993)

参数	作用过程		对煤层气的贡献			
	沉积作用	埋藏—煤化作用	① 气体生成	② 气体保存	③ 气体扩散	④ 气体运移
A(煤级)	+ + +	+	+ + +	+ + +	+ +	+ +
B(类型)	+ + +	(+ + +)	+ +	+ +	+	+
C(煤阶)	—	+ + +	+ + +	+ +	+ +	+ + +

注:+一般影响,++强烈影响,+++非常强烈影响。

三、煤构成的两端元模式

人们对煤分子结构基本特征的认识已有一段时间。传统观点认为煤是三维聚合结构,通过网状桥结构进行连结。这个模型强调共价键作用。尽管该模式至今仍在沿用,但人们已认识到保存在煤的三维结构中仍有许多分散的"小分子"物质,如甲烷、二氧化碳、水及油、焦油、芳香烃等。近来,人们发现强共价键在煤结构中的连结作用的重要性比想象的要小得多,相反,分子间的弱作用力如氢键和范德华力则更为重要。为此,人们提出了"两端元模式"。

煤构成的两端元模式可用图 2 - 2 表示。该图解首先把煤划分成有机质构成和无机质构成两大类。有机质构成部分又可进一步分为"大分子基质"和"分子物质"两部分。"分子物质"部分又可进一步分为两类：① 固结部分，这部分由于其大小、形态及结合强度，使得这些分子物质不能在煤结构里快速运动；② 松散小分子，包括所有能自由进出煤结构的小分子，如甲烷、二氧化碳、水和其他物质，其中甲烷是有经济价值的，是煤层气的主要组分。

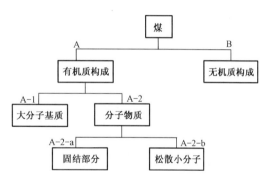

图 2 - 2　煤构成的两端元模式图

描述：煤—主要由有机质组成的沉积岩石；B—原生黏土矿物、石英、方解石、绿泥石和其他附属矿物，包括化学结合水（- OH）和黏土矿物层间水（H_2O）；A - 1—大多数具有单环或多环芳香碳结构，边缘通过氢键和含氧基团联结，内部网状结构通过氢键和富氧桥键联结；A - 2 - a—中到高分子油和沥青烯，包含芳香的、脂肪的和杂原子构成；A - 2 - b—大部分 H_2O、CH_4、CO_2、N_2、C_2H_6 等，相对富集程度取决于煤阶、周围条件、煤化历史

虽然有很多区别煤结构里固体物质和松散物质专门的分析技术来鉴别煤的构成，如真空蒸馏法、热处理法、溶剂萃取法、H - NMR 分光镜法，但其结果因方法的不同而相差甚远。

煤构成的两端元模式早在 20 世纪初已被人们提出，但在最近才得到广泛接受和应用。该模式在解释煤结构特征以及煤储层特征方面具有很大的实用价值。必须清楚地认识到无论是分子物质还是大分子基质，它们都不是均质体。因此，在煤化作用过程中，其成分都在发生变化。例如，低煤阶的煤，其分子组分主要是水；中等煤阶时，主要是油、焦油、沥青物质；高煤阶时，主要是甲烷和水。但现今保存煤结构里的是它们的混合物。

由于这一系列过程都发生在煤化作用过程中。所以煤的分子构成成分和富集程度不是固定的，而是有着显著的变化。低煤阶（泥岩—亚烟煤 A），以压实脱水为主，水充填了煤的孔隙，约占泥岩的 75% 以上；当煤进入生油窗时，水含量减少到 15% ~ 20% ；到生油高峰期，水含量减少到不足 1% 。水分的减少，除受物理压实作用影响外，还与亲水基团和羟基基团及碳酸根基团的解体有关。进入高成岩作用阶段，形成低或高分子的富氢物质，Tissot 和 Welte（1984）称该过程为"成岩作用"。煤构成中"有机分子相"百分比含量可用萃取法来确定，并随所用溶剂的不同而变化。用吡啶萃取物含量可以精确地估算分子构成含量。在高挥发分烟煤 A 中，吡啶萃取物丰度可达 25% ~ 35% ；在无烟煤中，吡啶萃取物可降到零，伴随着这种变化，水和甲烷含量增多。

实际上，深入讨论煤的结构，已超出本书的范畴。笔者的兴趣在于认识煤层甲烷和其他气体是如何形成的？煤的分子结构对吸附机制的影响以及煤层甲烷的吸附理论。在自然界里，煤是个从非晶体到准晶体的庞大聚合体。有规律地认识煤的分子结构是很困难的。为此，必须把煤的构成模式化，如上所述两端元模式。这个模式中的基质部分包含了通过共价键网状连接的三维立体有机分子格架；被圈闭在煤结构里的分子物质包括了通过氢键和范德华力松散结合或物理"圈闭"在基质里的小分子物质，如 H_2O、CH_4、CO_2 等。这种分类在一定程度上是模式化的。实际上，煤构成是一个从小分子（如甲烷和水）到基质大分子的连续变化。

第二节　煤的孔隙结构

广义上,煤孔隙是指煤被流体占据的部分,它是煤总体积的一部分。煤孔隙包括大到裂缝(用眼可见或看不见的)和小到分子间隙。

典型的常规储层孔隙大小是毫米到微米级,典型的煤孔隙则比它要小得多。活跃的扩散现象、具有"分子筛"的结构特征表明煤的微孔大小和吸附分子大小是同一级别的。煤的细微孔隙结构随煤化作用而变化,这是煤及煤储层的重要特征。煤的微孔隙是开放的大分子网状结构的表现形式。在自然界,这些微孔隙被小分子物质(如水、甲烷、油等)所充填。充填物的成分和所占比例随煤阶而发生变化。由于分子间作用力(范德华力、氢键等)的存在,气体物质(如甲烷)渗入其微孔,以"近似流体"形式存在(Metcaf 等,1991)。

一、煤孔隙分类

煤孔隙大小通常分为三类:大孔($>200\times10^{-10}$ m),中孔($20\times10^{-10}\sim200\times10^{-10}$ m),微孔($<20\times10^{-10}$ m)。大孔通常指"开放系统",可以把它看成是煤的分子构成的一部分,包括裂缝、割理、裂隙、丝质体的空细胞腔等。通常低煤阶以大孔为主,高煤阶以微孔为主(图2-3),因而在其他条件相似的情况下低煤阶区更利于获得稳定的较高产量。

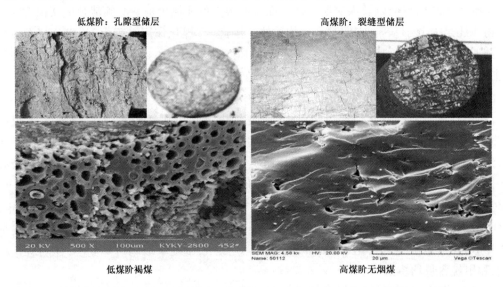

图 2-3　低煤阶及高煤阶孔隙

根据煤孔隙成因可分为原生孔和次生孔。原生孔指煤沉积过程中进入煤结构的孔,次生孔形成于固体煤的煤化作用,是煤结构去挥发分作用形成的,其成因与大量的气体生成有关。次生孔隙发育可以从低挥发分烟煤连续到无烟煤(Levine 和 Tang,1989)。

煤孔隙按成因可进一步分为:分子间孔(零点几纳米或几纳米)、煤植体孔(源于植物母体,几微米到几百微米)、热成因孔(可达数十微米)和裂缝孔(宽几微米,长可达数米)(表2-3)。

表2-3 煤孔隙分类表(据 Gan 等,1972)

煤孔隙分类体系——→		成因分类	
		原生孔	次生孔
形态分类	微孔($<20\times10^{-10}$ m)	分子间隙	热"去堵塞孔"
	中孔($20\times10^{-10}\sim200\times10^{-10}$ m)	过渡型(?)	
	大孔($>200\times10^{-10}$ m)	煤植体孔	裂隙和热成因孔

Radke 等(1990)根据煤含烃被溶剂萃取的难易程度,把煤孔隙分为"封闭孔"和"开放孔"。封闭孔只有在温度加热到350~400℃时,才能使烃类被萃取。

对煤的孔隙喉道大小的研究表明,孔隙容积主要与中孔有关,而孔隙的表面积主要与微孔有关。据对圣胡安盆地和皮伸斯盆地的研究表明,煤的孔隙喉道直径有60%(皮伸斯盆地)至74.51%(圣胡安盆地)小于 $0.021\mu m$ (210×10^{-10} m),小于 12×10^{-10} m 的微孔也占很大比例。由于煤层中储集甲烷的主要机理是吸附在孔隙表面,因此,煤中大部分气体储集在微孔隙中,在压力作用下,呈吸附状态。又由于煤的微孔隙极其发育,具有特别大的比表面,一克煤的表面积可达 $100\sim400m^2$ 。通过吸附作用,煤比常规砂岩具更高的储气能力。

二、割理

按照英国采矿业的习惯,将煤中的裂缝称为割理(属于大孔)。割理的形成是煤化作用的结果(内生裂隙),局部也可由构造应力引起(外生裂隙)。割理间距从0.25cm到几厘米。煤中发育大致互相垂直的两组割理,即面割理和端割理。面割理(也是主要裂隙组)可以延伸很远(可达几百米),端割理只发育于两条面割理之间。两组割理与层理面正交或陡角相交,从而把煤体分割成一个个长斜方形的基岩块体(图2-4)。煤中的割理密度比相邻砂岩或页岩中的节理密度要大得多,这是煤储层和常规储层的差别之一。煤储层由于裂隙(割理)非常发育,故有人又把煤储层称为裂缝性储层。

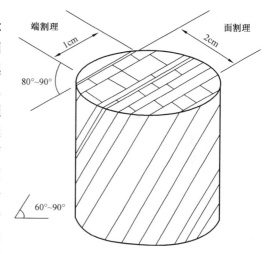

图2-4 煤层割理系统示意图

1. 割理特征

对煤层渗透性起决定作用的是煤的割理系统,外生裂隙只起改善作用。可以设想,没有割理的煤层不会大量产气,而煤层也不会因无外生裂隙而不大量产气。因此,在煤层气勘探开发中,割理的重要性无论怎样强调都不过分。樊明珠[1]用面割理走向、端割理走向、割理组数、组合类型、面割理长度、端割理长度、割理的面密度、面割理密度、端割理密度、面割理间距、端割理间距、割理高度、割理面结构、充填程度、充填物等15个要素来全面描述煤的割理特征。

割理就是通过上述变化要素来控制煤层渗透性、影响井网设计和增产措施处理方案的。

---

[1] 樊明珠,控制煤层渗透性和地质因素及寻找高渗透带的研究方向,1994。

1）割理组合类型

割理的平面组合形态有网状、孤立—网状、孤立状三种。就渗透性来说，在其他条件如现今地应力、地层压力、煤体结构、外生裂隙特征和充填程度相近时，以网状割理的煤层渗透性最好，孤立—网状的渗透性中等，孤立状的渗透性最差（图 2-5）。就煤层渗透性的各向异性的程度而言，具网状割理煤层的渗透性各向异性不明显，具孤立—网状的各向异性中等，具孤立状的各向异性显著。就开发井的部署而言，要使开发区在一定时期内达到峰值产量，具孤立—网状或孤立状割理煤层的生产井的井距应比网状割理煤层的小一些。此外，由于不同割理组合类型的渗透性各向异性程度的差异，网状割理煤层可用等间距井网开采，而孤立—网状或孤立状割理煤层，沿端割理方向的井距应比沿面割理方向的井距小一些。

组合类型	形态特征	说 明 图	相同条件下的渗透性相对定性评估
网状	任何两条相邻的面割理之间的任何一条端割理均与这两条面割理相交	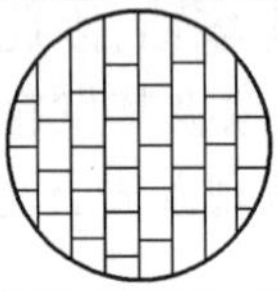	好
孤立—网状	仅部分面割理之间存在与之相交的端割理	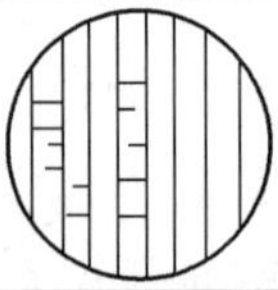	中等
	大部分端割理仅一端与面割理相交	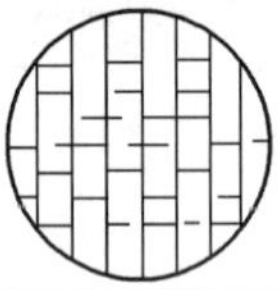	
	大部分端割理两端均不与面割理相交	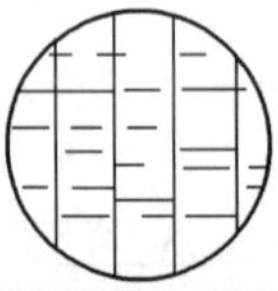	
孤立状	仅发育面割理	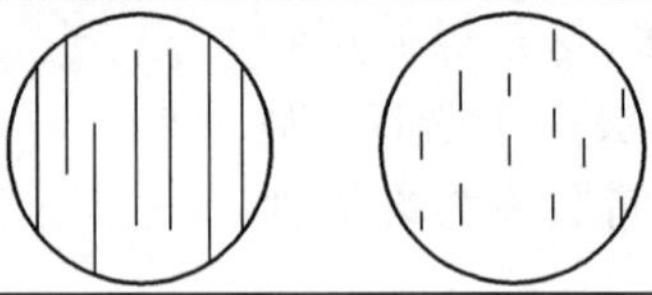	差

图 2-5　割理组合形态分类方案图❶

2）割理密度

割理密度是影响煤层渗透性的重要因素之一，一般地说，密度愈高，渗透性愈好。

3）割理间距

割理间距是影响煤层渗透性的又一重要因素，据休伊特—帕森斯的研究，理想的裂缝—基质系统，其水平方向的渗透率与各种要素间存在如下关系

---

❶ 樊明珠，控制煤层渗透性和地质因素及寻找高渗透带的研究方向，1994。

$$K_H = K_M + 8.44 \times 10^7 W^3 \cos 2\alpha / L \qquad (2-1)$$

式中　K_H——裂缝—基质系统的水平渗透率,$10^{-3} \mu m^2$;

　　　K_M——基质渗透率,$10^{-3} \mu m^2$;

　　　W——裂缝壁距,m;

　　　L——裂缝间的距离,m;

　　　α——裂缝与其水平投影的夹角(°)。

对于煤层,K_M 可忽略不计,$\alpha = O$,$\cos 2\alpha = 1$,故上式简化为

$$K_H = 8.44 \times 10^7 W^3 / L \qquad (2-2)$$

由(2-2)式可见,煤层的水平渗透率与裂缝壁距的三次方成正比,而与裂缝间的距离成反比,说明裂缝壁距在提高煤层渗透性方面起着极为重要的作用。这提醒我们,在煤层渗透性评价选区研究中,相对低应力区的识别是很重要的,因为在地层压力一定时,地应力越低,裂缝壁距越大,对应的渗透率越高;相反,地应力越高,裂缝壁距越小,煤层渗透率越低。

4)割理走向和长度

割理走向,尤其是面割理走向可用来识别潜在流体流动通道,有助于煤层气开发方案的设计,包括完井的增产措施。割理长度是指平行于岩性分界面的割理延伸长度。开启割理的长度是割理渗透性的关键因素,是实现横向连续煤层井间干扰的重要途径。

5)割理面结构

J. C. Close 等(1990)称割理面结构为割理面几何形态。研究割理面的几何形态很重要,在横向高应力下割理表面的不规则性,可使部分割理仍然保持开启状态。

2. 割理的形成机制

地质资料和割理的形态特征表明割理有体积收缩、水动力裂缝、应力释放、拉张应变等几种形成机制。

体积收缩割理形成于煤化作用过程中的去挥发分作用。什么时间发生去挥发分作用将是割理形成的重要问题。早期的去挥发分作用伴随着水分的损失,可导致早期割理的形成。高煤阶时的去挥发分作用,可产生晚期割理。

割理的水动力成因可能与流体压力的增大有关,也可能与去挥发分作用有关。

构造应力(挤压应力或剪切应力)导致割理的产生。端割理和面割理的切割关系表明面割理形成早。构造地质资料表明面割理发育平行于最大挤压应力,端割理常常平行于区域的褶皱轴向,可能与褶皱形成或其之后的应力释放有关。Nickelsen 和 Hough(1967)曾认为端割理形成与负荷载体遭受剥蚀所引起的应力释放有关。然而,对于一个区域褶皱的地层,如宾夕法尼亚州东部安斯克迪地区,可见割理(包括面割理和端割理)与地层面一起发生褶皱,这表明该地区的割理在地层褶皱之前已形成(Nickelsen,1979)。总之,构造作用产生的外生裂隙可以和煤层内生裂隙发生叠合,并掩盖内生裂隙使之发生改造。

3. 割理影响因素

割理的发育程度受诸多因素影响,至少包括煤阶、类型(显微组分和岩石学组成)、宏观煤岩组合模式、煤层厚度、应力或应变历史等五个方面。

煤阶是影响割理发育的主要因素。通常,低煤阶的煤割理不甚发育,到烟煤系列时割理发育。割理面最密集的主要发生在低挥发分烟煤煤阶附近,高于低挥发分烟煤煤阶,割理或裂缝又不发育,在手标本上表现为割理封闭。

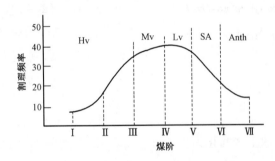

图 2-6　煤阶与割理频率关系图(据 B. E. Law,1993)

Hv—高挥发分烟煤;Mv—中挥发分烟煤;

Lv—低挥发分烟煤;SA—亚无烟煤;Anth—无烟煤

B. E. Law(1993)等学者曾专题研究过割理间距(或割理频率),认为割理频率(割理数/线性单元)与煤阶存在函数关系。割理频率从褐煤到中等挥发分烟煤随煤阶升高而增大,然后到无烟煤时随煤阶上升而下降,形成一条钟形曲线(图 2-6)。B. E. Law 等认为,割理频率分布主要取决于煤机械强度的差异及煤阶的变化。

图 2-7 和图 2-8 分别表示面割理和端割理的割理间距与镜质组反射率的关系。面割理间距在褐煤中约为 22cm(R_o 为 0.25% ~ 0.38%),无烟煤中约为 0.2cm(R_o >2.6%)。

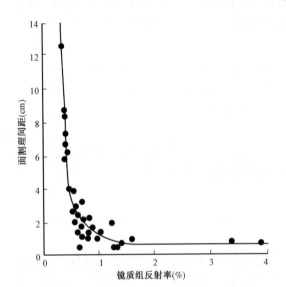

图 2-7　镜质组反射率与面割理间距相关关系图

(据 B. E. Law,1993)

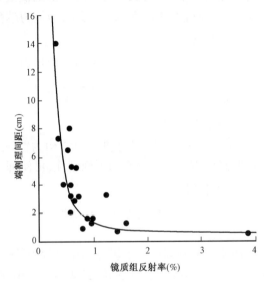

图 2-8　镜质组反射率与端割理间距相关关系图

(据 B. E. Law,1993)

平均面割理间距(C_f)与镜质组反射率倒数($1/R_o$)之间的指数关系为

$$C_f = 0.473e^{0.917/R_o}$$

割理间距从褐煤到高挥发分烟煤(R_o 为 1.1%)迅速增大,然后在高阶煤基本保持不变。端割理间距在褐煤约为 20cm,到无烟煤约为 0.2cm。从端割理数据回归出方程

$$C_b = 0.568e^{1.065/R_o}$$

由此可见,端割理间距(C_b)与镜质组反射率倒数($1/R_o$)之间同样也存在着指数关系。相关系数为 0.72。面割理与端割理在空间上的相似性是非常令人吃惊的,因为过去一般认为同煤阶和同质煤的端割理间距要远远大于面割理间距。相似的间距模式意味着观察到存在于煤里的许多渗透率各向异性是由于其连通性的差异,而不是间距差异。

对于已知的煤阶,割理面与岩石学组成、矿物质含量及层系厚度有关。一般较致密的割理面与亮煤、低矿物含量、薄层系有关。例如,圣胡安盆地北部的高挥发分烟煤 A 割理非常发

育,而盆地南部的高挥发分烟煤 C 则割理不发育(Close 和 Mavor,1991);阿巴拉契亚盆地高挥发分烟煤 A 割理相对于圣胡安盆地为中等发育;加拿大落基山前陆盆地亚烟煤 A 割理异常发育,但其煤阶很低。勇士盆地西部镜煤夹层比薄层暗煤早期收缩裂缝更加发育。镜质体富集的煤脆弱,裂缝发育,常终止在含有孢子体和惰质体的煤层。

矿物质充填也影响割理发育。在地下环境,割理可以被流体物质(气体或水)所充填或被次生的后生矿物充填,方解石、绿泥石、高岭石、伊利石是主要的充填物质。对于某些煤层,充填割理的矿物质含量构成总矿物成分的主要部分,割理被矿物质封堵,使绝对渗透率大大减小,如澳大利亚的波文盆地和美国阿拉巴马州的勇士盆地。

三、煤孔隙体积、孔隙度

煤孔隙体积和孔隙度是煤层甲烷储层的重要参数之一。煤储层里可采的天然气是吸附在微孔系统里,而裂缝系统为气体运移提供了通道。好的煤层甲烷储层必须具有发育的能容纳气体的微孔结构及能使气体流动无阻的裂缝系统,限制前者将会减少气体的储集能力,限制后者将会影响气体的流动和产出。

煤孔隙体积随煤阶而变化。Gan 等(1992)研究表明,低煤阶时孔隙体积大,大孔占主要地位;高煤阶时孔隙体积减小,微孔占主要地位。这些资料说明低煤阶的煤孔隙损失是大孔受物理压实作用使得大孔被破碎以及水分排出的结果。石油窗阶段的微孔损失是煤化作用过程中烃类生成造成"堵塞"的结果(Thomas 和 Damberger,1976)。

煤孔隙度是煤孔隙占煤总体积的百分比。孔隙度与煤阶之间有很好的相关关系。煤孔隙度随煤阶的增大而减小。可以根据煤的含水量来估算孔隙度。在泥炭阶段时,煤孔隙度可达75%,到中挥发分烟煤时,煤孔隙度只有百分之几甚至更小(图 2-9)。从图 2-9 中可以看

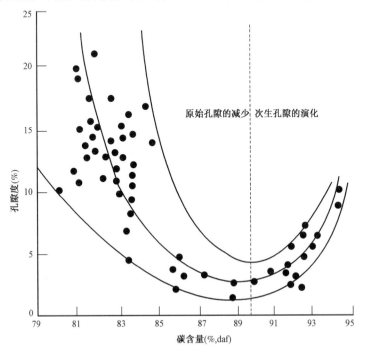

图 2-9　煤孔隙度在煤化作用过程中变化图

(据 Reucroft 和 Patel,1986)

出,煤的碳含量为85% ~90%时,煤的孔隙度最低。当碳含量大于90%(从低挥发分烟煤到无烟煤)时,孔隙度又增大,这可能与煤的次生孔隙有关。用水含量来估算煤孔隙度是不精确的,只能作为参考。因为即使在水饱和的煤里,仍有一些空间可进入一些小分子(如甲烷等),同时还有一些水和甲烷不能进入的空间是"空"的。

煤孔隙度的实验室测定通常采用流体注入法,测定被注入的流体渗入煤结构的程度。常用的流体主要有水、二甲苯、己烷和苯、氮气和汞。

四、表面积

表面积指能引起物质被吸附的带电的活性表面积总和,包括颗粒外表面和内部孔隙"壁"。对于具有微孔结构的物质(如煤)来说,表面积与孔隙体积之比很大,能够吸附大量物质,如 CO_2 和 CH_4,所以微孔极其发育的煤能吸附大量的气体。这就是煤为什么能成为储层的原因。表面积的测量值可以用来衡量进入内部结构的小分子如 CH_4、CO_2 的数量。甲烷的吸附量受煤结构里其他小分子物质(如 H_2O、CO_2)的影响,因为这些小分子物质的吸附能力比甲烷强,占据了本应吸附甲烷的煤内表面积,使得吸附甲烷的内表面积减少。

由于气体(如甲烷和二氧化碳)或液体能在煤的内表面被吸附,因此可以用气体或液体灌注煤孔隙的可进度来估算内表面积。用不同气体对不同煤阶的煤进行实验室测定,发现吸附物的可进度随煤阶的升高而降低,从高挥发分烟煤 A 到中挥发分烟煤,为宽的低值域,然后再随煤阶增高而增大(图 2-10)。Thomas 和 Damberger(1976)用伊利诺斯盆地煤样做实验证明,高挥发分烟煤 C、CO_2 的表面积超过 $250m^2/g$(无灰分)。Reucroft 和 Patel(1983)也观察到类似的 CO_2 吸附量同煤阶的关系。

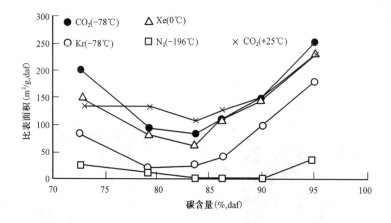

图 2-10　煤内表面积随煤阶变化图(据 Levine,1992)
图中曲线为不同气体在特定温度下测出的吸附量得出的比表面积

第三节　储层渗透率与宏观特征描述

一、储层渗透率

煤的渗透率包括绝对渗透率和相对渗透率。煤的渗透率通常小于 $1 \times 10^{-3} \mu m^2$,煤中流体的输导主要受各种裂隙所控制。

煤割理是气体和水流动的主要输导途径。煤基质对气和水是相对不渗透的,因此煤的裂缝系统是流体产出和渗流的通道。Puri 等(1990)指出:煤的基质孔隙即使有,也对流体流动状态影响很小。B. E. Law(1993)指出:煤中主要的渗流通道是割理系统,煤基质的渗透性实际上是不存在的。理论上,煤的基质渗透率随煤阶的升高而减小,变质程度愈低,基质孔隙对渗透性的贡献愈大。通常,煤割理的渗透率具有方向性,气体和水的流动优先沿着分布广泛、延伸长的面割理(图 2 – 11)方向流动,面割理方向的渗透率比端割理方向的渗透率高几倍甚至十几倍,例如勇士盆地普拉特煤层测试结果表明面割理和端割理的渗透率之比为 17:1。尽管如此,煤渗透率的各向异性仍非常高。对面割理发育规模的区域评价在煤层甲烷勘探中起指导作用。了解煤渗透率对选择钻井位置是很重要的,也是解释可能的产水率和储层动力的重要因素。

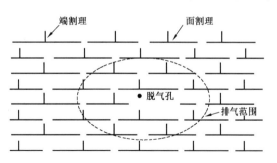

图 2 – 11　煤层渗透率非均质性图
(据 Diamond 等,1976)

实验室测定渗透率很困难,而且很不精确。煤岩心测试渗透率的结果表明随煤样增大出现渗透率增大的趋势。精确的测定只有来源于钻井的生产测试,如压降测试和注入测试。样品测试的渗透率通常比单井测试的渗透率要低得多,而单井测试的渗透率又要比多井测试的渗透率低 20% 左右。除钻井的生产测试渗透率外,利用电阻率和微电极测井资料也可以得到煤层渗透率的相对大小,但不能提供精确的数据。

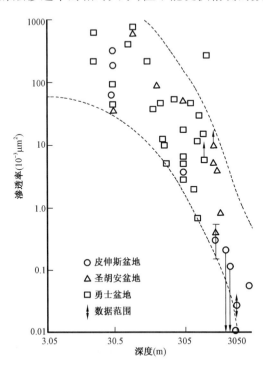

图 2 – 12　皮伸斯盆地、圣胡安盆地和勇士盆地
煤层渗透率与深度的关系及数据点范围图
(据 C. R. Mckee 等,1986)

美国天然气研究所(1982)根据大量的渗透率测试和资料收集工作,提出了一个简单而有效的段塞测试的"机会井"来获取资料。通过将井流量和压降联系起来的单位涌水量可以获得更多的资料,并通过已有的资料或推定的水面深度,可以估算渗透率值。对圣胡安盆地和勇士盆地末经压裂的井,用这种方法算出了 40 多个渗透率数据点。虽然某些数据的分散性很明显,但仍有渗透率随深度降低的趋势。在对数坐标图上绘制深度和渗透率间的经验关系直线已获得了某些成功。

煤层渗透率与煤层埋深有着很好的相关关系(图 2 – 12),随着煤层的埋深增大,渗透率降低。C. R. Mckee 等(1986)从理论、实验室测试及气田实际资料证实了渗透率与埋深的这种变化关系。他们通过实验建立有效应力与渗透率和孔隙度之间关系式。假定初始孔隙度不变时($\phi_0 = 1\%$),改变压缩系数,渗透率值随有效应力的增大而减小。在某一给定的压缩系数下,原始孔隙度对渗透率的影响,压缩系数越大,渗透率对应力的依赖性越强;同样,原始孔隙度越小,渗透率对有效应力的依赖性越强。由此得出,原始孔隙度低和压缩系数大的煤层对应力的变化最敏感。煤层的有效应力与岩石静压力之间存在函数关系

$$\delta = cd$$

式中　δ——有效应力,kPa;

　　　c——平均有效应力梯度,3.94kPa/m;

　　　d——埋藏深度,m。

根据这种关系可以估算渗透率值,并绘制深度—渗透率关系图(图2-12)。

除深度对渗透率有影响外,地质构造也是增大渗透率的主要因素,构造裂缝带的煤层渗透率大。例如,伊利诺斯盆地 Crown 煤矿,沿着断层带水、气产量增大。圣胡安盆地,裂缝渗透率增大主要发生在紧密褶皱区(如 Hogback 单斜和盆地边界的交会部位)和众多的小褶皱中。勇士盆地,Oak Grove 煤田断层带附近煤层甲烷产量高,Brouk Wood 煤田断层发育区水产量高。

煤系地层的差异压实作用造成的裂缝和褶皱在煤盆中很常见,它同样可以增大煤渗透率。例如圣胡安盆地,差异压实造成的褶皱和裂缝常发生在煤层披覆在河流、障壁或滨岸平原砂体之上或位于其下(图2-13)。煤系地层的差异压实高角度地切割面割理,这就为面割理之间的连通并形成裂缝,给增大渗透率创造了条件。

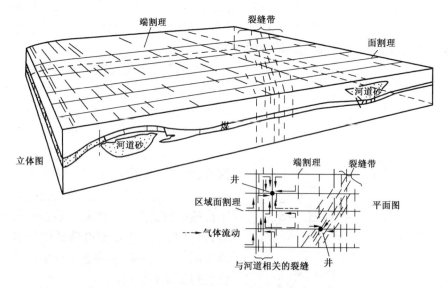

图2-13　煤层割理、构造裂缝及差异压实作用形成裂缝三者之间关系示意图
(据 Diamand 等,1976)

二、宏观特征描述

煤层甲烷储层的微观结构、储层特征同常规油气储层相比,具有特殊性。对煤层甲烷勘探者来说,在认识煤储层微观结构的同时必须清楚地认识煤层的宏观特征,即煤层厚度、连续性、分布状况及煤炭资源量,这些参数是煤层甲烷资源评价及储层评价的重要参数。

1. 识别煤层

对于煤层出露地表的盆地,可以通过野外实地观测煤层厚度、存在状态、连续性等。对于被地层覆盖的深煤层来说,必须借用地球物理勘探特别是地球物理测井资料来进行煤储层描述。

众所周知,世界上许多产煤盆地同时也是含油气盆地。常规油气勘探开发为我们提供了大量的钻井、测井、试井资料,可以用这些资料来确定煤层。美国的煤层气勘探,成功地运用油气井的测井资料评价了煤层甲烷资源。这个经验既能减少勘探费用,又能节省勘探时间,提高工作效率,值得借鉴。

煤层在地球物理测井上有很好的响应,这些测井包括自然伽马、密度、中子、声速测井。表2-4是煤层和一些主岩层在测井上的响应,可根据煤层的测井响应来识别煤层。

表2-4 煤层和主岩层的测井响应表(据 Schluberger,1972;Tixier 等,1967)

测井	煤	泥岩	砂岩	石灰岩
伽马射线(API)	0~20	80~140	10~30	5~10
声速(μs/m)	33.55~51.85	21.35~45.75	19.83	18.91
中子(%)	750	25~60	3	10
密度(g/cm³)	1.3~1.8	2.2~2.75	2~4.8	2~5

从表2-4中可以看出,煤具有"低伽马、低密度、高声速"的特点,除此之外,煤的电阻率值很高,可用电阻率测井确定煤层。

然而,许多油气井测井资料并未进行煤层标定。因此,在未进行煤层气钻井和测井之前,必须对已有的测井资料进行煤响应的标定。为达此目的,必须首先用钻井曲线、岩屑和岩心来标定煤层测井响应,其次了解煤在地层中的分布状况,然后观察细微的测井响应,如曲线形态和峰值等。

单一测井曲线不能很好地标定煤层,必须结合岩性录井、岩心描述和其他测井综合标定。例如,Sholes 等(1979)用自然伽马结合岩性录井和岩心确定宾夕法尼亚盆地的 Alleghery 地层中的煤层;Fassert 和 Hinds(1971)用电阻率、伽马射线、中子测井曲线结合钻井曲线标定圣胡安盆地水果地组煤层。Allgiers 和 Hopkins(1975)用高电阻率标定伊利诺斯盆地 Carbondale 组煤层时,发现石灰岩的电阻率和煤相似,都具有高峰值,只能用岩性录井和煤层在地层中的分布规律来证实。

2. 确定煤层厚度

油气在地球物理测井上的垂直分辨率比煤要低得多(表2-5)。因此,可以直接从煤测井上精确地测量煤层厚度。高分辨率密度测井和聚焦电阻率测井能很好地确定薄煤层及煤层夹层。为了完善薄煤层及其夹层的垂直分辨率,煤测井工具必须有比油气测井工具更小的收发距(发射器和接收器之间的距离),如1.78cm。测井速度要低,如密度测井,速度为4.57~6.10m/min。另外,煤测井刻度要用大比例尺,如25.40cm:30.48m。某些高分辨率煤测井工具,收发距为0.23m,数字刻度为每0.30m50个点(Olszewski 和 Schraufnagel,1992)。

表2-5 美国石油工业常用的测井设计中的垂直分辨率(VR)表

测井工具	垂直分辨率(m)	测井工具	垂直分辨率(m)
双感应电测井	1.07	双侧向测井	0.61
双感应聚焦测井	1.07	补偿声波测井	0.61~1.83
双感应侧向测井	0.46	伽马射线	2.44~36.6
自然电位测井	1.22	补偿地层密度	0.46
深感应测井	1.07	补偿中子	0.61
球面聚焦测井	0.76		

用测井曲线确定煤层厚度的方法应根据测井类型来定。大多数测井是用曲线的中点来确定煤层厚度。对于密度测井,常常采用曲线对应于某一特定的密度值如 $1.75g/cm^3$ 来确定。当然,最精确的测井分辨率还需从煤及其上下取心的岩层得到。

3. 确定煤层边界

煤层的连续性是煤储层描述的重要内容之一。研究煤层连续性之关键在于确定煤层边界。实际上,单个煤层很少有延伸达数十千米的,它总是要被砂体或其他岩体或断层所切断。

Donaldson(1979)非常重视煤层的地质边界研究,他总结出三种最为常见的煤层边界模式(图2-14):① 同沉积砂体与煤层的指状交叉;② 后期沉积砂体削蚀早期煤层(或煤层全部被削蚀,或煤层部分被削蚀);③ 断层错开煤层。煤层与砂体之间复杂关系在美国主要煤盆都进行过详细研究,如北阿巴拉契亚盆地(Sholes,1979)、伊利诺斯盆地(Damberger,1980)、粉河盆地(Ayers 等,1984)及海湾盆地(Ayers,1989)。

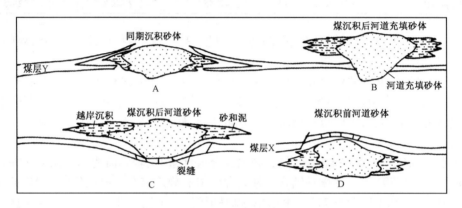

图2-14 河道充填砂体和煤层切割关系模式图(据 Donaldson,1979)

煤层边界的三种模式,B、C 为后期沉积砂体削蚀早期煤层,分别代表煤层全部被削蚀和部分被削蚀

煤层边界的研究属于沉积研究范畴,煤层产状和几何形态受沉积相控制。Ayers 和 Zellers (1988,1989)研究圣胡安盆地水果地组煤沉积环境时,指出滨岸和河流充填砂体控制了水果地组煤层的产状和形态,北西向展布的煤沉积与滨岸砂体相平行,并且向滨岸砂体方向煤层变薄。为此,可以利用净煤层等值线图、横剖面图、沉积相等基础图件,结合沉积模式来确定预测煤层边界。

4. 描述煤层产状及煤炭资源量的基础图件

对煤层的储层特征评价需要对煤层的层数、厚度、几何形态、延伸状况、内部均质性等进行描述,构造走向和煤层埋深也是很重要的参考因素。这些因素对煤层甲烷资源潜力和储层动力的影响需要用一系列的剖面和平面图来说明。

描述煤层分布及煤炭资源的基础图件包括:① 煤层层数图,当测井的垂直分辨率较差,可用此图描述煤层分布状况;② 煤等值线图,确定区域煤层分布;③ 煤层等厚图(单个煤层厚度)和净煤厚度图(单个煤层厚度之和),用测井曲线确定煤层厚度时,必须做这两类图件,用来计算煤层体积,指导煤层气勘探;④ 最大煤层厚度图,指不考虑煤层在地层中位置,统计每个钻孔中煤层的最大厚度构成的最大煤层厚度图,它也是很有用的勘探工具,用来表示厚度不规则煤储层的存在,虽然它不能指示单个煤层厚度,但它能说明厚煤层的位置和延伸状况;⑤ 构造图,某一勘探目的层的构造图对于评价构造圈闭、断层的存在以及煤层渗透性都是很重要的;⑥ 上覆地层等厚图,用来说明煤层埋深、气体保存(埋深太浅,气体会逸出)以及煤层渗透率(渗透率是煤埋深的函数)。

三、煤储气层和常规砂岩储气层比较

从本章的论述可以看出,煤储层和常规砂岩储层有许多不同,决定了各自的储气方式、储气能力、产能和开采工艺。现将其不同点汇总如表2-6。

表2-6　常规砂岩储气层和煤储气层比较表

项目	常规砂岩储气层	煤储气层
岩石成分	矿物质	有机质
生气能力	无	有
气源	外源	本层
储气方式	圈闭	吸附
储气能力(相对)	较低	较高
孔隙度	好和很好 15% ~25% 中等 10% ~15% 差 5% ~10%	除最低煤阶的煤以外,一般小于10%
孔隙大小	大小不等	多为中孔($20 \times 10^{-10} \sim 200 \times 10^{-10}$ m) 和微孔($< 20 \times 10^{-10}$ m),多属微毛细管孔范围
孔隙结构	单孔隙结构或双重孔隙结构	双重孔隙结构
裂隙	发育或不发育	独特的割理系统
渗透性	高低不等 岩心测定渗透率 对应力不敏感 开采过程稳定	一般低于 1×10^{-3} μm² 求渗透率不能单靠岩心测定 对应力很敏感 随开采时间延长有变好的趋势 强烈的不均质性
毛细管压力	可成为油气排出的动力或阻力	微毛细管发育、使水的相对渗透率急剧下降, 使煤保持较高的束缚水饱和度,使气的相对 渗透率保持在较低的水平
比面	一般砂岩约为 $15000 m^2/g$	一克煤的内表面积可达 $100 \sim 400 m^2$
储量估算	可用孔隙体积法	孔隙体积法不适用
开采范围	圈闭以内	较大面积连片开采
井距(相对)	大	小
断裂	断裂可起圈闭作用	断裂可起连通作用提高渗透率
层中的水	推进气的产出,不需先排水	阻碍气的产出,要先排水
开采深度	不等	小于152.39m 为宜
产气量(相对)	高	低
气的输送	增压输送或不必增压	需加压后输入管线
储层压力	产气的动力,同样的压降采出量大	储层降压才能产气,同样的压降采出量小
生产曲线	下降曲线	负下降曲线(产气量先上升),达到 高峰后缓慢下降,持续很长的开采期

项目	常规砂岩储气层	煤储气层
机械性质	胶结好、较致密、杨氏模量比煤高、泊松比比煤低	易碎、易受压缩、杨氏模量比砂页岩低，泊松比比砂页岩高
压裂	低渗透储层才需压裂，容易产生新的裂缝，处理压力相对较低	一般要压裂，压裂后使原有裂缝变宽，处理压力高，压裂液漏失量大
井间干扰	通过邻井注水，保持压力达到稳产	通过邻井排水加速压力均衡下降，产出更多的气
井孔稳定性	好	差、易坍塌、易堵塞
泥浆、水泥对储层伤害	相对较弱	严重，需尽力避免

第四节　成藏与开采过程中煤储层特征及其实验研究

本章前三节讨论的主要是煤储层的静态特征。开采过程或在成藏过程的某些阶段，煤储层的物理性质是会变化的，本节就以开发过程中的发现为主，结合生产需要，对此作些讨论。

一、储层弹性能与成藏

因为煤储层渗透率随煤层气解吸的变化规律及其控制因素等方面的研究，深化了对煤层气成因和煤储层物性的理解与认识、含气量精确测定与评价、超临界吸附与吸附能分布、解吸过程中煤储层渗透率变化特征及其地质控制等的研究，对指导煤层气勘探和开采具有现实意义，所以是煤储层物性研究的重要前缘方向。为此，秦勇（2005）对国外关于煤储层应力、渗透率及其影响因素的研究作了系统报道述评，反映了国外学者从 20 世纪 90 年代到 21 世纪初的努力。

2007 年，吴财芳等研究了煤储层弹性能及其对煤层气成藏的控制作用，指出煤层气成藏维系于其能量平衡系统，其核心是能量的有效传递及其地质选择过程。煤储层弹性能包括煤基块弹性能、水体弹性能和气体弹性能。在结合煤样力学实验的基础上，对不同弹性能进行了定量分析研究，并深入探讨了煤储层弹性能对煤层气成藏的控制作用，结果表明：当气藏无边水、底水时，在成藏初期阶段，储层的储气能力主要由煤基块弹性能控制，气体弹性能的影响力次之，水体弹性能影响最小；在成藏中后期阶段，储能主要受气体弹性能控制。当气藏有边水、底水时，初期阶段的储能主要以煤基块弹性能和气体弹性能为主，但是随着水体增大，水体弹性能的影响力增大；中后期阶段，还是以气体弹性能的影响为主，占中后期全部储能的 80% 以上。总之，煤层气在形成初期以储存煤基块弹性能为主，中后期以储存气体弹性能为主，整个过程中，水体越大，水体弹性能对成藏的影响越大。研究认为：煤储层弹性能越高，越有利于煤层气的富集成藏。其中，高的煤基块弹性能和气体弹性能，有利于气藏高产，而高的水体弹性能，则有利于气藏稳产。因此，评价煤层气成藏的关键因素之一是煤储层弹性能量。

二、储层变形机理与煤层气开采

2009 年，李相臣等基于煤层气储层与常规油气储层的主要不同点之一是煤的吸附特性会引起基质的收缩或膨胀变形的认识，研究了煤层气储层变形机理、对渗流能力和煤层气开采的影响。将储层变形分为裂缝体积变化引起的变形、基块弹性压缩引起的变形和基质收缩—膨胀引起的变形三类。

（1）裂缝体积变化：煤层气产出的过程，主要分为解吸、扩散、渗流，其生产过程为排水、降压、采气。随着储层压力的降低，作用于煤层的有效应力上升，裂缝体积将不断变小；补充储层能量时，与之相反。

（2）基块弹性压缩：在储层的某一深度上，煤岩承受着内应力和外应力的作用。内应力是饱和煤岩流体所产生的静压力，外应力是由该深度以上储层所施加的作用力。在真实的煤层气藏中，各个基块都是被孔隙空间所包围，且通过有限的接触点将临近的基块固定在原地状态，孔隙压力的改变会对基块的弹性压缩产生很大的影响。可见，在研究煤层气开发过程中的储层变形时，弹性压缩的影响不能忽略。

（3）基质收缩—膨胀：煤层气开发过程中，储层压力降至临界解吸压力以下时，煤岩气藏天然气便开始解吸。随煤层气解吸量的增加，煤基质就开始了收缩进程。由于煤基质在侧向上受围限制，因此煤基质的收缩不可能引起煤层整体的水平应变，只能沿裂隙发生局部侧向应变。基质的收缩造成裂缝宽度增加，渗透率增高；当煤吸附气体时，会造成基质膨胀使裂缝宽度减小，渗透率减少。

对影响储层变形的因素也做了归纳：

（1）压力的影响。包括侧向压力、上覆地层压力、孔隙压力、井筒内液柱压力。

（2）温度的影响。随着温度的升高，煤岩的弹性模量减小，屈服点愈来愈明显，塑性增加，即煤岩从脆性向塑性转化。而且，温度的变化也会影响煤层流体的吸附或解吸，随着地层温度的升高，气体解吸速度加快，从而影响到参与渗流流体质量的增加。

（3）孔隙流体类型的影响。储层饱含不同的流体，而具有不同的体积弹性模量，孔隙流体压力的变化规律和吸附—解吸规律也不同，对多孔介质的变形会产生很大影响。

（4）煤阶。煤阶的不同，将决定煤的力学性质和裂缝（割理）的发育情况有差异，同时也将影响对气体的吸附能力。气体吸附能力随煤阶的变化有两种趋势：一种趋势是甲烷的吸附量呈 U 字形发展，在高挥发分烟煤或含碳量 85% 附近（气煤）出现最低值；另一种趋势是甲烷的吸附量随煤阶的升高而增加。

（5）煤岩的显微组分。煤的组成将对吸附能力有较大影响，其主要由三种有机组分组成：镜质组、壳质组和惰质组。在惰质组含量不高时，吸附量随镜质组的增多而增大；惰质组 II 的含量越高，吸附量越大。

基于储层变形的理论与实验研究，包括：① 储层的应力敏感性（图 2 - 15）。② 煤岩的力学性质，如图 2 - 16 所示，煤岩材料的应力—应变曲线大致呈现四个阶段：OA 区段，曲线稍向上凹曲，说明随应力增加，产生相同的应变需要更大的应力，这是由于煤岩裂隙被压密的缘故；AB 区段，曲线接近直线，属弹性变形阶段；BC 区段，B 点通常在峰值应力的 2/3 处，为屈服应力点，该曲线的斜率随应力的增加逐渐减小到零，属塑性强化阶段，屈服应力 B 点后，卸载路径和重新加载路径不同，反应煤岩塑性阶段应力与应变关系的多值性；CD 区段，从 C 点开始，曲线斜率为负，称为软化破坏阶段，煤岩材料与一般材料不同，应力达到强度极限后，仍保持一定的承载能力，将最终保持的强度，称为残余强度。③ 煤岩吸附变形（图 2 - 17）的实验研究（煤层具有的强应力敏感性、煤岩的应力—应变曲线主要以线性段为主和煤岩的吸附特性，共同决定了三种类型储层变形发生的可能性和表现），建立了层变形与渗透率变化关系的数学模型。对制定合理的煤层气开发方案和生产措施很有益处。

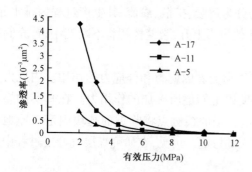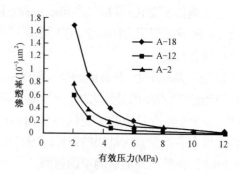

图 2 - 15　不同渗透率煤样的应力敏感性

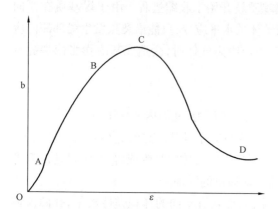

图 2 - 16　煤岩应力—应变全过程曲线
（据李相臣等,2009 修改）

图 2 - 17　煤的膨胀率及渗透率的实验结果

变围压(恒定孔隙压力)时

$$\frac{K}{K_0} = e^{-3} c_0 \frac{1 - e^a (p_{ab} - p_{ab0})}{a}$$

变孔隙压力(恒定围压)时

$$\frac{K}{K_0} = e^3 \left\{ c_0 \frac{1 - e^a (p_p - p_{po})}{-a} + \frac{3}{\phi_0} \left[\frac{1 - 2\gamma}{E} (p_p - p_{po}) - \frac{S_{max} p_L}{(p_L + p_{po})} \ln \left(\frac{p_L + p_p}{p_L + p_{po}} \right) \right] \right\}$$

式中　K——渗透率, $10^{-3} \mu m^2$;

　　　K_0——初始渗透率, $10^{-3} \mu m^2$;

　　　p_{ab}——上覆压力, MPa ;

　　　p_{ab0}——初始上覆压力, MPa ;

　　　p_p——孔隙压力, MPa ;

　　　p_{po}——初始孔隙压力, MPa ;

　　　ϕ_0——初始孔隙度, % ;

　　　E——杨氏模量, MPa ;

　　　γ——泊松比, 无量纲;

S_{max}——朗格缪尔应变,无量纲;

p_L——朗格缪尔压力,MPa;

c_0——裂缝初始压缩系数,MPa^{-1};

a——裂缝压缩系数的改变率,无量纲。

这个模型是根据室内实验条件建立的,和前人基于现场数据建立的模型相比,有更好的实用性。该模型可以更好的理解影响渗透率变化的过程,可以获得相对真实的重要参数值,如裂缝的压缩系数,这些数据都是整个气藏模拟所必需的数据。因为煤层气储层的变形对渗透率的影响显著,随着开采的进行,三种变形相互作用共同决定储层的渗透率。因此,在我国低渗透煤层气藏开采过程中,合理控制与利用储层变形,将对煤层气藏的稳产、高产及延长煤层气藏的开采时间具有重要意义。

2010 年,周军平等考虑到储层压力下降对于煤层气的渗透率具有两个相反的效应:① 储层压力下降,有效应力增加,煤层裂隙压缩闭合,渗透率降低;② 煤层气解吸,煤基质收缩,煤层气流动路径张开,渗透率升高。建立了一个考虑基质收缩效应以及渗流场—应力场耦合作用下的煤层气流动模型,对煤层气初级生产过程中渗透率的变化进行了耦合分析。结论是:单轴应变的假设具有合理性,而竖向应力是随指向生产井的应变梯度的变化而变化的,其对于渗透率的变化具有重要影响,因此,竖向应力恒定的假设可能导致渗透率预测出现误差;上述渗透率模型都可能低估煤层气初级生产过程中渗透率的变化。生产过程中孔隙压力、含气量、体应变以及有效应力变化朝生产井的方向具有不同的梯度,离生产井距离越近,梯度越大,且有效应力的变化梯度大于孔隙压力,说明吸附引起的应变对于有效应力的变化也有贡献。模拟结果显示,不同距离水平应变引起的应力变化基本可以忽略,但竖向应力不同:虽然距离≥50m时,其影响基本上也可以忽略,而小于50m时,其影响便逐渐显露出来,而且距生产井越近,竖向应力的影响越大(图2 – 18,周军平等,2010)。

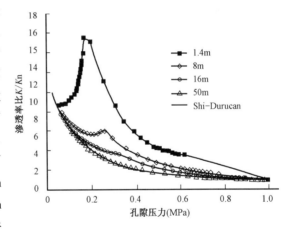

图 2 – 18　不同距离渗透率随孔隙压力的变化图

2011 年,彭春洋等详细分析了裂隙系统、煤岩组分类型、煤的变质程度、有效应力、基质收缩、克林伯格效应等六大因素对煤储层渗透性的影响及其变化规律,指出:① 以上六种因素对煤储层渗透率的影响程度,因煤自身的性质不同而不同。对低收缩率或不收缩的煤层,主要受有效应力影响,随有效应力增加渗透率下降;而高收缩率煤储层,基质收缩占主导地位,随着气体解吸量的增加收缩量也相应的增加,裂隙的孔隙度和渗透率也就增加。② 在煤层气开发过程中,煤储层物性受多方面因素的影响,是动态变化的。在煤层气开发初期单相流阶段,随着煤层气的排出,有效应力效应导致煤储层裂隙宽度变窄,渗透率降低;当储层压力降到临界解吸压力之下,煤层气开始解吸,煤基质收缩效应逐渐加强,使得裂隙变宽,渗透率出现反弹;在开发后期,储层压力已降至较低水平,低压条件下气体克林伯格效应更加明显,有利于改善煤储层渗透率。③ 煤层气开发过程中,煤层气储层压力降低,煤层气解吸,煤基质收缩,进而导致煤层渗透率增加,这是对煤层气生产有利的因素;同时,煤储层压力下降,有效应力将增大,煤层渗透率将随之减小,这是对煤层气生产不利的因素。煤层渗透性在煤层气排放抽采过程中不断发生的变化,是煤基质收缩和有效应力两种因素综合作用的结果。④ 煤层气储层自身的特点和煤层气开采过程中外界条件的改变都会影响其渗透性,并且各因素间存在相互影响(彭春洋等,2011)。

2011 年,张晓莹等在实验室通过改变围压、轴压及孔隙压力,模拟三维应力作用下煤层气—水两相渗流过程,得到了有效应力、孔隙压力与气、水有效渗透率关系曲线(图 2 – 19 至图 2 – 22),并通过对有效应力、孔隙压力与气、水有效渗透率的关系进行回归分析,认识到:① 气、水相对渗透率随环压增大而略有增加,说明环压的大小对气、水有效渗透率有一定影响,对煤岩绝对渗透率影响更大;② 随着有效应力的增加,气、水有效渗透率呈现逐渐降低的趋势,且开始降低幅度大后逐渐稳定,其主要原因在于随着有效应力的增加,煤样原始孔隙首先闭合,随有效应力继续增加,有新的裂隙出现并发育,使得渗透性能逐渐平稳;③ 气、水有效渗透率随孔隙压力的增加而增大,分析其原因在于孔隙压力增加,使得孔隙、裂隙产生膨胀变形,增加了其渗透性能(张晓莹,2011)。

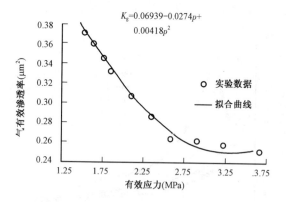

图 2 – 19　有效应力与气有效渗透率拟合曲线

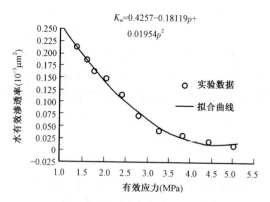

图 2 – 20　有效应力与水有效渗透率拟合曲线

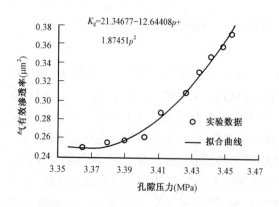

图 2 – 21　孔隙压力与气有效渗透率关系

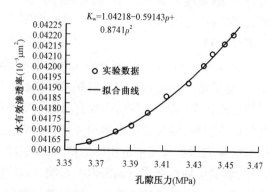

图 2 – 22　孔隙压力与水有效渗透率关系

三、化学因素对储层性质的影响

化学因素也会影响储层性质。2011年,汪伟英等采用氯化铵—酒精分光光度法测定煤岩中的黏土矿物阳离子交换容量,以了解煤岩的物性,并通过水敏实验进行了验证。结果显示,阳离子交换量与水敏伤害紧密相关。阳离子交换容量越大,储层潜在水敏性亦强,煤层气储层伤害的可能性就越大;衡量煤岩黏土阳离子交换容量的大小区别于常规的油藏,即使阳离子交换容量小于9mmol/100g,也不能忽视煤岩黏土的水化膨胀,需要与水敏实验相结合来判断水化作用对储层造成的伤害(汪伟英,2011)。除去上述储层物性影响因素研究外,在储层评价方法上也有发展。赵毅等(2011)根据生产资料总结了 QS 盆地中部 JS 区块二叠系山西组和石炭系太原组的煤岩储层及其他岩性的测井响应特征,考虑到煤岩的组分、测井系列、地层压力和温度对煤质参数的影响,给出了自然伽马(或无铀自然伽马)求取煤岩工业分析参数定量评价方法,为评价煤层气资源提供了可靠参数。如 AA 井以自然伽马相对值计算出的灰分(M_{Aad})和 BB 井以无铀自然伽马相对值计算出的灰分、碳分(M_C)与煤样实验室测量值对应关系很好(图2-23、图2-24),改进后的兰氏方程得到的煤层含气量(GASC)与实验室测量值(CGAS)对应关系也很好(图2-25)。实际上在高阶煤中,理论上的兰氏方程得到的是纯煤层中吸附的最大含气量,与实际煤层的含气量相差很大,利用改进后的兰氏方程可以很好地表征煤层中实际的含气量(赵毅等,2011)。杨克兵等(2011)也就目前煤层气测井技术的发展现状,讨论了煤层测井曲线与水分、灰分、物性等参数的关系,依据煤层气储层实验室分析资料,对煤组分、物性参数的计算方法进行了研究,通过对已有的计算方法进行改进,使得利用测井资料计算各项参数的可靠性有了一定的提高。同时,分析了煤层气测井技术的研究方向及测井资料在煤层气方面的应用,并将其归纳为:一类是基础研究,为煤层气储量计算、压裂提供的各类参数,包括煤层厚度、工业参数、含气量、物性参数以及岩石力学参数,测井数据解释结果与化验、试井、排采等数据非常接近,测井解释成果可为煤层气的勘探与开发提供可靠的理论依据;对煤层气完井的固井质量可以利用声幅测井、声波变密度测井、自然伽马测井、磁定位测井做出可靠的解释;另一类是测井地质应用,诸如地质研究、地层对比、煤层精细地质构造以及断层分布、沉积环境分析和裂缝发育程度,综合应力分析、煤层结构特征测井资料的应用尤其对水平井的钻进导向性非常重要(杨克兵等,2011)。

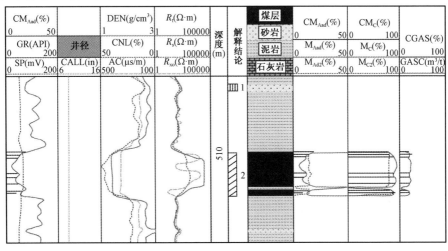

图 2-23　AA 井煤层气测井评价成果图

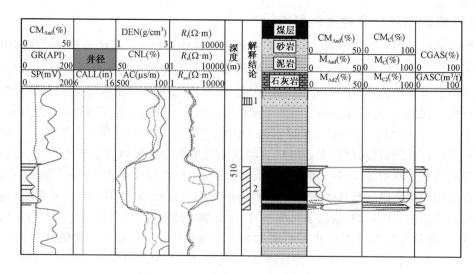

图 2 - 24　BB 井煤层气测井评价成果图

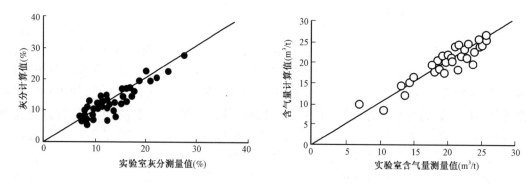

图 2 - 25　JS 地区 5 口井灰分和含气量的误差分析

第三章　煤层甲烷气的成藏与富集高产条件

地球上的煤层中蕴藏着丰富的煤层甲烷资源。据估算,世界上主要产煤国的煤层甲烷资源约为 $980 \times 10^{12} \sim 2050 \times 10^{12} m^3$,其中,俄罗斯、中国、美国、加拿大、澳大利亚等国的煤层甲烷资源潜力最大(表 3 - 1)。

表 3 – 1　几个主要国家煤炭和煤层气资源表(据 Kuuskraa 等,1992;2012 年更新)

国家	煤炭资源(10^{12} t)	煤层气资源(10^{12} m³)
俄罗斯	6.50	170 ~ 1130
中国	4.00	300 ~ 350
美国	3.95	110
加拿大	5.6	187
澳大利亚	1.70	80 ~ 140
德国	0.326	30
英国	0.19	20
哈萨克斯坦	0.17	10
波兰	0.16	30
印度	0.16	10
南非	0.15	10
乌克兰	0.14	20
总计	23.046	980 ~ 2050

对煤层甲烷的认识可以上溯到 19 世纪。19 世纪后期,欧洲人为了减少采矿事故的发生,开始了从煤层里开采气的尝试,其目的是为了减少煤矿瓦斯爆炸事故,而不是把这些气体当做能源加以利用。直到 20 世纪 70 年代后期,美国在黑勇士盆地(或称勇士盆地)和圣胡安盆地部分地域开展商业性的煤层甲烷开采活动。到 80 年代中期,由于美国政府在税收等方面采取一系列优惠政策,才开始进行大规模的煤层甲烷勘探和开采活动。开采煤层甲烷具有深度较浅、投资小、见效快的特点,加上美国商业性开采煤层甲烷的成功,这种具有巨大潜力的非常规能源的开发日益受到产煤国家的重视。澳大利亚、加拿大、中国、俄罗斯、波兰、南非、西班牙、英国等国家也争相效仿,对煤层甲烷资源进行了相当程度的勘探。

将近一个世纪的石油、天然气勘探实践所取得的石油天然气地质理论已相当成熟,人们对常规油气在自然界的分布规律已有相当清楚的认识,并用来指导勘探实践。与此相比,反映煤层气分布特点、成藏条件、富集规律的煤层气地质理论尚需大力完善。本章利用国内外特别是美国煤层气勘探取得的成果,对上述问题提出初步认识,以期对我国煤层气勘探有所裨益。

第一节　煤层甲烷气藏的概念

煤层甲烷气藏是指在压力（主要是水压）作用下"圈闭"着一定数量气体的煤岩体。在自然界，处于一定埋深的煤层均可能含有一定数量的煤层气，且随深度的增加、煤阶的增大，含气量增多。但勘探实践业已证明，不是有煤层就有经济开采价值的煤层气。因此，有必要对广义的煤层甲烷气藏这个概念加以限制，故在此提出有效煤层甲烷气藏或经济煤层甲烷气藏概念。有效煤层甲烷气藏指具有商业性开采价值的煤层气气藏，也就是煤层甲烷含气量和资源量必须具备商业性开采条件的气藏。这里所谓的"有效"和常规石油天然气的有效圈闭中的"有效"含义不太一样，前者强调经济效益；后者则强调圈闭的"有效性"，即能"圈闭"一定数量的油气。有效煤层甲烷气藏需用煤层厚度、埋深、煤阶、含气量和资源量等参数综合确定。在现代技术条件下，具商业性开采价值的煤层甲烷气藏的煤层厚度通常为 1～30m，埋深为 45～2730m（D. D. Rice，1993），煤阶从褐煤可连续到无烟煤，但多数为高挥发分烟煤至低挥发分烟煤。

常规的石油天然气藏是指油、气在单一圈闭中的聚集，在同一面积具有统一的压力系统、统一的油气水边界。煤层甲烷气藏和常规油气藏相比，有很大差异，具体表现在以下几个方面。

(1)烃源条件。煤层甲烷的烃源岩就是煤岩本身。煤富含有机质，在埋藏过程中，可通过两种途径生成天然气：其一是煤化作用过程中，有机质通过热降解作用生成天然气，称之为热成因煤层甲烷；其二，在泥炭化阶段，或煤化作用过程中大气水的渗入，通过微生物作用生成的天然气，称之为生物成因煤层甲烷。两种成因的煤层甲烷均有一定数量被保存在煤的分子结构里，形成煤层甲烷气藏。对于常规的油或气，其烃源岩则是富含有机质的泥岩、页岩或石灰岩。

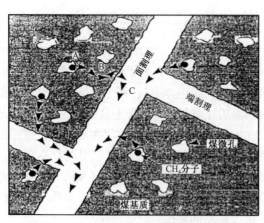

图 3-1　煤层甲烷迁移过程示意图
（据 D. D. Rice，1993）

(2)运移机制。煤层甲烷生成之后，一部分气体通过分子扩散途径或通过裂隙运移至邻近的砂岩中，这部分气体不是煤层甲烷勘探的主要对象。另一部分气体的绝大部分以吸附状态保存在煤分子结构里，这部分气体一般不发生运移或不发生显著的运移。只有当煤层的压力下降时，比如煤层抬升变浅，或钻井过程中，煤层吸附气体发生解吸，解吸的气体在煤基岩和裂缝或割理之间发生迁移。解吸的气体通过基岩和微孔隙扩散进入裂缝网络中，再经过裂缝网络流向井筒（图 3-1）。

石油和天然气的运移分初次运移和二次运移。初次运移指油气从烃源岩运移到储集岩的运移。石油和天然气进入储层以后的一切运移都统称为二次运移。二次运移是接着初次运移发生的，或者说是初次运移的继续。二次运移对油气藏的形成以及已成藏的油气再分配起主要作用。发生二次运移的主要动力是构造应力、水动力和浮力。

（3）储集岩。煤既是煤层甲烷的烃源岩，同时也是煤层甲烷的储层。煤储层的孔隙极小，主要发育微孔隙及裂缝（或割理），煤的孔隙结构可以视为"分子筛"。煤的孔隙度很小，除低煤阶的煤以外，一般均小于10%，中、低挥发分烟煤孔隙度只有6%或更小。渗透率大小依赖于煤层裂缝（或割理）发育和开启程度，通常小于 $1 \times 10^{-3} \mu m^2$。石油、天然气的储集岩主要是砂岩、碳酸盐岩、火山岩等。一般地，其孔隙度、渗透率比煤层的大，变化也大。

（4）圈闭机制。煤层甲烷"圈闭"在煤层微孔隙中，绝大多数气体在压力作用下呈吸附状态被保存。石油、天然气的成藏首先必须要具备有效的圈闭条件。

（5）流体存在状态。煤层甲烷气藏内的天然气以三种状态存在，即游离气、吸附气和溶解气，且以吸附气为主。石油天然气藏里的油气水以多种相态存在，并且具有统一的压力系统和统一的油气水边界。

（6）保存条件影响。煤层甲烷保存的主要因素是吸附能力和最小流体静压。对盖层的要求没有常规天然气那么严格。石油天然气藏必须有盖层保存条件，盖层质量的好坏直接影响到油气藏的规模，通常作为盖层的岩石类型有泥岩、页岩、膏岩、黏土岩、火成岩等，这些岩石作为盖层、底板和封堵层，对煤层甲烷气藏的形成也是有益的。

第二节　煤层甲烷气藏形成条件

煤层甲烷气藏和常规石油天然气藏有很大差异，这些差异主要是由于经济意义较大的煤层甲烷气当中的甲烷是以吸附态存在于煤层微孔隙中这一特点所致。煤层甲烷的资源潜力取决于煤层甲烷的生成量和煤层的储集性能，所以煤层甲烷气藏的形成条件主要包括烃源条件、构造条件、热力条件及影响吸附能力的压力封闭条件等（李贵中等，1999，2004，2005，2010）。

一、烃源条件

1. 沉积环境

煤层的分布、厚度、几何形状、连续性等受沉积环境控制。对煤沉积环境的研究，建立煤沉积模式，有助于预测煤炭资源。概括起来，煤沉积环境大致分为两大类：海陆交互相成煤环境和陆相成煤环境。前者又以滨海冲积平原、滨岸沼泽、潟湖和三角洲平原为主，如圣胡安盆地水果地组煤层属于三角洲泛滥平原沉积，拉顿盆地拉顿组煤层属于陆相泛滥平原沉积。

在研究煤沉积环境的同时，要注重研究煤系地层的河道砂体和滨岸砂体的分布及与煤层的相互关系，因为河道砂体或滨岸砂体严重影响煤层的连续性。

2. 有机显微组分及其成气特征

煤是由高度集中的腐殖型有机质和部分无机矿物混合组成的有机岩。由于成煤原始物质来源不同和它们在成煤过程中所处环境的差异，造成煤具有复杂的组分。煤的有机显微组分包括壳质组、镜质组和惰质组。各显微组分因其 H/C 和 O/C 原子比数量不同和结构的不同而显示出不同的生烃潜力。通过实验室对煤显微组分的分离，并对分离的组分进行热模拟实验，可以对各种显微组分的生烃潜力有了更符合实际的正确评价。

（1）壳质组生烃：壳质组是富氢较长链脂肪族化合物，因含有带脂肪链的某些饱和的环烷、芳香环及含氧官能团而具有高含氢量，高温分解时能产生大大超过50%的挥发油，生烃能力很强。藻类物质是含有少量的芳香环和含氧官能团的最富氢的长链脂肪族化合物，具有最高的生烃能力。由此可见，壳质组是煤成油的主要显微组分。

（2）镜质组生烃：镜质组化学结构主要由具短脂肪链与含氧官能联结的芳香结构所组成，因主要来源于木质—纤维素组织而具有低氢、高氧的特征。高氢镜质组可能具有氢化芳香结构，比较富含烃基团，有生成液态烃的能力。煤常被看作是气源岩，其中镜质组（包括惰质组）则被认为是生气的主要母质（Tissot 和 Welte，1984），同时也普遍认为煤的生油潜力取决于煤中的壳质组（包括藻类体）的数量（Snowdon，1980；Tissot 和 Welte，1984）。近年来，镜质组的生油问题已引起了广泛注意。

（3）惰质组生烃：普遍认为，惰质组由于木质组织具有原生高碳化及氢含量极低的特性，不仅不能生油，而且产气量也比相同煤阶的壳质组和镜质组低，因而通常不把惰质组作为油气母质（Tissot 和 Welte，1984）。但是，近年来的一些研究发现，惰质组组分如澳大利亚某些煤的降解丝质体、冈瓦纳及南非某些煤中的粗粒体、菌类体甚至碎屑惰质体并非完全惰质。特别是南半球煤中"活性半丝体（RSF）"的发现以及荧光与非荧光惰质体的划分为上述地区煤成烃的评价提供了重要的岩石学证据，具有深远的理论与实用意义。

在成煤作用过程中，各种显微组分对成气的贡献不同。Juntgen 等（1966）最早注意到这种差别，得出了在肥煤—无烟煤阶段，类脂组、镜质组和惰质组三种显微组分的脱甲烷和二氧化碳曲线（图3-2）。由图可见，不同显微组分脱气阶段和数量有所不同。王少昌等[1]对低阶煤的显微组分进行了热模拟实验（表3-2），结果表明显微组分最终成烃效率比约为：类脂组：镜质组：惰质组为3:1:0.71；产烃能力比约为3.3:1.0:0.8。刘德汉、傅家谟[2]认为，在相同演化条件下，惰质组产气率最低，镜质组为惰质组的4倍，类脂组最高，为惰质组产气率的11倍左右，并产出较多的液态烃（表3-3）。

表3-2　煤显微组分热模拟成烃实验数据表[1]

组分	类脂组（%）	镜质组（%）	惰质组（%）	煤阶 R_o（%） 累计产烃率	褐煤 <0.5	长焰煤 0.5~0.65	气煤 0.65~0.9	肥煤 0.9~1.2	焦煤 1.2~1.7	瘦煤 1.7~1.9	贫煤 1.9~2.5	无烟煤 >2.5
类脂组	93.6	0.6	0.4	油（kg/t残煤）	–	–	–	–	286	398	351	175
				气（m³/t残煤）	–	–	1+1	2+1	60+20	209+41	311+39	526+49
镜质组	0.4	99.2	0.8	油（kg/t残煤）	–	–	2	20	36	26	11	–
				气（m³/t残煤）	–	1+5	5+17	5+18	26+16	34+13	68+114	155+38
惰质组	0.4	0	98.8	油（kg/t残煤）	–	–	4	15	13	–	–	–
				气（m³/t残煤）	–	–	1+3	5+9	19+9	40+13	67+16	132+28

表3-3　有机显微组分的产气率表[2]

显微组分	镜质组	类脂组	惰质组
产气率（mL/g）	188	483.0	43.9

[1] 王少昌等，陕甘宁盆地上古生界煤成气藏形成条件及勘探方向，长庆石油勘探局，1985。
[2] 刘德汉、傅家谟，煤成气和煤成油产出阶段和特征的初步研究，1984。

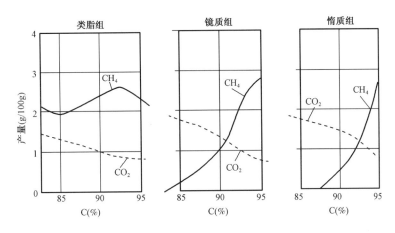

图 3-2　煤化作用中各有机显微组分产出的 CH_4 和 CO_2 曲线图

（据 Juntgen 等,1966；Tissot 等,1978）

由此可见,煤的显微组分含量多少直接关系煤层甲烷的烃源条件。在我国大多数煤田的腐殖煤中,显微组分含量以镜质组最高,一般可占 50% ~80% ,惰质组占 10% ~20%（高者可达 30% ~50%）,类脂组的含量最低,一般不超过 5%。对煤成气来说,这是比较有利的烃源条件。

二、构造条件

构造条件好坏直接影响煤层甲烷气藏的形成与保存。煤层甲烷勘探开发实践证明,在构造复杂的地区,尽管有大量的煤层甲烷生成,然而其煤层甲烷勘探往往难于得到良好的经济效果。因此,对煤层甲烷气藏的保存和煤储集性能而言,克拉通盆地和前陆盆地的煤层是有利的,因为煤层没有经过强烈的构造变形且煤层的割理发育。由构造活动或差异压实形成的构造在几个方面影响煤层甲烷气藏的分布和产能。构造活动引起的地层褶皱和盆地边缘地区地层的隆起大大地影响了流体的运动,主要表现在:① 遭受剥蚀的地层暴露引起大气水的补给或流体的排出;② 为流体运动提供势能;③ 使地层产生裂隙。因此,影响地层的流体压力和渗透率,从而影响煤层的吸附能力和流体流动的畅通性。关于这一点本节后面将要详叙。

成煤后的构造运动对煤层甲烷气藏的影响具体表现如下。

(1)煤层倾角:在煤层围岩封闭较好的条件下,倾角平缓的煤层中,气体运移路线长、阻力大,含气量相对大于倾角陡的煤层。

(2)褶皱构造:主要指大中型褶皱对甲烷含量的影响。紧密褶皱地区的岩层往往是屏障层,有利于煤层甲烷的聚集和保存。大型向斜的含气量高于背斜。中型褶皱中,封闭条件较好时,背斜较向斜含气量高,封闭条件较差时,向斜部位含气量较高。

(3)断裂构造:断层既可能是煤层甲烷运移的通道,也可能起封堵作用,因此对煤层甲烷具有扩散和保存的双重作用。断裂对煤层甲烷起封堵作用还是扩散作用,主要取决于断裂的力学性质、规模大小及煤层围岩透气性。煤层围岩透气性较好的情况下,张性裂隙越发育,构造越复杂,应力越集中,形成气体运移通道越多,排气越多,含气量越小。如果围岩透气性差,即使有断裂存在也不易形成煤层气排放通道,因此,分析时应综合考虑上述几个因素。

断裂对含气量影响一般规律是,张性断裂对煤层气藏起排放气作用,压性断裂对煤层气藏起保存作用。需要说明以下几点:① 张性断裂的排气性随深度的增加而减小;② 与地表相通的张性断裂排气性尤其好;③ 逆掩断层几乎全部为封闭型,但倾角较陡的逆掩断层也有可能排气;④ 在构造性质相近的情况下,老构造可能被后来的物质所充填,故其透气性次于新构造。

(4)差异压实:差异压实也能形成小型构造,并影响煤层甲烷的产能。由于差异压实作用,煤系地层中河道充填砂岩体之上或下的煤层一般发生褶皱。脆性煤层的这种褶皱作用可以形成局部裂隙,提高煤层的渗透率。如果裂隙系统充分发育,砂岩层和煤层互层的透镜体将是煤层甲烷勘探的很好目标。

圣胡安盆地中北部梅里迪恩气田水果地组煤层甲烷分布和产能受差异压实背斜构造控制(图3-3、图3-4)。图3-3是韦尔法尼托膨润土层构造图,该层在圣胡安盆地位于水果地组之下45.72~365.76m,由 NW 和 NE 方向背斜和向斜组成。图3-4是上水果地组煤层构造图。两者差异明显。图3-4所示的南部三分之一地区出现一个北西走向的构造低部位,其走向平行于上画崖砂岩(UP$_1$)的尖灭线,是由于水果地煤层和泥岩相对于上画崖砂岩的差异压实造成的。在该构造低部位钻探的菲莉普6-17井几乎不产水,属于气饱和煤层气藏。

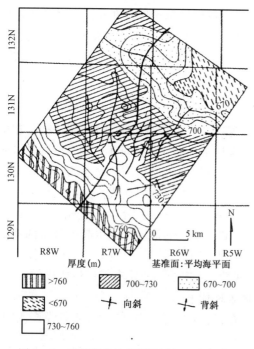

图3-3 圣胡安盆地梅里迪恩气田韦尔法尼托膨润土层构造图(据 Ayers 等,1989)

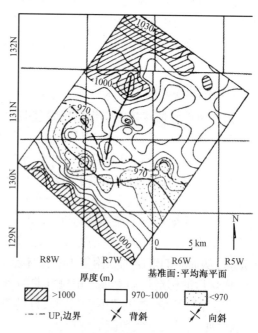

图3-4 圣胡安盆地梅里迪恩气田上水果地组煤层构造图(据 Ayers 等,1989)

三、热力条件

前已叙述,煤层甲烷是煤化作用的副产品。煤的有机质热演化是温度和时间的函数。对于同一地质年代的煤层,温度越高,煤热演化程度越高,所以煤的热力史是煤层甲烷成藏的条件之一。煤层的温度除与区域性的大地地温有关外,还与局部的高热流值如裂谷作用、火山活动有关。

美国西部煤盆的煤层气勘探越来越清楚地发现,煤层甲烷在煤盆中分布不均,不仅存在与区域性埋深相关的区域性富集,同时还存在局部性富集。西部煤盆富含甲烷与煤层温度史的关系最为密切,煤受的温度越高,时间越长,煤阶就越高,生成的甲烷量就越大。在西部煤沉积中,高热状态不仅与盆地中部较大的埋深有关,而且出现在受中生代火山岩活动影响的任何地区。

圣胡安盆地的煤层甲烷勘探资料还表明,水果地组煤层的煤阶和含气量从西南向东北增加(图3-5)。煤阶和含气量的增加部分原因是相应的埋深增加,但盆地北部的含气量大大超过煤层曾达到的埋深应出现的数量。盆地北部的一些钻井岩屑样的解吸气量大于 $152.4 \mathrm{m}^3/\mathrm{t}$,是西部其他煤盆中在相同的沉积环境、时代、埋深、煤层厚度条件下类似煤层的 $2 \sim 8$ 倍。最高固定碳轴位置并不

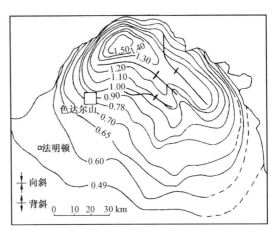

图3-5 圣胡安盆地水果地组煤阶 $R_o(\%)$
等值线图(据 Scott 等,1991)

与盆地向斜轴、盖层厚度轴、最厚煤层轴及煤层总厚度轴相吻合,而是靠近最高热流轴,这表明北部煤层高含气量与高热流有关,是受盆地北部圣胡安中生代火山岩活动的影响(图3-6)。

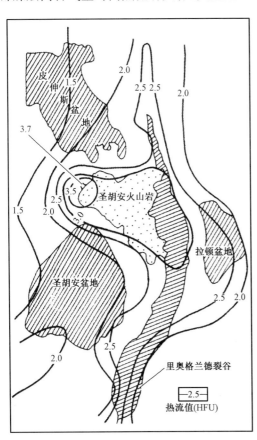

图3-6 与里奥格兰德裂谷有关的含煤盆地
和圣胡安山以及简化的热流线图
(据 Choat 和 Rightmire,1982)

皮伸斯盆地煤层甲烷勘探和煤矿资料表明,煤层的含气量随接近岩浆侵入活动的地区增加。汤姆逊克里采矿区及其以南煤阶的局部增高来自加速的热变质作用,这种变质作用是渐新世岩浆物质局部侵入时及其以后的非常陡的地热梯度引起的。盆地的区域热变质是由于源于盆地东西和南西两个拉腊米古近—新近系基岩的岩盘、岩床和硅质火山岩活动引起的热流值增高。当浅成侵入岩活动引起的局部变质作用使区域变质作用增强时,煤阶进一步增高,含气量也增高。当沿岩床和岩墙的局部烘烤地带达到无烟煤和半无烟煤时,煤层中挥发分物质和含气量可能下降。现今含气量最高地区位于盆地的东南部中至低挥发分烟煤中。

关于拉顿盆地,Dolly 和 Meissner(1977)指出,其煤矿的含气量与岩浆分布有和皮伸斯盆地相似的组合关系。

由此可见,圣胡安盆地、皮伸斯盆地、拉顿盆地的煤层甲烷分布受火山活动影响。火山活动的热源中心是圣胡安火山岩复合体(图3-6)(Choat 和 Rightmire,1982)。

至此,Choat 和 Rightmire(1982)总结美国西部煤层气勘探成果时,认为西部山间盆

地与大量甲烷气生成相关的煤阶增高,主要与下列因素所引起的温度升高有关:① 埋深增加;② 至少有基岩大小的大型火成岩侵入体或喷发体侵入所引起的数十千米范围的区域增温以及同时形成的长期的高地温梯度;③ 由岩株、岩床、岩盖、火山颈及岩墙群复合体组成的中性—酸性成分的小型火成岩侵入造成几千米规模的局部热异常。

此外,火山活动除了增大地温梯度、加速煤层的热演化外,同样也能影响煤层的渗透性能。火山岩如岩墙、岩株的拱顶切割上覆地层或使地层褶皱产生裂缝(多呈放射状围绕岩体分布),极大地改善了煤层的渗透性能。

四、水动力条件

地层压力是煤层甲烷评价中应考虑的重要因素,也是煤层甲烷成藏的重要条件。储层压力是衡量储层能力大小的尺子,煤层含气量与压力有直接关系,这一点从等温吸附线得到证实,压力状态与煤层的水文地质条件有很大关系。故压力状态通常用水动力学来解释。异常压力(异常高压或异常低压)常常发生在含煤盆地中,对异常压力的解释直接影响煤层储层特征。

评价压力状态,常常使用简单压力梯度和垂直压力梯度。简单压力梯度等于井底地层压力(BHP)除以地表到某一地层中点的深度,通常用它来确定异常压力(大于或小于正常压力梯度)。一般地,淡水压力梯度为 9.8kPa/m,咸水为 10.52kPa/m。垂直压力梯度指压力—海拔高度点线的斜率,常用它来指示水的流向。

1. 沉积盆地的水动力学特征

沉积盆地从新到老,盆地内流动系统从压力驱动到重力驱动,压力状态从超压到低压。年轻的活动盆地如海湾盆地,流体流动是靠压实作用驱动,流体从下向上、从深部高孔隙压力区向上流动到上覆地层,只有在盆地浅层淡水层,水流动是重力驱动。咸水和低矿化度水代表两种不同的水文地质系统。

对于年轻的深盆地,快速沉积、埋藏、生长断层活动,使得水动力不连续,阻滞或延缓了层内流体在压实和埋藏过程中的排出。因此,孔隙流体部分地支撑了上覆地层的负荷,产生超压。在超压层内,压力梯度超过 15.83kPa/m,孔隙度增大。在水动力压力剖面上,流体压力反映的只是上覆地层水柱的重量,且正常压力梯度为 9.8~10.52kPa/m,其值大小取决于盐分含量多少。区域上,超压的存在反映着深部超压层和上覆静水压力层之间的水力不连续,它们之间的界面是个动态平衡面,两个压力系统之间可进行交换。

老的沉积盆地,如美国西部煤盆经历了构造抬升,流体主要受重力驱动,从高地势的供水区向低地势的泄水区流动(图 3-7)。供水的数量受控于岩层的渗透率、气候、水流体系的延伸情况。一般地,区域抬升和剥蚀,使得盆地周边地层升高并出露地表成为供水区,而盆地内部低地势地区如江、河,通常成为泄水区。

老的沉积盆地存在几种压力状态:① 静水压力;② 大气水超压;③ 异常低压;④ 烃气超压。

潜水面以上的含水层,地层水受重力作用,从高地势的供水区向低地势的泄水区流动,地层压力状态处于静水压力状态或正常压力状态。当大气水沿承压含水层流动时,若发生渗透性阻挡,则形成大气水超压。大气水超压具有以下几个特征:① 供水区位于盆地周边潮湿、高地势的露头区;② 等势面向上倾斜指向供水区;③ 局限在某些地区内;④ 高渗透率和高孔隙储层产出低温低氯化物的大气水;⑤ 储层可能有或没有烃类物质;⑥ 压力梯度很少超过 13.57kPa/m。

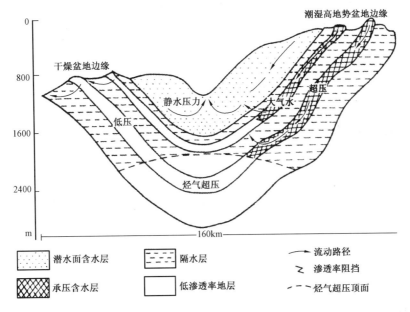

图 3-7 抬升剥蚀的老盆地压力状态和流体流动特征剖面示意图(据 Kaiser,1993)

异常低压是美国西部煤盆地的区域性特征。导致异常低压的原因包括:① 地层抬升、剥蚀过程中,地温变低,上覆负荷减少,导致流体的冷收缩及低渗透岩层的膨胀;② 温度降低伴随着有机质热演化生成的气体减少;③ 气体的散失。烃气超压是由于气体聚集速率大于散失速率时,气体就成为压力流体,水饱和度减少到最小值,气体从水中溢出。烃气超压顶部界面,不局限于某一地层单元,可以跨越地层和构造界限。

2. 异常压力对煤层甲烷气藏的影响

从理论上讲,异常高压的存在可以增大气体的吸附能力,同时高压条件下水的不可压缩性可作为煤层割理中的液压支撑机理,限制了岩石在负载下孔隙度和渗透率降低的效应。到目前为止,圣胡安盆地和皮伸斯盆地深煤层气井中,具高渗透率和高产气的井都分布于超压水饱和区。可见,超压条件具有提高煤渗透率的作用。

以美国西部圣胡安盆地和皮伸斯盆地为例,可阐述异常压力对煤层气藏的影响。

1)圣胡安盆地

该盆地水果地组的地层水,对于淡水的静水压力梯度来说具异常的压力,盆地的中北部是超压区,盆地的中南部是低压区(图 3-8)。超压区呈长方形,面积大约 2590km²。盆地北部的井底压力(BHP)在超压区为 8274～13101kPa,平均简单压力梯度为 9.95～14.25kPa/m。

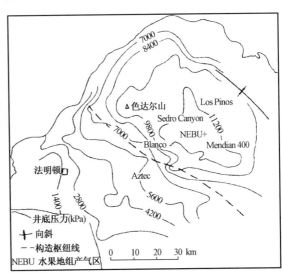

图 3-8 圣胡安盆地中北部水果地组井底
压力等值线图(据 Kaiser 等,1991,并简化)

盆地南部 BHP 值,低压区为 2758~8274kPa,平均简单压力梯度为 6.79~9.45kPa/m。区域上,BHP 值在两条趋势线之间的压力梯度大约为 6.79~13.57kPa/m,表明盆地北部是供水区,水向下向盆地内部流动;盆地南部水向上流动(泄水)。在这两个地区,煤层和砂岩层的点落在同一趋势线上,说明煤层和砂岩层压力系统是相互沟通的。

水果地组地层水超压归功于大气水条件,即盆地北部高地势供水区和含气层的封隔及含水层向盆地的延伸,或沿盆地枢纽线发生的断层错动。超压区与现代地貌相对应,而不与盆地的构造轴线或热成熟线相对应。超压延伸到供水区(沿盆地北部边缘)和等势面向上倾斜的供水区是一致的(图 3-8),同时和该区厚度大的北西向延伸的含水煤层及低矿化度地层水(低 Cl^-)、煤层气井的自流现象相一致。盆地构造轴线西南的超压区,BHP 最高值大于 36192kPa。因而大多数超压区位于南部的高煤阶区,与热成熟最高的地区不对应,正交于等煤阶线。

图 3-9 说明了水果地组异常压力的形成。从图中可以看出,异常压力的形成需要一个区域相交的非渗透性阻隔或断层带,且位于盆地中部。否则,盆地北部的超压,通过高渗透率(约 $10 \times 10^{-3} \mu m^2$)水果地组可能延伸到整个盆地。盆地南部,区域性低压,是由于具备以下几个条件:① 有限的供水发生在盆地南缘(实际上是泄水区);② 低渗透率($0.1 \times 10^{-3} \sim 1.0 \times 10^{-3} \mu m^2$);③ 与北部供水区的水力连通性较差;④ 科特兰德页岩把水果组与古近—新近系含水层分隔开。该模式很清楚地说明低渗透岩层存在低压,因为岩层太致密,以致于不能接受和传递一定数量的供水,使得地层压力得以保存。

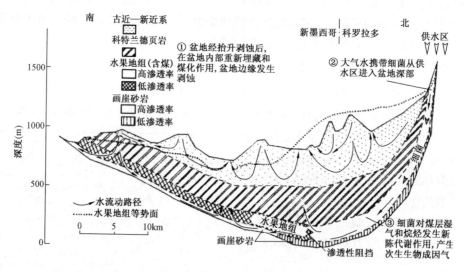

图 3-9 圣胡安盆地流体流动特征和次生生物成因气形成横剖面示意图(据 Kaiser 等,1991;Scott,1993)

圣胡安盆地的含气量在 762m 内随深度增加而增大,在 762~1060m 含气量为 9.4~25.0m³/t(图 3-10)。含气量最大值取决于压力状态,而不是煤阶。煤阶相似的煤层,含气量高值区为超压区,位于盆地的中北部。盆地的西北边缘,含气量高(大于 8.5m³/t),但其煤阶较低,反映了超压环境和可能的储层分块及常规圈闭气体。

圣胡安盆地煤层气的区域分布表明热成熟不是唯一控制气体组成成分的因素。盆地东部干气的界线不与煤阶相对应,而与压力变化有关。如果煤阶是唯一控制气体组成的因素,那么干气和湿气的比率(C_1/C_{1-5})应平行于镜质组反射率的变化趋势。相反,小于 2.41km 的干气

（$C_1/C_{1-5} = 1.0$）和湿气（$C_1/C_{1-5} = 0.87$）的突变带位于超压向低压转变的地区（图3-11）。然而，CO_2含量是受煤阶和储层压力控制的。含CO_2的煤层气与压力状态有很好的对应关系，因为高压使CO_2吸附在煤表面及溶解于地层水。盆地中北部富含CO_2的干气和往南缺乏CO_2的湿气之间的突变界线与区域性渗透性阻挡或无流动界线相一致。若不存在流动界限，则气体组分应是渐变的（横穿盆地），且随煤阶变化。

2）皮伸斯盆地

该盆地上白垩统麦萨韦德组煤层具有非常复杂的压力状态，超压、低压和正常压力三种状态同时存在（图3-12）。超压区位于盆地的中东部，大约$1036km^2$，被低压区包围。位于高压区南端的东迪韦德溪地区，卡米奥煤层的简单压力梯度超过$11.31kPa/m$，煤层渗透率为$20 \times 10^{-3} \mu m^2$，其水型为$NaHCO_3$型（$Cl^-$小于$2000mg/L$），产水量可达$191m^3/d$。位于低压区的红山区，简单压力梯度为$7.47kPa/m$。与超压区相对应的有：① 盆地中煤层厚度最大；② 热成熟煤；③ 东迪韦德溪背斜北端的倾伏构造。

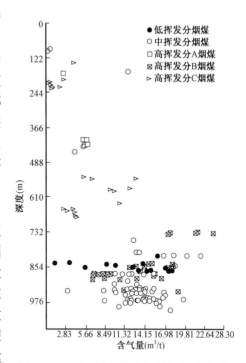

图3-10 圣胡安盆地含气量与煤阶、深度关系图（据Scott和Ambrose,1992）

图示说明低于726.5m深度时，含气量与煤阶无很好的对应关系，高含气量不一定对应于高煤阶

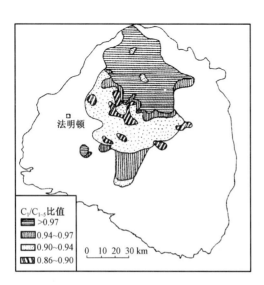

图3-11 圣胡安盆地水果地组煤层气干燥系数（C_1/C_{1-5}）分区图（据Scott等,1991）

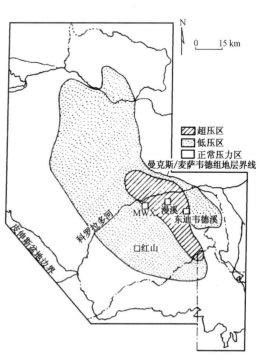

图3-12 皮伸斯盆地麦萨韦德组煤层的压力状态分布图（据McFall等,1986）

从皮伸斯盆地演化观点来看,红山和东迪韦德溪单元下伏的煤层有相似的热史,并大致呈单一系统演化。因此,仅凭热成熟和生气事件无法解释两个地区煤层的压力状态。影响超压的因素与超压带平行的后拉腊米隆起以及超压区中由于煤层增厚引起的将近两倍的生气量(表3-4)有关。在活跃生气过程中,超压区中的煤层均处于盆地最深部位。因此,埋深造成的地层高压、高温,使煤的吸附作用达到最大。在拉腊米运动的迅速抬升、剥蚀,使得保存气的能力降低。由于隆起,煤目前的成熟度和温度均高于侧向上深度相当的煤剖面(表3-4)。因此,高孔隙压力可能与超过平衡温度和压力时的煤层保存气的能力有关。富集在超压区的大量煤层可加强这种不平衡。由此可见,皮伸斯盆地负压煤储层和超压煤储层都是一个生气旋回的组成部分,它们的差别在于生烃量和拉腊米后的隆起。

表3-4 红山单元和东迪韦德溪区煤层及其地质特性表(据 A. D. Decker 等,1987)

地区	煤厚度(m)	煤阶 R_o(%)	生气量	地层气	排出气	深度(m)	温度(℃)	压力梯度(kPa/m)	渗透率($10^{-3}\mu m^2$)
			1.19($10^8 m^3/km^2$)						
红山区Ⅰ号深煤层32-2井	15.55	0.90~1.27	238	18	220	1708	91.11	7.47	<0.01
东迪韦德溪1号卡米奥煤20-4井	30.48	0.90~1.27	467	35	432	1357.25	79.78	13.35	>10.0

3. 古压力的释放对煤层甲烷气藏起破坏作用

经过热成熟和气体大量生成的煤盆,由于后期的构造运动引起的区域抬升和剥蚀,使得煤储层的静水压力降低,导致煤层内气体超压。但这个超压系统难以长时间保存,可以通过后期断层或深切河谷分布的开启性节理带泄出,形成一个天然的煤层脱气带,对煤层气气藏起破坏作用。

勇士盆地大印第安溪(BIC)工区低煤层含气量就是一个典型实例。工区内煤层甲烷目的层为普拉特煤层组、马里利煤层组和部分黑溪煤层组。这三个层系的含气量和附近地区的同层位煤层及其他地区相同埋深、相同煤级的不同层位煤层相比,具有异常低值,且呈带状分布(图3-13)。根据 BIC 工区和美国钢铁公司的研究,发现有关异常的下列情况:① 异常为线性异常;② 异常不以断层为界;③ 地表未发现和异常对应的线性特征;④ 异常和区域的或局部的煤阶变化趋势无对应关系;⑤ 未发现和异常对应的节理走向或节理类型;⑥ 不存在与异常有关的地形特征;⑦ 除煤层外的地层均无渗透性和极低孔隙度;⑧ 异常横向延伸长度随深度变短;⑨ 异常走向与塞阔奇背斜平行。

BIC 工区煤层低含气量异常有如下解释。勇士盆地煤层沉积于宾夕法尼亚纪。波茨维尔组下部诸煤层组(普拉特、马里利、黑溪)之上曾覆有3050~4575m 厚的沉积物。这些煤层的成熟作用均由地热引起。二叠纪和侏罗纪,盆地迅速抬升或海平面快速下降。因此,侵蚀导致了平行于塞阔奇背斜的深切水系的形成,其中有两条水系以东北向西南穿过(图3-14),切入岩层数千米。由于这样深的侵蚀,岩层载荷减轻,导致了阿巴拉契亚和奥哇契它两期造山运动中形成的节理的开启(图3-15)。当时,煤层气含量尚未从侵蚀前已达到的最大值发生明显下降。二叠纪和侏罗纪,北美地区气候极干旱,都可能导致河床之下地层中静水压力的降低,形成两条沿河谷分布比其两侧地区更强烈的天然脱气带。在侏罗纪—早白垩世,整个北美地区的干燥气候发生变化,地下地层中的静水压头又恢复到地表附近。当时,古深切河谷区及其附近煤层的含气量与现今的值接近,而受到天然气脱气影响的煤层含气量比现今的高得多。同时,在此期间,全区发生准平原化,那些没有受到深切河谷影响的煤层含气量逐渐降低到现今值。白垩纪的沉积对煤层的保存起很大作用,白垩纪后的抬升剥蚀又使得地下煤层慢慢脱气。

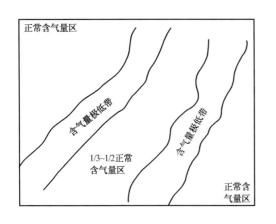

图 3-13　BIC 工区东北面甲烷含量分布图

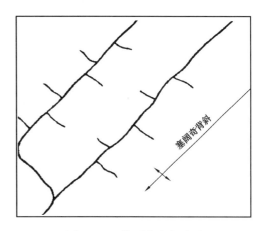

图 3-14　推测的古水系图

勇士盆地波茨维尔组的抬升

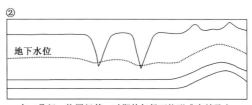

在二叠纪—侏罗纪某一时期的气候可能形成穿越勇士盆地的深切水系

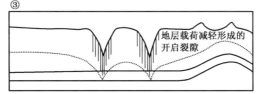

深切河谷引起地层载荷减轻,早期节理开启,侏罗纪时也出现极干燥气候,引起静水势头下降到河谷底之下,静水势头降低导致了煤层气体的超压化,通过开启节理向外散失,同时也将残留水带走

图 3-15　说明 BIC 低含量成因假设的简化示意图

4. 水动力对煤层气藏气体成分的影响

沉积盆地的水动力特征,不仅影响地层的压力状态,而且影响煤层气体的成分。与煤层相通的大气水的长期存在为次生生物成因气创造了良好的条件。

圣胡安盆地水果地组煤层气组分变化与生物成因气的生成有关,是生物成因气和热成因气的混合气,反映气体在水动力含水层体系内聚集。虽然大多数产出的甲烷气来源于超压区,但不能怀疑一部分气体的生物成因。水果地组煤层甲烷气的 $\delta^{13}C$ 值在全盆地内相对稳定,为 $-42‰ \sim -43‰$,R_o 值为 $0.5\% \sim 1.5\%$。水果地组地层水 HCO_3^- 的 $\delta^{13}C$ 值表明,$\delta^{13}C$ 非常富集($+16.7‰ \sim +26.0‰$)。因此,$\delta^{13}C_{CO_2}$ 与 CO_2 气体含量有直接关系。生物成因气可能至少在上新世生成,盆地冷却后渐新世热运动和上升,形成了现代的水流状态。大气水携带的细菌对有机质进行新陈代谢,产生生物成因甲烷和丰富的年轻的重同位素 HCO_3^-,重碳酸盐含量在北部地层水中通常大于 $10000mg/L$。

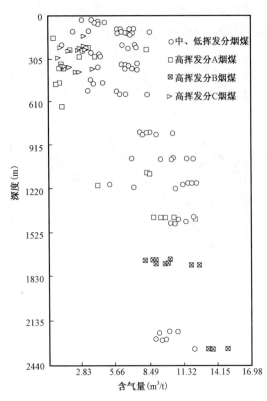

皮伸斯盆地含气量是深度(压力)和煤阶的函数,煤阶高,含气量大(图3-16)。$\delta^{13}C_{CH_4}$值总体上随煤阶的增高而增大,表明大多数气体是热成因的。1067.5m深度以下,含气量随深度增加是微小的,因为储层压力高(>10342.5kPa),可能使得煤表面吸附的气体饱和,很少有多余的气体。然而,在东迪韦德溪背斜存在的大气水环境,丰富的煤层甲烷干气及中等、高含量的CO_2表明生物成因气的存在。活跃的水流动及细菌的深入,为生物成因气的生成创造了条件。该盆地的白河穹隆高挥发分烟煤的煤层气具有湿气(C_1/$C_{1-5}=0.84$)、CO_2富集(约占25%)的特征。一定数量的湿气和液态烃表明细菌改造生成的CO_2和CH_4是有限的,因为这个地区缺乏大气水渗入的条件,这一点被高氯化物含量所证实。

图3-16 皮伸斯盆地含气量与深度关系图
(据 Scott 和 Ambrose,1992)

5. 其他条件

此前未加详述但显然也与成藏密切相关的因素,如与压力保持有关的封堵盖层及底板等。

第三节 煤层甲烷气藏类型

在漫长的地质年代中,由于含煤沉积盆地的抬升、剥蚀,使煤层温度降低、压力减小,已经生成的煤层甲烷大量散失,因此绝大多数煤层气体均未饱和。然而,多数煤层又通常是饱含水,在进行开采煤层甲烷之前,必须经过产水及其处理的过程,需要耗费大量资金。为此,对煤层甲烷勘探者来说,必须从经济利益出发,寻找那些具有商业性开采价值的有效煤层甲烷气藏。这里还有必要指出,虽然煤层气藏被视为连续气藏,但美国煤层甲烷勘探实践表明,只有那些被构造和水动力等地质要素所圈闭的气藏,才是有开采价值的,因为这些气藏多数是气体饱和的,开采过程中产少量水或不产水,可以节省大量的资金。

笔者根据美国煤层甲烷勘探成果,提出以下几种主要的有效煤层甲烷气藏,以供国内煤层甲烷勘探者参考。

一、水压向斜煤层甲烷气气藏

这类气藏位于盆地内构造向斜部位,是由于大气的渗流受阻形成异常高压,高压的存在阻止了气体向上流动而聚集成藏。这类气藏在美国西部煤盆常见,例如圣胡安盆地中北部煤层甲烷气藏属于此类(图3-9、图3-17)。盆地构造枢纽线以北的向斜部位,煤层甲烷含气量和资源量比南部的单斜大。这主要是由于盆地北部边缘大气水的供给在向斜部位形成高压的缘故。

二、水压单斜煤层甲烷气气藏

与大气水相通的区域性单斜煤层,其低部位常常有煤层气聚集,形成水压单斜气藏。如美国新墨西哥州色达尔的西南,存在着大面积的向北东倾斜的水压单斜气藏。这类气藏有着分布面积大的特点。

三、气压向斜煤层甲烷气气藏

气压向斜煤层甲烷气气藏是指在盆地深部向斜,煤生成气体扩散速率小于聚集速率,导致气体超压形成的超压气藏。这类气藏的超压顶界不受地层、构造控制,具有统一的顶界面,大气水只能在超压顶面上覆地层循环。这类气藏具有埋深大及渗透率低的特点,因而不是主要的勘探目标,但又由于产水量低,开采周期长,因而也是一个不可忽视的煤层甲烷资源。科罗拉多州北部的瓦沙克煤盆就存在这类气藏(图3–18)。

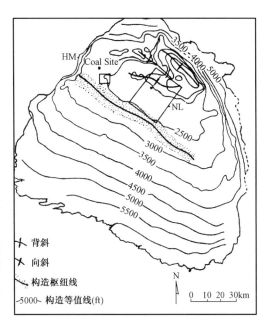

图 3–17 圣胡安盆地 Herfanito Bentonite 层构造图(据 Ayers 和 Amberose,1990)

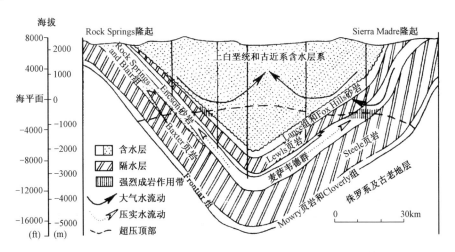

图 3–18 瓦沙克盆地气压向斜气藏横剖面示意图(据 B. E. Law 等,1989)

四、背斜构造气藏

背斜构造气藏是煤层气气藏中常见的一种气藏类型。当煤层受构造活动或发生差异压实形成背斜构造时,在背斜的轴部煤层节理或割理发育,这就为煤层气的大量聚集提供了有利空间及增大的渗透率。当背斜的上覆地层发育良好的盖层有效地阻止煤层气大量逸散时,就能形成背斜气藏。这类气藏具有产气量高、产水量低的特点,因而是最有经济开采价值的气藏。但背斜气藏规模一般较小,是其不利的一面。北阿巴拉契亚盆地西弗吉尼亚州碧戈园和派歌屋气田就是很好的背斜构造气藏的实例(图3–19)。从图中可以看出有很多小气田都位于两端倾伏的背斜构造上。这些小气田产气层是匹兹堡煤层组和塞威克利煤层,煤层气气井产干气或少量出水,而背斜的四周几乎为产水井。

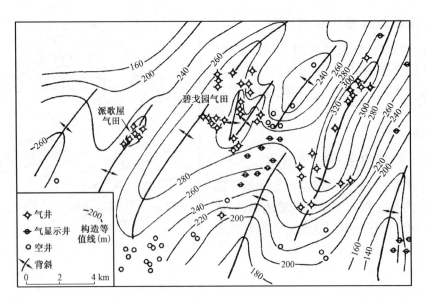

图 3 - 19   北阿巴拉契亚盆地北部匹滋保煤层底部构造图（据 Ayers 等,1991,改编）

五、与低压异常相关的气藏

前面所述的四种类型气藏都与高压有关,因为压力大煤层气吸附量大。但低压煤层能否形成气藏,能否有开采价值? 美国煤层气勘探实践已经证实,低压区煤层同样可以形成有效气藏。圣胡安盆地中西部低压区水果地组煤层气气井产气量为 850 ~ 8500m³/d,与很多高压井产量相似。虽然,产量最高的井位于高压区,但有少量低压煤层气气井的累计产气量已达 $300 \times 10^4 m^3$。低压区的气—水同出的井可用水压地层圈闭机制和相对渗透率来解释。该盆地的低压区,水果地组主要是隔水层,没有大气水的供给,水果地组下部煤层和下伏的画崖砂岩之间存在着很好的水力连通,并已被钻井证实。这样,水果地组煤层解吸出来的气体向下渗流到画崖砂岩中。由于地层呈北东向倾斜,画崖砂岩向上尖灭在水果地组煤层内,因而形成岩性气藏。除上述五种主要气藏类型外,还存在一些常规气藏。这些常规气藏与游离或溶解气有关,遵循常规油气藏规律。

第四节   中国煤层甲烷气成藏与富集高产规律

本章前三节的论述,主要参考国外生产与实验研究资料,随着我国煤层气勘探开发事业的开展,实验研究也得到大力发展,由于中国地质演化史的复杂性,为了认识、指导生产实践的顺利发展,这些研究也很有特色,丰富了世界煤层甲烷气成藏与富集规律的知识宝库。这些研究体现在高煤阶煤层甲烷气(赵庆波等,1997,2001;王红岩等,2001,2005,2007;胡国艺等,2001;苏现波等,2001;李五忠等,2003;吴建光等,2003;傅雪海等,2003;林晓英等,2007)、低煤阶煤层甲烷气(王红岩等,2004,2005;刘洪林等,2005,2006;赵群等,2006;李五忠等,2008;杨珍祥等,2008;孙平等,2009;徐忠美等,2011)及其成藏、富集规律(高波等,2003;秦胜飞等,2005;贾建称,2007;赵群等,2007;吴财芳等,2007;王勃等,2008;雷怀玉等,2009,2010;李腾,2011;朱士飞,2011;李五忠等,2011;杨兆彪等,2011;申建,2011)研究方面,本节也将主要就此进行讨论。

一、高煤阶煤层气成藏特点

1. 高煤阶煤层气成藏实例

沁水盆地南部蕴藏着丰富的煤层气资源,是我国煤层气勘探开发的热点地区之一,也是高阶煤层气成藏的典型代表。中联煤层气有限责任公司、中国石油天然气集团公司、蓝焰公司的有关单位相继在该区的潘庄、寺庄、范庄等区块获得了高产煤层气井。

对沁水盆地南部煤层气藏,林晓英等(2007)作了系统论述。据之,沁南煤层气藏的范围为:北部以地下水分水岭为界,西部以封闭性的寺头断层为界,南部和东部为煤层露头(图3-20)。由于太原组15号煤和山西组3号煤在多数地区存在致密岩层的分割,没有水力联系,因此沁南煤层气藏实际上为15号煤和3号煤两个煤层所蕴藏。

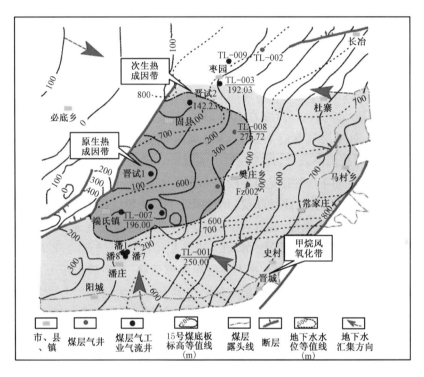

图3-20 沁南煤层气藏15号煤底板构造图、太原组地下水位等值线图和
煤层气的成因分区图(据林晓英等,2007)

区内煤层气藏的基本特征表现如下。

储层分布:沁水盆地南部主要含煤地层为石炭系太原组和二叠系山西组,平均厚约150m,煤层总厚平均为15m左右。主要煤层为太原组15号煤层和山西组3号煤层。其中15号煤层一般厚度为1~6m,平均厚度为3m,煤层分布的总体趋势为东厚西薄、北厚南薄,属较稳定煤层。3号煤层厚度为4~7m,平均厚度为6m,总体上表现为东厚西薄的趋势,分布稳定。15号煤层埋深在0~900m,大部分区域不超过700m,3号煤层埋深比15号煤层浅数十米。这一埋藏深度有利于煤层气的开发。

储层物性:煤层孔隙主要为微孔和过渡孔,具有少量的中孔和大孔,煤层孔隙具有一定的连通性,有效孔隙度在1.15%~7.69%之间,一般均低于5%。储层渗透率为0.1×10^{-3}~$6.7 \times 10^{-3} \mu m^2$,一般不超过$2 \times 10^{-3} \mu m^2$。储层非均质性较强。

储层压力:沁南煤层气藏储层压力偏低,一般情况下,3号煤储层压力为0.08~3.36MPa,15号煤为2.24~6.09MPa,压力系数多小于0.8,属于欠压储层,个别地区存在正常压力,异常高压罕见。并且储层压力具有随煤层埋藏深度增加而增加的趋势,在盆地中部的潘庄、樊庄一带存在正常压力状态。这主要取决于地下水动力条件。储层压力的形成机制为沿露头的地下水补给、运移造成的压力恢复事件作用的结果,类似于动态的异常压力封存箱。

吸附特征:沁南煤层气藏由无烟煤组成,镜质组反射率为2.2%~4.0%,煤的吸附能力较强,兰氏体积一般为28.08~57.1m^3/t,兰氏压力为1.91~3.47MPa。

煤层气成分和含气量:煤层气组分以甲烷为主,其含量一般大于98%,乙烷微量,此外还有少量的氮气和二氧化碳,含量不超过1%。在该盆地边缘,随煤层埋深的减小,甲烷的含量也逐渐降低,氮气和二氧化碳含量增加。晋城地区气井中煤层气甲烷$\delta^{13}C$值分布介于-26.63‰~-36.67‰之间,大部分低于-30‰。含气量高,一般在10~20m^3/t,最高可达37m^3/t。含气饱和度低,以欠饱和为主,个别呈饱和状态。煤层气资源丰度高,超过2×$10^8 m^3$/km^2。以甲烷含量80%为下限,浅部煤层气风氧化带的深度一般在180m左右。

封闭条件:沁南地区15号煤与3号煤的底板均为泥岩,封闭能力强,顶板则不同。3号煤的顶板多为泥岩和粉砂质泥岩,厚度多在10m以上,樊庄—潘庄区块顶板厚度为24~55m,空间上连续稳定分布,对煤层气保存有利。15号煤层顶板为区域分布稳定的台地相石灰岩(K_2),研究区内石灰岩裂隙不发育,封盖性也不如泥岩。这是造成15号煤含气量低于3号煤的主因。沁南煤层气藏侧向上主要受边界断层和水动力封闭,也可能存在物性边界封闭。沁南煤层气藏西部的寺头断层为封闭性断层,其封闭性主要受胶结作用的控制,其他因素的作用为:断层落差越大碎裂作用越强烈,越有利于增加封闭能力;相反落差越小,对接关系和泥岩涂抹作用的存在就越不利于断层的封闭。水动力边界是沁南煤层气藏的东部和南部的主要边界。其封闭机理为:由露头补给的地下水沿煤层向深部运移,产生静水压力,这一压力是煤层气吸附的必要条件。要保存一定量的煤层气就必须具有一定的储层压力,即地下水静水柱具有一定的高差。如15号煤,取兰氏体积46.84m^3/t,兰氏压力3.184MPa,要保存8m^3/t含气量就必须具备0.66MPa的储层压力,对应的地下水水位高差最低应为66m。气藏的北部主要受地下水分水岭控制,该分水岭呈东西向展布,东部至露头,西部至寺头断层。其形成受构造控制,位于东西向展布的褶皱高部位。

成藏过程:三叠纪末期沁水盆地开始发育,燕山运动期间彻底与华北其他盆地分开,成为一个独立的盆地。沁南煤层气藏于白垩纪末期已经形成,喜马拉雅期发生了严重调整与改造,最终形成现今的格局。

其间先后经历了两次生烃阶段(图3-21)。第一阶段发生在三叠纪末期,在该时期煤层埋深达到最大值时,在正常古地温下的区域变质作用造成煤层气的第一次生成,镜质组反射率达到1.2%左右;在燕山早期,由于抬升造成煤化作用停滞,生烃作用相应中断。第二阶段发生在燕山晚期。燕山晚期的热事件,使煤层所处的温度远远超过三叠纪末期最大埋深时的温度,造成煤化作用加剧,引起煤层气的第二次生成且第二次生成的煤层气起主导作用,生气量则达到总生气量的68%。

沁南煤层气主要为热成因类型。据该区10口煤层气井的测试结果表明,煤层气甲烷碳同位素值总体偏轻,$\delta^{13}C_1$为-26.6‰~-36.7‰,且随着埋深的增加而变重。这主要是因为煤

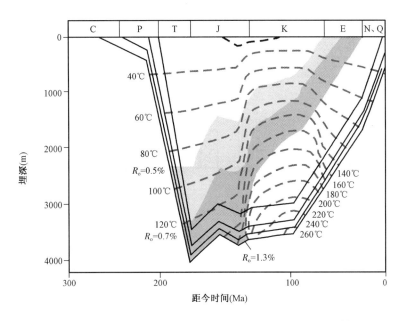

图 3 – 21　沁水盆地南部晋试 1 井理藏史热史示意图（据林晓英等，2007）

层气的解吸扩散运移引起的同位素分馏，导致煤层气 $\delta^{13}C$ 值总体偏轻。

燕山期以来的构造抬升和地层剥蚀作用引起煤层气发生解吸—扩散—运移—再吸附效应，由于甲烷 $\delta^{12}C$ 与 $\delta^{13}C$ 相比具有优先解吸的特点，因此在解吸—扩散—运移分馏强烈的地下水径流带甲烷 $\delta^{13}C$ 变轻。这种次生热成因的煤层气在国内外非常常见。滞流区受解吸、扩散、运移分馏作用的影响小，基本保持了原始状态。可见沁南煤层气藏煤层气的成因在空间上存在着分带现象：次生热成因煤层气存在于浅部径流带，原生热成因气存在于深部滞流区（图3 – 20、图 3 – 22）。

根据埋藏史、热史及温压对沁南煤层气藏聚散史的影响分析，燕山早期的煤层抬升引起了煤层气散失，这一时期煤层气藏处于欠饱和状态；此后煤层埋深的变化、地温梯度的变化都有利于煤层气含气量的增加，尤其是二次生烃以后的调整改造阶段使煤储层的吸附能力急剧增加，这一时期煤层气藏处于饱和、过饱和状态；现今的测试结果表明，沁南煤层气藏含气饱和度低，以欠饱和为主，个别地区像潘庄、樊庄一带呈饱和状态，这主要是由于后期煤层气的散失及地下水动力条件的影响所致。沁南煤层气藏 15 号煤与 3 号煤煤层内地下水矿化度基本接近，总矿化度为 $800 \sim 2400mg/L$，水化学类型以 $NaHCO_3$ 型为主。在分水岭以南地区，北部边界的地下水由分水岭向南径流；在东部和南部边缘露头区，大气降水和地表水沿煤层向深部滞流区运移；在西部，接受露头补给的地下水由于寺头断层阻挡不能进入本区。这样就形成了向深部汇流之势，受到煤层上下低渗透性围岩在垂向上的封堵作用，在潘庄、樊庄地区形成了低洼地带，该地区地下水径流条件最弱。地下水沿煤层、含水层露头补给，向深部运移，径流强度由强变弱，并在空间上依次形成了补给区、径流带、滞流带。在浅部，补给区是煤层气逸散带，含气量低；在深部，滞流带地下水径流缓慢，是煤层气的有利聚集区。

2. 高煤阶煤层气藏共性

在先前研究（赵庆波等，1997，2001；孙粉锦等，1998；王红岩等，2001，2005；李五忠等，

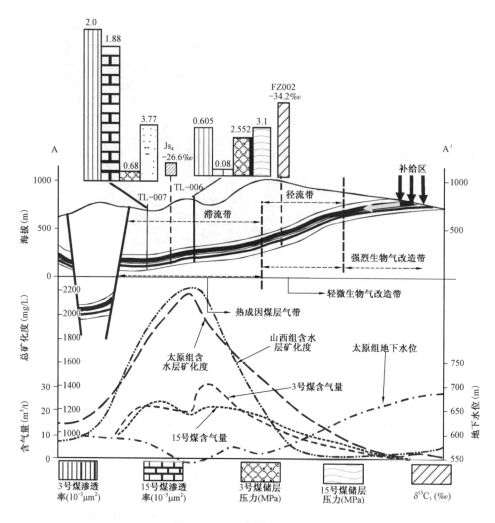

图 3 - 22　沁南煤层气剖面图

2003；胡国艺等，2001；苏现波等，2001；吴建光等，2003；傅雪海等，2003；林晓英等，2007）的基础上，王红岩等（2007）对高煤阶煤层气藏的共性做了如下归纳。

（1）高煤阶煤层气藏以原生和次生热成因煤层气为主。

原生热成因煤层气是指有机质在变质作用过程中形成的煤层气。如果原生热成因煤层气经过解吸—扩散—运移—再聚集，则为次生热成因煤层气。高煤阶煤层气藏主要为原生与次生热成因煤层气。例如，沁南地区煤层主要为高煤阶无烟煤，成熟度 R_o 为 2.2% ~ 4%。煤层气主要为热成因。煤层气甲烷 $\delta^{13}C$ 值总体偏小，为 - 26.6‰ ~ - 36.7‰，且随着埋深的增加而变大。这是由于煤层气的解吸—扩散—运移引起同位素的分馏所致。这种次生热成因的煤层气在国内外很常见。滞流区受解吸—扩散—运移分馏作用的影响小，基本保持了原始状态。可见沁南煤层气藏煤层气的成因在空间上存在分带现象。次生热成因煤层气存在于浅部径流带，原生热成因煤层气存在于深部滞流区。未成熟低煤阶煤层气藏以原生生物成因煤层气为主，代表性煤层气藏位于美国粉河盆地。粉河盆地古近—新近系 FortUnion 组的煤成熟度（R_o）为 0.3% ~ 0.4%，深部存在高挥发分烟煤，没有达到可以大量产生热成因甲烷的成熟度。其甲烷 $\delta^{13}C$ 值为 - 60.0‰ ~ - 56.7‰，δD 值为 - 307‰ ~ - 315‰。低煤阶成熟煤层气藏煤层气的成因相对复杂,既有次生生物成因的,也有原生与次生热成因的。

我国阜新盆地白垩系阜新组煤的 R_o 为 0.6% ~ 0.72%,碳同位素值为 -58.0‰ ~ -44.7‰(表 3 -5)。该区煤层气主要为次生热成因,其次为次生生物成因。该区煤层埋深最深部不超过 2000m,深成变质作用对煤层生气影响有限。多期构造热事件的反复作用形成了大量的原生和次生热成因气,加速了盆地煤层气的聚集。盆地抬升后,煤层埋深变浅(小于 1500m),条件适宜,大量生物气的生成进一步促进了煤层气藏的形成。

表 3 -5 不同煤阶煤层气特征表

煤层气成因类型	典型煤层气藏	镜质组反射率(%)	碳同位素值(‰)	含气量(m³/t)	渗透率($10^{-3}\mu m^2$)
高煤阶煤层气	沁南	2.2 ~ 4.0	-36.7 ~ -26.6	10 ~ 20	0.1 ~ 5.7
低煤阶未成熟煤层气	粉河盆地 Fort Union 煤层	0.3 ~ 0.4	-60.0 ~ -56.7	0.78 ~ 1.6	35 ~ 500 裂隙 0.001 ~ 1.0 基质
低煤阶成熟煤层气	阜新	0.6 ~ 0.72	-58.0 ~ -44.7	8.72 ~ 10.1	0.356

(2)煤阶高,煤层吸附量大,含气量高。

煤的变质程度决定煤层气生成量和煤的吸附能力,煤阶越高,煤层气生成量越大。吸附能力随煤阶增高经历了低—高—低 3 个阶段,在成熟度为 3.5% 左右时达到极大值(图 3 -23)。高煤阶煤层气藏含气量最高。沁南煤层气藏含气量一般在 10 ~ 20m³/t,最高可达 37m³/t。除了煤阶影响外,保存条件也起到一定作用。低煤阶未成熟煤层气藏含气量普遍较低。如粉河盆地煤层气含量一般为 0.78 ~ 1.6m³/t,最高不超过 4m³/t。低煤阶成熟煤层气藏含气量相对较高,犹他州中部上白垩统 Ferron 砂岩段 Ferron 煤层气藏含气量为 0.37 ~ 14.3m³/t,一般在 5 ~ 10m³/t。阜

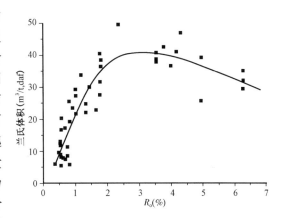

图 3 -23 煤的吸附能力与煤阶的关系
(据王红岩等,2007)

新盆地煤层气含量一般为 8 ~ 10m³/t。低煤阶煤层气藏煤层的顶底板因成岩作用微弱而使其封闭能力低于高煤阶煤层气藏。因此,对于低煤阶煤层气藏而言,地下水动力封闭显得尤为重要。

(3)变质程度高,基质致密,煤层渗透率偏低。

高煤阶的沁南煤层气藏,储层渗透率为 0.1×10^{-3} ~ $5.7 \times 10^{-3}\mu m^2$,一般不超过 $2 \times 10^{-3}\mu m^2$。煤层孔隙主要为微孔和过渡孔和中孔,大孔罕见,孔隙度为 1.15% ~ 7.69%,一般均小于 5%,对渗透率几乎没有贡献。割理严重闭合或被充填,对渗透率的贡献微弱。构造裂隙是渗透率的主要贡献者,这种孔裂隙发育特征决定了煤层气由基质孔隙解吸向裂隙扩散困难,吸附时间长、达到产量高峰时间短、稳定低产时间长。低煤阶未成熟煤层气储层的基质孔隙度较高,且以大孔所占比例较高,对储层渗透率有一定贡献,因割理密度低而控制储层渗透率的主要因素是构造裂隙。低煤阶成熟煤层气储层渗透率的主要贡献者是割理和构造裂隙。低煤阶煤层气藏的渗透率一般大于高煤阶煤层气藏。吐哈盆地的褐煤和沁水盆地的无烟煤模拟证实,褐煤由于演化程度低,裂隙不发育,主要表现为孔隙型。随着煤阶的增加,煤层裂

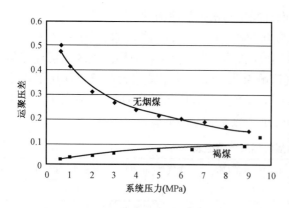

图 3 - 24　高低煤阶运聚压差与系统压力的关系
（据王红岩等，2007）

隙发育，基质变得致密，主要表现为裂隙型。无烟煤在高压情况下，其压差达到 0.14MPa 就可以突破；低压情况下，压差达到 0.50MPa 就可以突破；随着压力的降低，运聚压差增大，表明无烟煤降压基质膨胀物性降低，加压基质收缩物性增高。然而，褐煤模拟结果相反。吐哈盆地褐煤在高压情况下，压差达到 0.08MPa 就可以突破；在低压情况下，压差达到 0.03MPa 就可以突破，褐煤降压基质膨胀物性增大，加压基质收缩物性降低。储层物性变化二元论反映了煤储层随着煤层气不断开采，地层压力不断下降，煤储层特征变化的实质（图 3 - 24）。

（4）构造热事件和构造应力场对煤层物性起决定性作用。

由岩浆侵入引起储层结构和构造的改变，具有增大煤层气储藏空间的作用。岩浆的热力烘烤，使煤中有机质挥发，留下很多密集成群的浑圆状或管状气孔，提高了储层的孔隙度。煤基质收缩，产生收缩裂隙。岩浆侵入的动力挤压，产生的外生裂隙与内生裂隙（割理）叠加，使煤层裂隙性质、规模发生变化，裂隙度提高，渗透性增强。

煤储层中天然裂隙的壁距对原始渗透率起着关键性的控制作用。天然裂隙壁距是地应力大小和方向的函数，构造应力场主应力差对岩层裂隙壁距和渗透率的影响效果存在截然相反的情况。当构造应力场最大主应力方向与岩层优势裂隙组发育方向一致时，裂隙面实质上受到相对拉张作用，主应力差越大，相对拉张效应越强，越有利于裂隙壁距的增大和渗透率的增高。而在最大主应力方向与岩层优势裂隙组发育方向垂直时，裂隙面受到挤压作用，主应力差越大，挤压效应越强，裂隙壁距则减小甚至密闭，渗透率降低。也就是说，构造应力实质上是通过对天然裂隙开合程度的控制而对储层原始渗透率施加影响。

（5）高煤阶滞流水区域为富气区。

地层水的矿化度是反映煤层气运聚、保存和富集成藏的一个重要指标。沁水盆地东部边界晋获断裂带的北段对中奥陶统含水层组起到明显的横向阻水作用，中段导水性及水动力条件强烈，南段地下水径流条件极差，不导水。南部边界由东部导水段、中部阻水段以及西部导水段组成，特别是中段的阻水性质，对晋城一带煤层气的保存与富集起到了重要作用。西部边界以安泽为界，北段为一阻水边界，南段则由导水性断层组成。内部存在 4 条重要的水文地质边界。其中寺头断裂是一条封闭性的断裂，导水、导气能力极差；南部寺头断裂和晋获断裂南段之间的大宁—潘庄—樊庄地区，山西组和太原组含水层的等势面明显地要高于断裂东西两侧地区，地下水显然以静水压力形式将煤层中的煤层气封闭起来。在寺头断裂西侧的郑庄及其附近地区，地下水径流强度可能较弱，较有利于煤层气保存。高煤阶地下水滞流区是煤层气聚集的最佳场所，但最近的勘探和研究表明对于低煤阶煤层气藏，尤其是未成熟低煤阶煤层气藏存在例外。吐哈盆地沙尔湖地区煤层气藏古生界地层水总矿化度为 20000 ~ 160000mg/L，平均矿化度达 109300mg/L，平均值较海水（35000mg/L）浓缩了 3 倍多，具有高矿化度的特点。吐哈盆地低煤阶褐煤含气量测试小于 2m³/t，在深度大于 300m 时，煤层厚度大于 50m。

（6）成藏过程复杂。

未成熟低煤阶煤层气藏成藏历史简单，煤层形成后一般只经历了一次抬升。但现今地下水的补给、运移、排泄和滞流对煤层气藏的调整和改造起决定作用。从煤层的形成直至现今都有气的生成，都对煤层气的成分和同位素特征有影响。但现今的构造格局和地下水赋存状态是影响煤层气生成的关键，也是控制成藏的关键。

继王红岩等之后，孙粉锦等（2012）又以华北为例，研究了中高煤阶煤层气富集规律及有利区预测问题，进一步丰富了对高煤阶煤层气藏特点的认识。

二、低煤阶煤层气成藏特点

低阶煤在中国有着广泛的分布，侏罗系、下白垩统和古近—新近系为主要层系，其次为石炭—二叠系。侏罗系低阶煤在中国西北部80余个不同规模的内陆坳陷盆地都有发育，如准噶尔、吐哈、伊犁、塔里木、柴达木、民和、西宁、宝积山、窑街、鱼卡和木里等盆地，另外，鄂尔多斯、大同、宁武、蔚县、京西、义马等盆地也有分布；下白垩统低阶煤见于大兴安岭以西的40余个规模不等的中—新生代断陷盆地，如伊敏、霍林河、胜利、扎赉诺尔、大雁等盆地；古近—新近系低阶煤分布于沈北、珲春、舒兰、梅河等盆地；石炭—二叠系低阶煤仅见于华北盆地北缘西段的东胜、准格尔和山西大同一带。低阶煤的广泛分布是为低煤阶煤层气藏的形成奠定了良好基础。

孙平等（2009）在前人工作（王红岩等，2004，2005；刘洪林等，2005，2006；赵群等，2006；李五忠等，2008；杨珍祥等，2008；孙平等，2009；徐忠美等，2011）的基础上，归纳指出，中国低煤阶煤层气藏具有煤储层厚度大、含气量低、渗透率易改造、吸附时间短和两个解吸峰值的特征；存在深部承压式超压成藏模式、盆缘缓坡晚期生物气成藏模式及构造高点常规圈闭水动力成藏模式3种低煤阶煤层气成藏模式。在目前技术条件下，构造高点常规圈闭水动力煤层气藏和盆缘缓坡晚期生物煤层气藏是勘探开发的首选目标。孙平等的详细论述如下。

1. 中国低煤阶煤层气成藏的条件与特点

1）低煤阶煤层气特点

中国典型的低煤阶含煤盆地煤层具有厚度大（煤层最大累计厚度近200m，最大单层厚度逾100m）、层数多（超过50层）等特点。准噶尔盆地是中国最为典型的低煤阶含煤盆地之一，主要聚煤作用发生在早、中侏罗世，含煤10~66层，煤层累计厚度为9.58~80m。厚煤带位于盆缘，向盆内煤层变薄，聚煤期盆地沉降中心煤层厚度最小。发育3个显著的厚煤带，即南缘厚煤带、东南缘厚煤带和西缘厚煤带。南缘厚煤带位于天山北麓至石河子—昌吉一线以南，煤层厚度为20~80m。西缘厚煤带位于扎伊尔山—哈拉阿拉特山前，呈北东—南西方向展布，煤层厚度为20~70m。东南缘厚煤带位于阜康—彩南一线，煤层厚度为15~50m。准噶尔盆地煤层含气量为4.0~13.8m³/t。在煤层埋深2000m以浅地区煤层气地质资源量为$2.2 \times 10^{12} m^3$，平均资源丰度为$1.51 \times 10^8 m^3/km^2$。准噶尔盆地与美国的粉河盆地地质条件相似，且准噶尔盆地的含气量明显高于美国的粉河盆地。粉河盆地煤层R_o值为0.3%~0.8%，煤层累计厚度为30~118m，含气量多小于3.1m³/t，在近10年内钻开发井达16000口，煤层气产量为$140 \times 10^8 m^3$。粉河盆地煤层气的商业性开发给准噶尔盆地煤层气的勘探开发提供了良好的思路和借鉴。

2）低煤阶煤层气成因

未成熟低煤阶煤层气的形成与热变质作用无关，主要为原生生物成因。其代表性煤层气藏位于中国吐哈盆地南斜坡中段的沙尔湖地区。该区主力煤层分布于西山窑组下段（J_2x_1），煤岩热演化程度相当低，均为褐煤，产气煤岩样品的 R_o 值为 $0.40\% \sim 0.47\%$。煤层气中 $\delta^{13}C_1$ 值为 $-62.7‰ \sim -61.5‰$，且较稳定；δD 值为 $-225‰ \sim -220‰$，表明为原生生物成因气。成熟低煤阶煤层气藏煤层气的成因非常复杂，既有次生生物成因的，也有原生与次生热成因的，山西霍州煤田李雅庄煤层气藏为该类煤层气的典型代表。李雅庄地区煤层 4 次解吸气样的 $\delta^{13}C_1$ 值为 $-61.7‰ \sim -56.3‰$，由于样品主要采自于井下采掘面，煤层气为大部分轻质组分散失后的残留气体（气体在散失过程中产生同位素动力分馏作用，即轻同位素分子比重同位素分子优先逸出煤层），因此解吸气样的碳同位素组成应重于该煤层气的平均值，故推测该煤层气中实际 $\delta^{13}C_1$ 值应更低。典型的生物甲烷成因的 $\delta^{13}C_1$ 值一般应小于 $-55‰$，因此，李雅庄煤层气藏的煤层气主要为次生生物气。将该区煤岩的 R_o 平均值 0.92% 代入有关热成因煤型（成）气 $\delta^{13}C_1$ 与 R_o 的统计关系式：$\delta^{13}C_1 = 40.5\log R_o - 34.4$（$0.3\% < R_o < 1.0\%$）计算出李雅庄煤层气的 $\delta^{13}C_1$ 值为 $-35.9‰$，显然比实测的 $\delta^{13}C_1$ 值高很多，这表明目前煤层气中主要含有的是次生生物甲烷。但该区煤层气的 $\delta^{13}C_2$ 值为 $-22.4‰ \sim -20.5‰$，具有热成因气的特征，代表了残留的热成因气。

3）渗透性的影响

储层的渗透性是指在一定压力差下，岩石允许流体通过其连通孔隙的性质。渗透率是影响煤层气开发的关键参数，高、低煤阶煤层气渗透率变化具有一定的差异性。降压会引起煤储层的基质收缩效应，而由于孔径结构的差异，低煤阶（基质型）煤岩以体积应变效应为主，其次为气体滑移效应；高煤阶（割理裂隙型）煤岩以气体滑移效应为主，其次为体积应变效应。表明高煤阶煤储层渗透率的改造较低煤阶难。Harpalani 等研究表明，在压力从 6.12MPa 降低到 0.17MPa 的过程中，煤样渗透率总体上增大了 17 倍，其中体积应变效应影响占 12 倍，气体滑移效应影响占 5 倍。因此，在煤层气开发过程中，相同的降压幅度，高煤阶煤岩储层渗透率变化小，储层改造难，初期单井日产量低，产周期长；低煤阶储层渗透率变化大，储层易改造，初期单井日产量高，生产周期短。在低煤阶煤层气开发过程中，储层排水降压幅度较高煤阶要大，在高渗透区块可利用自卸压效应来进行开发（如可采用裸眼洞穴完井技术）。

4）解吸特征

（1）吸附时间：煤层气的吸附时间是指总解吸气量（包括残余气）的 63.2% 被解吸出来所需的时间，可通过对煤岩样品的自然解吸数据统计获得。利用煤层气解吸仪对沁水盆地南部郑庄区块变质程度高的山西组和太原组无烟煤（埋深为 $400 \sim 600m$）和辽西盆地北票矿区变质程度低的古近—新近系褐煤（埋深为 $1003 \sim 1008m$）样品解吸实测数据进行了分析，煤岩样品是在钻探过程中，利用绳索取心工具提取装罐密封并进行自然解吸的煤心。低煤阶煤层气吸附时间小于 20h，多数为 $5 \sim 10h$；高煤阶煤层气吸附时间为 $5 \sim 200h$。即高煤阶煤层气具有吸附时间长且分散的特点，而低煤阶煤层气吸附时间短且集中。

（2）解吸规律：煤层甲烷的解吸是因压力降低到储层临界解吸压力以下而导致吸附态甲烷气体转变为游离态的过程。这个过程相当于气体在煤体内运移的 3 个阶段：在压力差的驱动下，甲烷气体在煤基质外足够大的裂隙中自由流动，遵循达西定律；在浓度差的驱动下，煤基质显微孔隙内甲烷气体发生扩散，遵循费克定律；当储层压力降低到临界解吸压力以下，甲烷气体从煤内表面解吸出来。吐哈盆地 X 井的煤心 X21 为变质程度低的褐煤，取样深度为 $605.22 \sim 605.52m$，层位为下侏罗统八道湾组，含气量 $0.54m^3/t$。从实测解吸曲线（图 3-25）

可以看出,从解吸开始到最后解吸完毕共经历了两个高峰。笔者认为煤层解吸高峰的出现是基质收缩引起的裂隙渗透率增大与孔隙压缩引起基质渗透率减小的综合效应。当压力降低时,煤层的收缩效应主要由上覆压力、构造应力、水流体压力、煤的力学强度等因素综合决定。

煤基质收缩引起裂隙渗透率增大,而煤储层中煤的弹性力学强度和煤层内流体压力阻碍了孔隙压缩,使基质渗透率减小幅度变小。总体上,裂隙渗透率增大效应大于基质渗透率的减小效应,造成煤层气解吸速率加快,因而出现解吸高峰。而引起低煤阶煤岩出现两个解吸高峰的主要原因为孔隙类型。低煤阶煤岩的孔隙类型主要为中孔和大孔,当压力降低、基质收缩时,内生裂隙使得未连通的中孔和大孔连通,渗透率增高;当压力进一步增加时外生裂隙连通,从而使得解吸量再次升高。

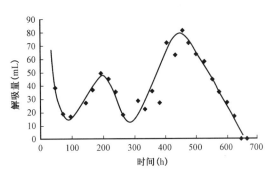

图 3 - 25   X 井煤心 X21 低煤阶煤样解吸曲线

2. 煤层气成藏模式

低煤阶煤层气赋存以吸附气和游离气为主,溶解气很少。在对以上低煤阶煤层气地质特征分析的基础上,结合国内外低煤阶煤层气勘探开发实践,提出了以下 3 种低煤阶煤层气成藏模式。

1) 深部承压式超压成藏模式

该模式形成的煤层气既有深成变质作用形成的热成因气,又有后期次生生物成因气的补给。大气降水携带着细菌由盆地边缘向盆地中心运移富集,并在合适的地层条件下使煤层发生降解形成次生生物气。煤在深成变质作用下生成的热成因气和次生生物气在超压地层中被很好地保存和封闭起来,相当于常规气藏的水动力圈闭。该模式具有 3 个特点:气藏含气饱和度高,除热成因气外还有次生生物气对气藏进行补给;向斜部位为地下水滞留区,煤层气水力运移缓慢,容易富集;储层处于超压状态。中国新疆五彩湾地区彩 X 井(2567~2583m)在 2005 年 9 月 29 日压裂后自喷、抽汲 2 天后,煤层开始产气,产气量稳定在约 7300m³/d。如此高的产气量说明,超压煤储层中除吸附气外还存在着大量的游离气。

2) 盆缘缓坡晚期生物气成藏模式

盆缘缓坡晚期生物气气藏的形成,主要是由于盆地边缘浅部煤系地层具有较高的渗透率和较高的孔隙度,这为煤层甲烷菌在水力作用下的运移和甲烷的生成富集提供了良好的储层物性条件。盆地边缘浅部的煤系地层在受到多次冰期影响及高山雪融水的补给后,形成了低盐度、低矿化度的地层水。这种地层水携带大量的产甲烷菌运移到合适的埋深和温度环境下,使煤层发生降解同时,低矿化度的地层水在地质历史中利于甲烷菌的生长和生物气的生成,从而有利于低煤阶煤层气的富集成藏。

这种成藏模式为准噶尔盆地南缘浅部低煤阶区的煤层气勘探提供了思路:受多次冰期影响和天山雪融水补给的准噶尔盆地南缘浅部的低煤阶区,易形成低盐度、低矿化度地层水,有利于甲烷菌的生成,有利于煤层降解产气,可形成具有开采价值的气藏。

3) 构造高点常规圈闭水动力成藏模式

甲烷菌产生的生物气在水动力作用下,由于势差原因,要从高势区运移至低势区(构造高部位),低势区含气饱和度增大,但压力较低,气体部分解吸成为游离气,在良好的盖层(相当于常规油气的背斜圈闭)封盖下形成具有经济价值的游离气富集区(图3-26)。

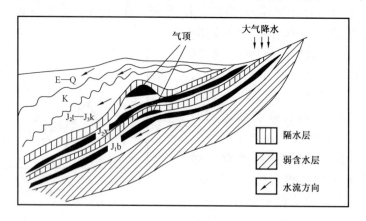

图3-26 构造高点常规圈闭水动力成藏模式示意图

由于中国低煤阶煤层气藏普遍存在地质条件复杂、储层渗透率低、含气饱和度低等特点,目前,在中国低煤阶煤层气领域,构造高点常规圈闭水动力和盆缘缓坡晚期生物煤层气藏应是前景良好的勘探开发目标。

李五忠等(2008)在指出低煤阶煤层气藏具有煤层厚度大、渗透性好、含气量低但吸附饱和度较高等特征的同时,针对低煤阶煤层气具有埋藏浅、渗透率高的特点,提出了采用裸眼洞穴完井或连续油管注 N_2 开发的技术性建议。徐忠美等(2011)则在低煤阶煤层气成藏条件及主控因素研究中,进一步强调了低煤阶煤层气藏的主控因素。

三、中国煤层甲烷气富集高产地质因素

煤层气的成藏、富集是煤层气生成、储集、封盖、运移、聚集、保存及其有利配置等诸多地质要素共同作用的结果,高产虽然有时要依赖技术措施,但也必须有相应的地质基础。

1. 受三大因素控制,形成五类高产富集区

封盖层控制含气量,应力场控制渗透率,构造体和煤体控制富集带,匹配成五类富集区。

1) 区域富煤区内局部构造高点型

(1)早埋后升型富集高产区。这类地区早期煤层埋藏深生气量高,后期抬升煤层变浅压实弱,次生割理发育渗透性好,在上覆有利盖层条件和滞水环境中,两翼又是烃类供给指向,局部高点形成低应力、高渗、高含气、高饱和的高产富集区。固县区块高部位气富水贫(高产块)可作为实例(图3-27)。该区单井日产气2761~5992m³,深部断槽内气贫水富(水槽),无气,单井日产水6~10m³。开采4年半,目前高产块单井日产气1852~5773m³,不产水;槽内仅1口井日产气178m³,其他井目前不产气,日产水1.9~2.4m³。最高点8-9井目前日产气最高,为5773m³,累计产气最高,为872.4×10⁴m³。

(2)滞留区局部构造高点型富集高产区。地下水一般在向斜轴部活跃,符合水往低处流的原理。樊庄区块构造高部位(滞流—弱径流区)吸附饱和度95%,含气量大于25m³/t,单井日产气大于2500m³;洼陷区(地下水补给区)吸附饱和度55%,含气量小于10m³/t,单井日产气200~500m³(图3-28)。

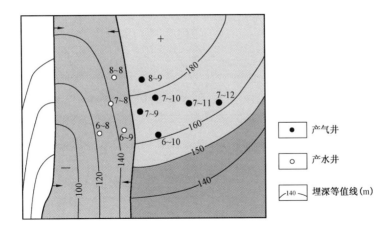

图 3-27 固县区块高部位气富水贫(高产块)图示

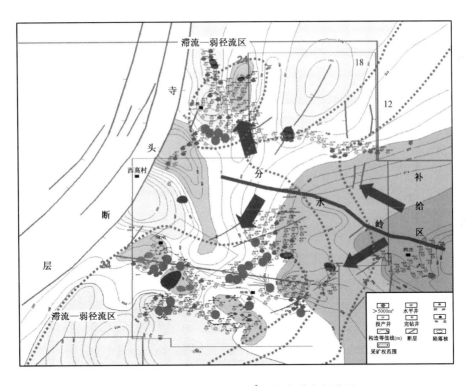

图 3-28 樊庄区块 2500m³/d 气井分布规律图

(3)应力场相对低值区局部高点型富集高产区。局部构造高点也往往是应力场相对低值区,特点是煤层渗透率高、单井产量也高。煤层气保存条件好,煤层没被水洗刷,含气量高,即动中找静、静中找动(图 3-29)。

(4)封盖条件好的背斜及鼻状构造带型富集高产区。封盖好的背斜、鼻状构造都可以形成富集高产区,而向斜区断裂带则产水量较大。如韩城地区有薛峰、板桥、烽火三个鼻状构造带,自东、东北方向向西、西南方向伸入向斜区,上有良好的封盖层,鼻状构造轴部都富集高产,其余地区则产水量大、产气量小(图 3-30)。

(5)低煤阶生物气区局部构造高点型富集高产区。美国粉河地区煤层气藏形成的过程是:

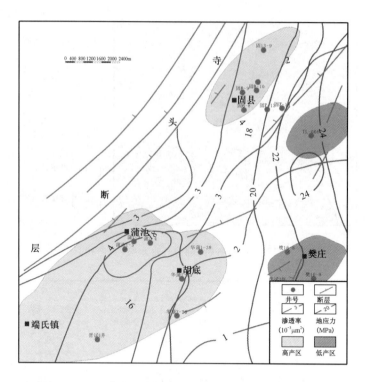

图 3 – 29　沁水盆地南部应力、动态渗透率与高产井分布

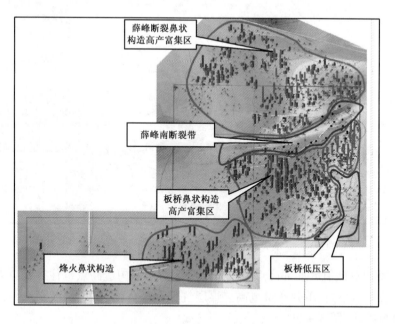

图 3 – 30　鄂东煤层气韩城区块高产富集区带分布图

深部煤层气溶于地下水中,随水上移,因压力减小溢出,进入鼻状构造高点形成气井。霍林河地区甲烷 $\delta^{13}C_1$ 为 $-62‰$,是生物成因气;深部煤层气向上运移,浅部盖层条件好,可在高部位富集成游离气与吸附气混合气源的气藏(图 3 – 31)。

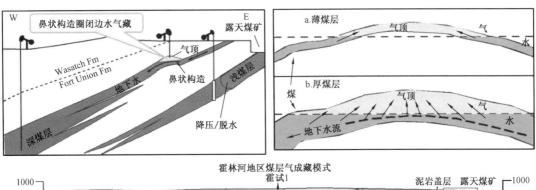

美国粉河盆地煤层气成藏模式

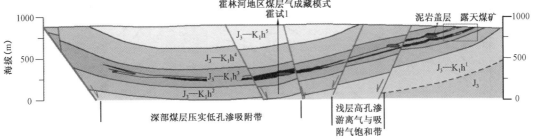

霍林河地区煤层气成藏模式

图 3-31　粉河盆地与霍林河斜坡地区气藏剖面图

2)直接盖层稳定的上斜坡型

上斜坡煤层气富集,其实有多种情况。

(1)简单上斜坡型。前述沁南煤层气老井区东南部是典型地区之一。宁武盆地南部上斜坡静游富集高产区块也是一例,该区由深层高温高压"热蒸解"向浅层低温低压"冷吸附"再聚集:静游气田上斜坡煤层浅,压实作用弱,直接盖层由泥灰岩过渡为泥岩,下倾部位有充足烃类补给,形成高渗、高含气、高饱和气藏。

(2)浅平台(潜台)型。如潘庄浅潜台 6 口水平井(图 3-32),煤层深 373~487m,含气量 23m³/t,渗透率 6.3×10⁻³μm²。单井平均日产气 3.0×10⁴m³,单井平均累计产气 4210×10⁴m³,高点 4 口井稳产期不产水,采出程度 45.9%,采气速度最高 12%。该区煤层深 550m 以浅每加深 100m 渗透率降低 0.6×10⁻³μm²,日产量下降 3700m³。

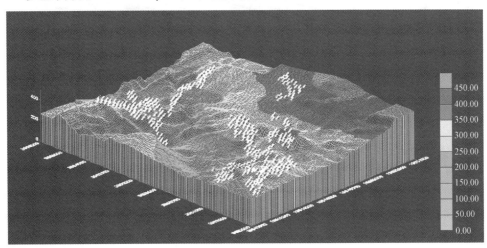

图 3-32　潘庄浅台(潜台)富集高产区

3）活动适时的火山岩带型

（1）岩床型富集高产区。在铁法盆地,4套辉绿岩呈岩床侵入煤系地层(图3-33)。侏罗系煤厚40m,单层厚10m,煤层埋深447~1120m,含气量8~12m³/t,渗透率$1.5 \times 10^{-3} \mu m^2$,$R_o$为0.6%,DT-3井射孔井段447~772m,3段压裂,初期日产气$1.35 \times 10^4 m^3$,目前日产气$0.5 \times 10^4 m^3$,累计产气$860 \times 10^4 m^3$;共投产23口井,日产气单井平均1460m³。构造高部位9口单井平均日产气3288m³。

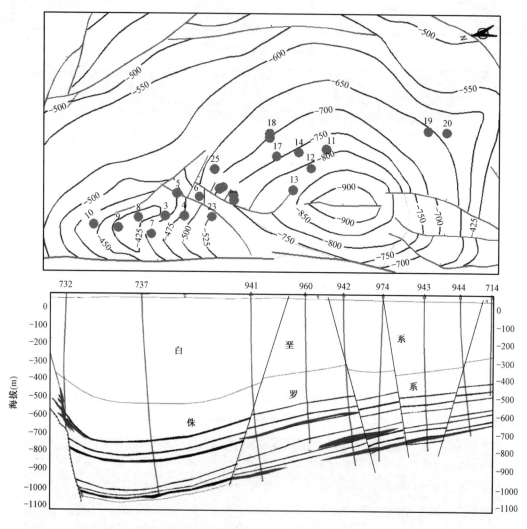

图3-33　铁法盆地大兴块岩床型火山岩发育区的煤层气聚集

（2）岩墙型(阜新盆地刘家区块10条辉绿岩侵入煤层)富集区(图3-34)。特点是岩墙侵入煤层加速热演化生气,后期冷却裂隙和次生割理发育。火山岩侵入煤层,岩墙遮挡,岩床封盖,富集高产。这类地区初期煤层生气量大,后期煤体快速冷却收缩次生割理发育渗透性好。如阜新盆地刘家区块,煤层厚30~90m,含气量7.2~9.8m³/t,吸附饱和度85%~96%,渗透率$0.5 \times 10^{-3} \mu m^2$。初期41口井单井日产气平均2500m³,最高$1.6 \times 10^4 m^3/d$,8年累计产出914.8$\times 10^4 m^3$,采出程度35%,预测采收率50%以上。

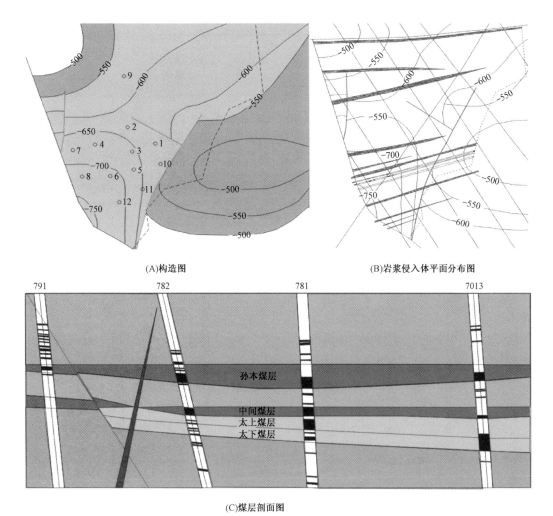

(A)构造图 (B)岩浆侵入体平面分布图

791   782   781   7013

孙本煤层

中间煤层
太上煤层
太下煤层

(C)煤层剖面图

图3-34　阜新盆地刘家区块岩墙型煤层气富集高产区

4)低(煤阶)浅封闭厚煤层型

封闭好的浅层,低煤阶厚煤层有利于煤层气富集。尽管煤阶低,生气和含气量低,但巨厚煤层弥补了低含气特点,只要有好的盖层,上倾部位压实减弱、煤层渗透性变好,可形成高渗、高饱和气藏,甚至游离气和吸附气共生、互动、共储。霍林河盆地霍试1井射开煤层厚34m,煤层埋深911m,日产1256m³(图3-35)。

5)次生割理发育区型

尽管煤层埋藏深,但局部构造高部位断层活动使煤层次生割理发育,渗透性好,煤层变储层,游离气与吸附气共生、互动、共储。如准噶尔盆地彩504井射开煤层井段2567~2583m,日产气达到6500m³。沁水盆地郑60井3号煤埋深1336.9m,日产气稳产2000m³。

2. 沉积环境间接影响富集高产,高镜质组、低灰分煤是勘探重点

决定煤层气富集高产的因素中,有些是间接的,图3-36、图3-37和表3-6说明沉积环境可以影响煤岩组分、灰分的多少,这自然也就会间接影响煤层气的聚集。

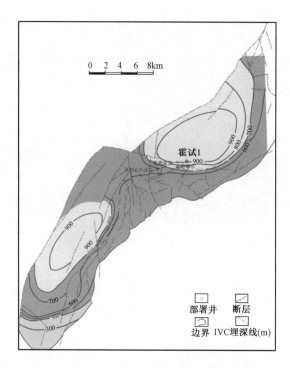

图 3 – 35　霍林河地区煤层气勘探部署图与霍试 1 井位置

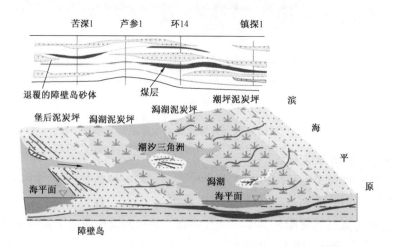

图 3 – 36　鄂尔多斯盆地太原组障壁岛—潮坪—潟湖相聚煤模式

表 3 – 6　鄂尔多斯盆地太原组沉积环境对煤岩组分、灰分的影响

沉积相	成煤环境	成煤母质	煤层	典型井	灰分(%)	镜质组(%)
海陆 交互相	潮坪泥炭	好	8 号	吉试 1、保 11	6.1 ~ 9.7	80.2 ~ 83.3
	湖洼沼泽	好		楼 1、乡试 1	26.4 ~ 30.1	36.7 ~ 59.2
陆相	河间湾	好	5 号	宫 1、吉试 4	8.4 ~ 9.3	80 ~ 83.1
	河边高地	差		合 1 – 1、三交 9 – 1	27.7 ~ 28.1	50.1 ~ 60

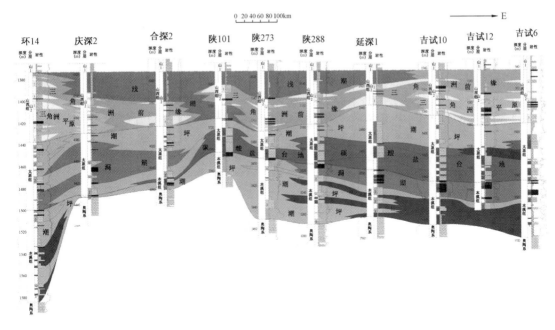

图 3-37　鄂尔多斯盆地中部东西向太原期成煤环境

东部为滞留潟湖湖洼相草本薄煤,腹部为潮坪泥炭坪相木本厚煤,西部为障壁岛台地泥炭坪薄煤

这样的例子不少,鄂东山西组煤层气田就很具代表性。该组聚煤模式如图3-38、图3-39所示,河间湾远离河道,稳定滞水环境使陆生木本植物繁盛。

三角洲平原河间湾沼泽相木本厚煤（东、西部）及三角洲前缘河边高地木本薄煤（腹部）盛,岸后迅速堆积。即木质物在高地生长,在间湾堆积成厚而稳定煤层,其灰分低、镜质组高、含气量高、单井产量高、盖层好。与有少量炭屑供给、细粒沉积物丰富的湖洼相煤层相反（表3-7）。

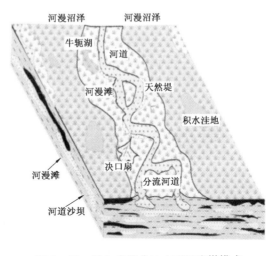

图 3-38　鄂尔多斯盆地山西组聚煤模式

表 3-7　鄂东气田 C—P 不同煤岩相带煤质与产量数据表

沉积相	典型井	煤层厚(m/层)	灰分(%)	镜质组含量(%)	含气量(m³/t)	日产气(m³)
河间湾	吉试1	20/2	6.1~9.7	80~84	21	2847
河边高地	合1-1	3~5/2	27.7~28.1	50.1~60	2~5	50
湖洼沼泽	楼1	2~4	26.4~30.1	36.7	5~8	200

3. 四类主要圈闭、三种成藏模式和三个成藏期决定产量高低

1）圈闭影响

本章已经从成因出发讨论过煤层气藏的类型,此处则从富集高产的角度来讨论气藏的类

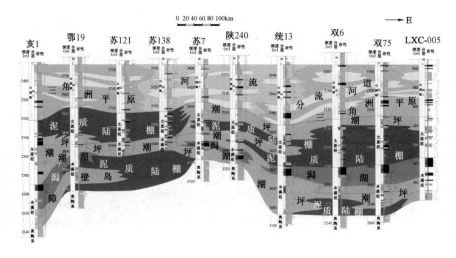

图 3 - 39　鄂尔多斯盆地中部山西期东西向成煤环境

型。据此,将气藏分为压力封闭、构造圈闭、承压水封堵、顶板水网络状微渗滤封闭气藏四类
(图 3 - 40)。富集高产的基本条件是:断层较少,盖层较厚,气源充足,煤层厚稳,物性较好。
其中压力封闭气藏:富集,局部高产,需大液量、大排量、大砂量压裂;构造圈闭气藏:较多井区
高产,可兼探游离气(压裂同后);承压水封堵气藏:多类圈闭,高产富集,适用大液量小排量、
变排量恒压压裂或水平井开发;顶板水网络状微渗滤封闭气藏:层间水活跃,水多气少,有的适
用水平井开发。

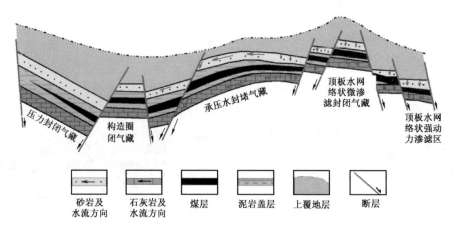

图 3 - 40　四类圈闭形成可以富集高产的煤层气藏

2)模式影响

三类成藏模式:自生自储吸附型、自生自储游离型、内生外储型。三类煤层气成藏模式
(图 3 - 41)都能形成富集高产煤层气区,但以自生自储吸附型较为典型,内生外储型可与前者
形成复合高产区。有的煤层上部砂岩在一定圈闭条件下形成游离气藏,煤层吸附气和砂岩游
离气具有同源性、伴生性、转换性、叠置性。

3)成藏期影响

据地质条件和气、水分析,有早期、构造改造后期和开采中三类成藏期,三期成藏均可富集
高产。

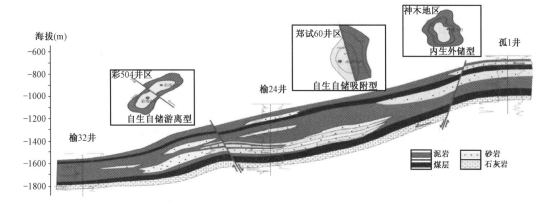

图 3 - 41　三类煤层气成藏模式示意图

（1）早期成藏：可具有良好的生气环境和运聚势能，足够的吸附作用，有利的可封闭、高饱和、高渗透成藏条件。

（2）构造改造后期成藏，详如图 3 - 42，煤层气可得到较好的保存。

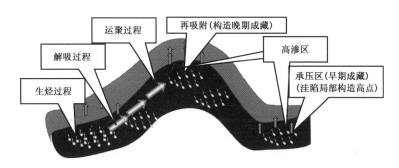

图 3 - 42　构造改造后期成藏示意图

（3）开采中调整成藏：随着开采压力下降，煤层气由吸附态变游离态，打破原始平衡状态气水重新分配，解吸气窜层或窜位。即所谓"二次成藏"，详见第八章。窜位：水向低部位，气向高部位运移，沿煤层上倾部位再聚集，高点形成自喷高产气井。即出现：初期，高点气、水、煤粉三相流，中期水向低部位运移，气向高部位运移，后期，高点自喷高产，变为单相气流的状况。窜层：因断层、直井压裂排量过大、水平井、排采应力释放较多，沟通上下水层，如阜新采动区，这是我国断块气藏采气速度低的主要矛盾。在煤层气的勘探开发中应形成一次开发井网找煤层吸附气，二次开发井网找生产中由于开采中压力下降，烃类由吸附态变游离态使气、水重新分配，打破原始平衡状态，解吸气窜层或窜位形成二次成藏的游离气藏的勘探开发思路。

4. 富集、高产既有联系又有区别

在其他条件相同的情况下，气源、孔隙、保存是富集的基础，其直接衡量标准是含气量；而高产的基础是气体的自然流动和供给，其直接衡量标准是渗透率。鄂尔多斯盆地、沁水盆地都很容易发现这样的例子：在含气量大体相同的情况下，高渗区高产，而低渗区低产，甚至不能获得工业气流。这一点对今后中国煤层气开发有重要意义：一要重视中低煤阶区的勘探开发，二要特别重视找寻高渗区和储层的高效改造。

第四章 煤层甲烷气资源地质评价与勘探地质选区研究

第一节 煤层甲烷气资源地质评价研究

一、综合地质研究

综合地质研究是为煤层气勘探开发服务的,这就要必须适应煤层气勘探开发程序(图4-1)的要求,特别是勘探工作及其延伸部分(图4-2)。这里需要说明一点,煤层气地震勘探技术在煤层气勘探开发中已得到应用,通过利用 AVO 技术可进行煤层气高产富集区预测,该技术主要是利用振幅随偏移距增大而减小的大截距大梯度异常,煤层亮点显示的原理,适用于具有煤层含水、气在各区块差别大,含气量较高等地质条件的地区,如我国的沁水盆地、鄂尔多斯盆地、宁武盆地、准噶尔盆地及六盘水等地区。虽然其效果和经济性尚需提高和发展,但应该说,这还是有益的尝试,值得进一步努力。

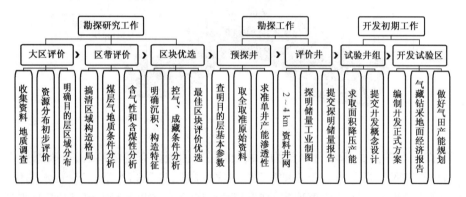

图4-1 中国煤层气勘探开发程序

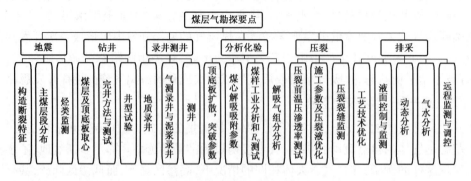

图4-2 煤层气勘探要点

煤层气综合地质研究必须包括区域地质、成藏条件、资源储量及勘探建议等部分(图4-3)。这些其实很容易理解,因为,商业性开采煤层甲烷必需具备四个基本地质条件:① 煤层在热演化过程中有足够的气体生成,即要有机质丰富、煤阶要适中;② 必需有足够的气体保存在煤层中,即吨煤含气量达到一定开采界限;③ 圈闭起来的气体在井筒脱水降压过程中有商业上可达到的气体排放出来,即单井产气量达到一定工业性开采价值;④ 开采出来的气体足以弥补开采的资金,即有一定经济效益(表4-1)。

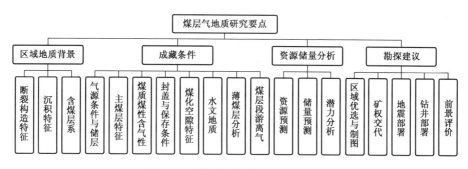

图4-3 煤层气综合地质研究要点

表4-1 商业性开采煤层气必须具备的四个基本条件

地质环节	烃的生成	烃的保存	流体运移	储层分布
	1	2	3	4
沉积环境	++	+	+	+++
埋藏或构造方式	+++	++	++	+
现今地质条件	+	+++	+++	-

注:+++一关系密切;++一关系一般;+一关系不密切;-一不相关。

全面了解和正确评价煤层甲烷资源潜力,必需重视与以上所述的四个条件相关的地质研究。把所有的地质因素归纳起来可分为三个连续的环节,即沉积环境、埋藏史或构造史、现今的地质条件,后者包括深度、压力、温度和水动力。这三个地质环节决定了煤层气的生成与保存、储层演化及资源量大小(图4-4)。沉积环境是基础,它决定了煤的资源潜力、有机质富集程度、原始组成及煤层厚度、煤层分布稳定性、连续性。

煤的埋藏或构造演化史决定了现今煤层埋藏深度、所处有利构造部位、煤层气保存程度、煤层割理发育程度及渗透性等孔隙结构特征。随着煤层的埋藏加深,在煤化作用过程中生成大量的烃,特别是甲烷。煤作为储层又必须具备发育的孔隙结构,以便储集大量甲烷及其他烃类物质,其渗透性受控于构造演化、煤阶及埋深,它又控制了吸附气的脱出程度。气体在煤储层里的运移取决于煤层孔隙结构,端、面割理及裂缝发育程度,特别是割理的发育状况,这一切又与煤化作用和构造应力的结合有密切关系。

现今的地质条件提供了控制储层特性的主要因素。煤层饱和气体的能力、煤层裂缝是开启还是封闭,都与现今的构造应力和流体压力有关。气体的扩散和运移速率取决于温度和煤层含水饱和度及封盖性。

前面所提的三个环节是正确评价煤层甲烷资源所必需开展的地质研究内容,只有通过深化煤层气选区评价研究,包括深化研究煤层气可采资源潜力、控制因素及高产富集条件等,通过大区评价、盆地评价、区块评价及目标评价、选择有利目标并进行钻探试验,才能确定商业性开发区。

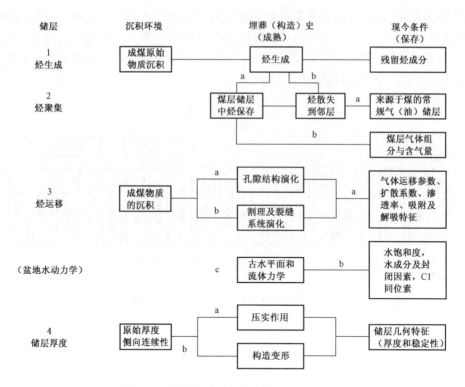

图 4-4　影响煤层甲烷气演化的地质流程图

二、煤层甲烷气资源量计算

煤层甲烷是煤层气的主要组分,系指赋存于煤层中的天然气,是漫长地质年代中煤层生成的烃类气体经运移、扩散后的剩余量,包括煤层颗粒基质表面吸附气、煤层割理、裂缝内游离气和煤层水中溶解气。当然,选区中也包括煤层夹层薄储层中的游离气。计算煤层气总资源量有助于评价煤层甲烷的有利勘探区。当然,资源也是有不同可信度的,这取决于勘探开发与研究程度。据此资源可分为三类:① 可靠资源量,有煤层气探井或开发井,并进行过排采试气,部分井获工业气流,煤田地质勘探程度达到普查以上,区域煤层气研究较为深入;② 推断资源量,有煤层气、煤田地质勘探资料,有含气量测试资料,提交过预测煤炭资源,对区域煤层气研究有一定的认识;③ 远景资源量,有煤田地质勘探资料井,提交过预测煤炭资源,无含气量测试可靠资料,区域煤层气没有进行过较为深入的评价。

McFall 等(1986)提出煤层气资源量计算公式如下

$$GIP = GC \times h \times A \times d$$

式中　　GIP——原始状态下的煤层气体总量,m^3;

　　　　GC——煤层含气量,m^3/t;

　　　　h——煤层总厚度,m;

　　　　A——有利区面积,m^2;

　　　　d——煤的密度,t/m^3。

使用该公式应注意,各个参数的求取必须按统一的标准,否则就会出错。例如,McFall 等(1986)在计算黑勇士盆地煤层气资源量时,含气量和煤的密度参数选取以无灰分为基础,煤层厚度采用实际测量的煤层厚度,计算出来的结果肯定是错误的。因为煤的组成不全是有机质,通常含有 10% ~30% 甚至更多的灰分,把煤层厚度当做净煤厚度,就会夸大净煤的厚度,计算出的资源量就会比实际的要大得多。

为了提高煤层气资源量计算精度,常常需要采用下列改进措施。第一种方法是用"模拟"的煤层厚度代替煤层真实厚度,这里所谓的模拟煤层厚度指不包含矿物质的净煤厚度即有效厚度。第二种方法是计算 GIP 的所有参数都采用真实值,即实际煤层厚度包括含矿物质,实际煤密度也包括含矿物质。第三种方法是含气量用单位体积煤储层所含的气体体积,用整个储层的体积来计算 GIP 值。

第二节 煤层甲烷气勘探选区及其评价

煤层甲烷勘探地质选区的前提是地质评价,选区的基本要求是高产、稳定(赵庆波等,1997,2009a,2009b)。美国煤层甲烷勘探正是以较为坚实的理论研究为基础,对煤层进行综合地质评价后选出适合开采的含煤盆地,再优选出含煤盆中的区块,即确定最佳远景区,在远景区内圈定煤层气潜力最好的试验区。国外在煤层气选区中,由于具体的地区影响因素不一样,考虑的条件有所侧重,总的来说,普遍考虑的主要条件有以下几个方面:煤层的埋藏深度、煤层的变质程度(煤阶)、煤层的厚度、煤层含气性及渗透性、构造条件(应力系统)、煤层压力和水文条件等(赵庆波等,1998)。除此之外,经济评价也是选区必须考虑的因素之一。

一、煤层埋深

煤层气在垂向上的分布具有一定规律性。在一定埋深和煤阶条件下,随着煤层埋深的增加,甲烷含量增高,当煤层中甲烷含量达到 80% 以上时,就进入了甲烷带即煤层气带。该深度以浅地段为瓦斯(甲烷)风化带。甲烷风化带的垂深各地不一样,在我国一般为 50 ~200m,再往深层甲烷含量增高,其梯度为 6 ~27m^3/(km·t)。当煤层埋深超过 2000m,由于煤层物性变差,含气量和脱出量不一定随埋深增加而增高。因此,在保存较好的含煤盆地,一般由盆地腹部到盆地边缘,或纵向上由深至浅,有的存在煤层甲烷低产、低渗贫气带—高产富集带—风化带的三个环状分布带。

在美国,具有商业性开采价值的煤层气井井深一般为 300 ~1500m,多数井井深在 1100m以浅,超过这一深度的井受到许多工程问题和地质问题的困扰,尤其是煤粒流动或煤层跨塌造成的堵塞和煤层储层物性变差。

二、煤阶

煤层气的生成与煤阶有直接关系。一般中、低挥发分烟煤,甲烷生气量最大。美国学者进行的脱气试验结果也表明,中、低挥发分烟煤的解吸量最高,分别是 7.96m^3/t 和 13.43m^3/t。因此,中、低挥发分烟煤是煤层甲烷选区的最佳煤阶。实际上,煤层甲烷选区时对煤阶的考虑并不局限在某一特定煤阶,它有一个很大的变化范围,可以从褐煤到半无烟煤,应根据具体情况而定。如黑勇士盆地、圣胡安盆地具有工业开采价值的煤阶多为中、低挥发分的烟煤即肥—焦煤。

三、煤层厚度

这里指煤层单层厚度,据美国试验数据,以 0.6 ~5.0m 为宜。因为在这一厚度范围内,气体可以达到充分的吸附和解吸,也有利于煤层压裂改造。实际选区也应根据具体情况而定,如单层含气最高和多层合采时,薄层也可作为选区目标。

四、含气量

含气量受很多因素控制,国外尚无固定的值作为选区标准,必须结合具体地区的地质情况综合考虑。一般地,含气量大于 $10m^3/t$ 即可作为有利选区。黑勇士盆地、圣胡安盆地平均为 $17m^3/t$ 左右。

五、渗透率

渗透率是决定气体和水在煤层流动的主要因素,是煤层气开采的重要参数之一。一般情况下,渗透性好的煤层不利于甲烷的保存,含气量较低,但开采时气体易于从煤层中解吸出来并运移到井筒中去,产气量大。相反,渗透性差的煤层虽然含气量高,但是由于有效脱出量低,致使产气量很低。因此,美国在选区时很重视渗透率,认为单项注入法求出煤层渗透率在 $3 \times 10^{-3} \sim 4 \times 10^{-3} \mu m^2$ 为最佳,但一般只要大于 $1 \times 10^{-3} \mu m^2$ 即可。

六、构造条件

成煤后的构造运动对煤层气的保存有着重要影响。一般认为,构造变形强烈的地区,由于构造破碎,煤割理极为发育,煤层吸附气散失严重。煤层气不易保存,进而吨煤含气量低,不是有利的选区目标。大型的向斜或区域性单斜的构造低部位往往含气量高,是有利的选区。进而言之,大型向斜或单斜的局部小背斜是最佳选区,具有产气量大、产水量小的特征。

七、煤层的压力和水文条件

在储层压力和解吸压力比率高的地区,产气之前必须排水降压。这一阶段地层压力降至临界解吸压力之下,要求时间很长,但是往往地层压力愈高,含气量愈大,有利于煤层气开采。因此,在储层压力和解吸压力比率接近于1的地区具有较好的开采条件。

地下水动力状态也是选区的条件之一。大气水超压意味着高渗透率及高的含气量,是有利的选区目标。承压水驱气藏也是煤层甲烷勘探最有利的选区。

当然,上述煤层气选区评价条件并不是一成不变的。随着勘探开发和研究工作的进展,我们提出了适合中国自己的煤层气评价选区标准(表4-2)和分级体系(表4-3)。这是较全面的标准。由于地质环境的不同,各个因素所影响的程度不同,要作具体分析。当然,在诸多条件中,决定性的条件是含气量、渗透率、解吸压力。

表4-2 煤层气有利目标评价因素与基础指标

参数	含气量 (m^3/t)	直按盖层 (m)	渗透率 $(10^{-3}\mu m^2)$	厚度 (m)	埋深 (m)	吸附饱和度(%)	地应力 (MPa)	地解比
中高煤阶	>6、8	>2	>0.5	5	<1200	60	<15	0.5
低煤阶	>4	>2	>0.5	20	<1200	60	<15	0.5

表 4 - 3　目标评价分级体系

因素		最有利	较有利	不利
资源丰度($10^8 m^3/km^2$)		>1.5	0.5~1.5	<0.5
煤层单层厚度(m)	中高煤阶	>8	3~8	<3
	低煤阶	>15	10~15	<10
地解压力比(%)		>0.8	0.5~0.8	<0.5
压力梯度(kPa/m)		>10.3	9.3~10.3	<9.3
镜质组含量(%)		>75	50~75	<50
吸附饱和度(%)		>80	60~80	<60
埋深(m)		风化带至800	800~1200	>1200
储层渗透率($10^{-3} \mu m^2$)		>1	0.5~1.0	<0.5
有效地应力(MPa)		<10	10~20	>20
构造条件		简单	较简单	复杂
煤体结构		煤体结构完整	煤体结构轻度破坏	煤体结构严重破坏

除此之外,煤层甲烷选区还必需有一个重要条件——经济评价是不可缺少的,在某种程度上,它是选区的先决条件。区域地质条件再好,不具备全面的商业性开采价值,如交通条件、运输条件、用户远近、工业发展程度等,也不可作为开采目标。

第三节　中国煤层甲烷资源潜力的勘探思考

一、中国煤层甲烷资源潜力与勘探现状

1. 资源潜力

1) 煤炭资源

中国是世界上煤炭资源最丰富的国家之一。中国煤炭资源主要分布在我国华北和西北地区,北起漠河,南至海南岛,西起伊宁,东至海域均有分布。全国主要有 41 个含煤盆地,可划分为 60 个主要含煤区,煤炭资源总量约为 5×10^{12} t,居世界第三位。在时代分布上,有六个成煤期(图 4 - 5),即石炭纪、二叠纪、三叠纪、侏罗纪、白垩纪和古近—新近纪。其中以石炭—二叠系、上二叠统—三叠系、中—下侏罗统、上侏罗统—白垩系四套含煤层系煤层气资源量最大,占各套地层的 90% 以上。

石炭—二叠纪是华北盆地最为重要的成煤期,山东、河南、河北、山西、陕西都有煤层广泛分布。含煤地层主要为太原组和山西组,前者以滨海沼泽相为主,后者以三角洲相为主。太原组煤的层数不多,但总厚度大,可达 10~30m,最厚可达 80m。山西组含煤 3~7 层,普遍厚 10m 以上。这两组煤的显微组分以镜质组为主,局部夹有壳质组层,如冀中苏桥地区,不但能生气,还能生油,煤阶从气煤到无烟煤都有。晚二叠世以龙潭组煤层为代表,在我国南方最为重要,遍及南方 12 个省,煤层多达 20~40 层,煤可采厚度 0.5~43m,显微组分以镜质组为主,从江西到湖南、贵州、昆明一带,煤中壳质组较多。早、中侏罗世是我国非常重要的成煤期,几乎遍及全国,但煤层气资源量主要富集于西北地区,各地聚煤规模十分悬殊,昆仑山—秦岭以南较差,以北较好,如准噶尔盆地、吐哈盆地和鄂尔多斯盆地。煤中惰质组含量高,一般为

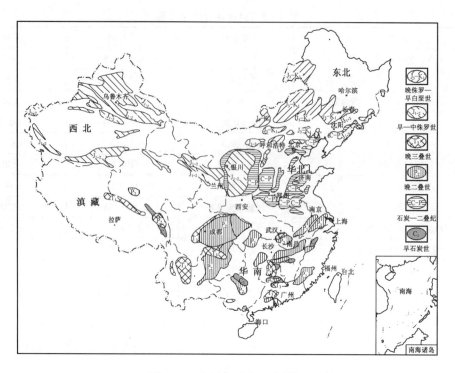

图 4-5　中国主要盆地成煤期

25% ~ 40%，只有东北的小于 10%。煤的变质程度普遍较低，以长焰煤、气煤为主。煤层厚度变化大，为 1 ~ 160m，以准噶尔盆地南部、吐哈含煤区较好。

从煤的变质程度来看，全国有 35% 的煤变质程度一般为中—高煤阶，即低—中等的挥发分肥煤到无烟煤。含气量较高，一般可达 9 ~ 15m³/t，最高可达 30 ~ 40m³/t。煤层埋藏深度比较适中，一般埋深 500 ~ 1000m。

2) 煤层气资源

中国也是世界上煤层甲烷气总资源量最多的国家之一，经测算煤层甲烷总资源量为 $36.8 \times 10^{12}m^3$。全球 74 个国家中，煤层气资源量 $264 \times 10^{12}m^3$，主要分布在 12 个国家（俄、加、中、澳、美、德、波兰、英、乌克兰、哈萨克斯坦、印度、南非），美、加、澳、中煤层气地面开发已形成产业，2011 年，累计钻井 7.2×10^4 口，年产气 $710 \times 10^8m^3$。中国煤层气资源占世界主要国家的 13.7%，因此，勘探开发煤层甲烷资源对于改善我国能源结构、变害为利、净化环境都有着十分重要的意义，也是接替或补充天然气资源最现实的能源。

中国 41 个主要含煤盆地中，2000m 以浅含煤层气资源面积 $41.5 \times 10^4km^2$，远景资源量 $36.8 \times 10^{12}m^3$，主要富集在 $0.5 \times 10^{12}m^3$ 以上的 14 个盆地中，占总量的 93.4%，其中 $1 \times 10^{12}m^3$ 以上的盆地有 9 个（图 4-6），$0.1 \times 10^{12} ~ 0.5 \times 10^{12}m^3$ 的盆地有 10 个，资源量占 5.6%；小于 $0.1 \times 10^{12}m^3$ 的盆地有 17 个，资源量占 1.0%。3000m 以浅煤层气面积达 $55.1 \times 10^4km^2$。

从母岩煤阶看，可分高、中、低三类（高煤阶 R_o 大于 1.9%，中煤阶 R_o 为 1.9% ~ 0.7%，低煤阶 R_o 小于 0.7%），煤层气资源量分别为 $7.8 \times 10^{12}m^3$、$14.3 \times 10^{12}m^3$、$14.7 \times 10^{12}m^3$，其分布如图 4-7。

中国煤层气资源特点：成煤期多，各期地质构造复杂，成煤环境复杂，储层非均质性强，煤层渗透率和单井产气量变化很大，煤层气成藏条件复杂，多形成断块气藏，这也是开发过程中，层间水、外源水活跃、产量总体上偏低的原因。

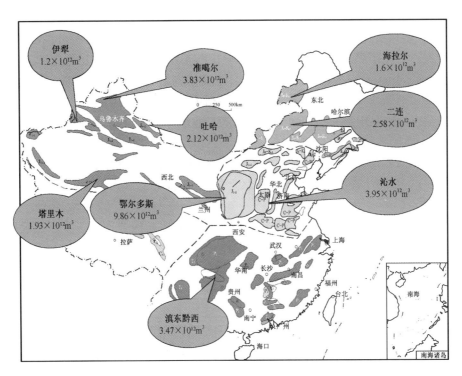

图4-6　中国煤层气资源量 $1 \times 10^{12} \mathrm{m}^3$ 以上的主要盆地

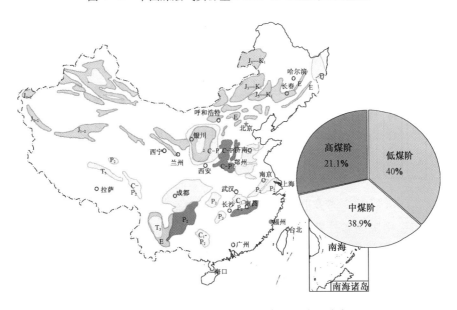

图4-7　中国不同煤阶煤层气资源的盆地分布

综上所述,中国开发利用煤层甲烷资源的潜力很大,前景广阔。

2. 勘探现状

本书第一版起草于1994年底,当时对中国煤层甲烷勘探状况的描述是"中国煤层甲烷勘探目前正处在起步阶段。但这一新的勘探领域已引起了中国石油天然气总公司、地质矿产部、煤炭工业部的高度重视,并吸引了国外八大公司的来华投资。北京石油勘探开发研究院廊坊分院、煤炭科学院西安分院、地质矿产部华北石油地质局及有关院校成立了专门研究煤层气机构,并建立起设备和项目齐全的现代化实验室。特别是近期一些外国公司也积极介入中国煤层气勘探开发。如沈阳煤气公司、开滦煤矿等单位与美国 ICF 或 ARI 公司合作,Amoco、Lowell、Deron、Enron、Miler 等一些较大的外国公司,也在中国进行了煤层气勘探。联合国有关部门资助煤炭部门勘探开发煤层气。截至 1994 年,据不完全统计,中国已经钻井施工或钻进煤层气试验约 70 口井,其中华北石油地质局及煤炭工业部等单位,在安徽淮南钻井 4 口、河南安阳钻井 5 口、山西柳林钻井 6 口;沈阳煤气公司在红阳煤田钻井 5 口;开滦煤矿钻井 5 口;华北油田在河北大城凸起钻井 1 口,山西沁水盆地钻井 5 口;辽河油田在辽宁钻井 1 口,见到了良好的煤层气显示,有的压裂抽排的井见到了良好的结果,沈北已经产气。"但总的评价还是"正处在起步阶段"。

19 年后的今天,再来看看现状:已是进入规模化商业性勘探开发阶段了。正吸引中国 50 余个单位及国外多个在华公司来进行煤层气勘探开发(图 4 – 8)。

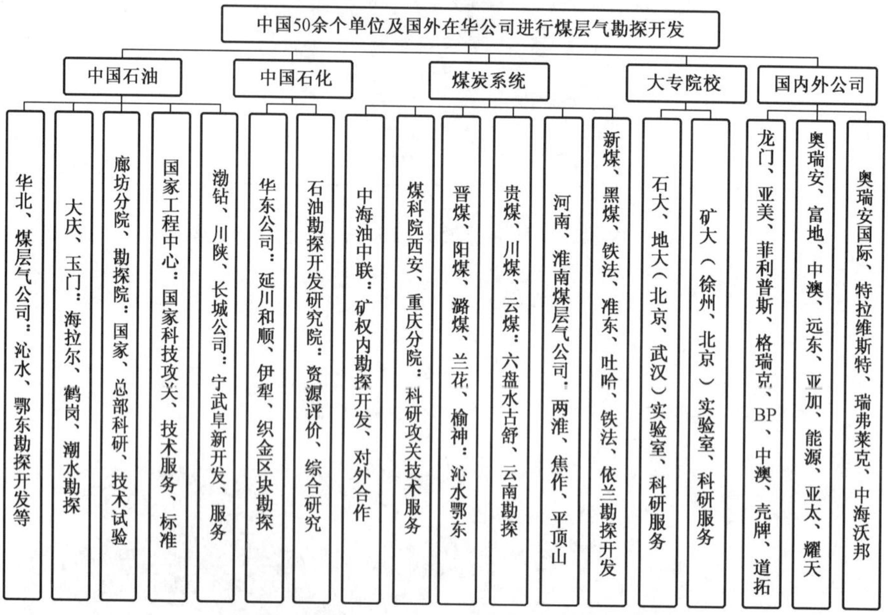

图 4 – 8　现今在中国从事煤层气勘探开发及相关研究的企业单位

到 2012 年底,中国已累计钻煤层气井 12894 口,其中直井 12547 口,水平井 347 口。仅 2012 年就钻各类煤层气井 3976 口(表 4 – 4)。

表 4 – 4　中国煤层气井统计(至 2012 年底)

单位	钻井(口)	其中探井(口)	投产井(口)	日产气($10^4 m^3$)	单井日产气(m^3)
中国石油	5579 + 145 水平井	1748	3135	200	500 ~ 55000
中联煤	1775 + 13 水平井	836	939	105	500 ~ 5000
格瑞克	30 + 34 水平井	18	60	16	500 ~ 3000
中国石化	183 + 2 水平井	78	124	3	200 ~ 2603
晋煤、阳煤、潞煤集团	4367 + 3 水平井	105	3520	392	1500 ~ 10000

单位	钻井(口)	其中探井(口)	投产井(口)	日产气($10^4 m^3$)	单井日产气(m^3)
阜新、铁法、抚顺、珲春、伊兰	116	10	92	11	2000~16000
亚美、焦作、美中能源、奥瑞安、富地、远东、寺河、中澳	252+147水平井	183	87	44	100000~5000
其他国企、外资、民营(河南48口,云南20口,新疆51口)	245+3水平井	232			900~2000
合计	12547+347水平井	3210	7957	771	

随着勘探工作的进展,产量、储量在逐年上升,2012年底全国累计探明储量$5518.58 \times 10^8 m^3$(图4-9、表4-5)。探明技术可采$2779 \times 10^8 m^3$。探明两个千亿立方米大气田:沁水气田探明$2988 \times 10^8 m^3$(沁水盆地累计探明$3869.52 \times 10^8 m^3$),鄂东气田探明$1376 \times 10^8 m^3$,但资源探明率还是很低,仅1.5%。中国各企业探明煤层气储量如表4-6。

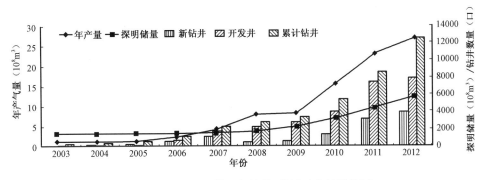

图4-9 中国历年煤层气钻井、储量及产量增长图

表4-5 中国历年煤层气钻井、储量及产量增长

年份	年产量($10^8 m^3$)	新钻井(口)	开发井(口)	累计钻井(口)	历年累计探明储量($10^8 m^3$)
2003	0.2	0	30	210	1023.08
2004	0.2	96	38	306	1023.08
2005	0.3	252	98	558	1023.08
2006	1.3	622	663	1180	1023.08
2007	3.2	1120	1760	2300	1130.29
2008	7.2	500	2240	2800	1343.47
2009	7.5	600	2810	3400	1852.4
2010	15	1400	3995	5426	2877.76
2011	23	3145	7478	8571	4245.06
2012	26.2	3976	7957	12547	5518.58

表 4-6 中国各企业分单位煤层气探明储量(至 2012 年底)

地区	地质储量($10^8 m^3$)		技术可采储量($10^8 m^3$)	
	合计	已开发	合计	已开发
中国石油沁水	2502.21	352.26	1253.70	176.13
中国石油鄂东	997.4	0.00	498.7	0.00
中国石油韩城合作区	50.78	0.00	25.05	0.00
中国石化延川南	106.47		54.30	
中联枣园	137.87	137.87	75.44	75.44
中联潘庄	206.39	206.39	113.09	113.09
中联潘庄东	25.61		13.85	
中联大宁	49.07		25.80	
中联柿庄南	396.14		210.03	
中联潘庄西	67.23		36.56	
中联柳林	217.84		115.78	
中联古交	214.28		112.67	
中联寿阳	134.87		66.35	
阳煤集团阳泉	191.34	191.34	75.06	75.06
铁法集团大兴	52.14	52.14	26.07	26.07
地方东宝能公司长子	158.79		71.45	
港联韩城	3.61		1.44	
地方阜新	6.54		3.27	
全国合计	5518.58	940.00	2778.61	465.79

到 2012 年底中国煤层气勘探开发总投资 402 亿元,在已探明储量中,动用地质储量 $940 \times 10^8 m^3$(占 17%),煤层气产量 $140.2 \times 10^8 m^3$,利用 $52 \times 10^8 m^3$,利用率 41.5%;其中井下抽采 $114 \times 10^8 m^3$,地面开发 $26.2 \times 10^8 m^3$(表 4-7),利用 $19.87 \times 10^8 m^3$,利用率 75.8%。采气速度低于国外 2~8 倍。中国煤层气低产原因有:上千口井打在碎粒糜棱软型构棱煤;上千口井打在深层高矿化致密煤;几百口井打在邻近断层水层高产水煤;几十口井打在高陡煤层区(压裂波及面积小产量递减快),这四类煤单井平均日产气小于 $300 m^3$。此外,开发地质研究薄弱和技术不很适应,也影响了煤层气开发效果。2012 年底全国已投入开发老井直井 7957 口,建成管线长 1975km,输送能力达到 $152 \times 10^8 m^3$。

表 4-7 2012 年地面煤层气开发产量构成(以上报国家为准)

单位	历年钻直井(口)	历年钻水平井(口)	2012 年钻井(直井/水平井)	年产商品气($10^8 m^3$)	历年总投资(亿元,估算)
中国石油	5579	145	1462/32	6.8413	180
晋煤	4367	3	808	14.1457	110
中联	1775	13	860/2	4.66	92
中国石化	183	2	104/2	0.1	12
辽宁	-116		20/	-0.4	8(含其他区)
合计				26.2	402

中国煤层气勘探开发,除去直接经济效益外,也发展了煤矿安全生产的良好形势,2012年百万吨煤死亡率为0.374,由2005年是国外的100倍降为14倍。近6年井下抽采煤层气年增加10多亿立方米,地面开发年翻一番(图4-10、表4-8)。

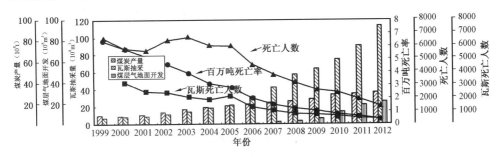

图4-10 随着瓦斯气的抽排,煤矿生产安全形势明显好转

表4-8 随着瓦斯气的抽排,煤矿生产安全形势明显好转

年份	2000	2001	2002	2003	2004	2005	2006	2007	2008	2009	2010	2011	2012
煤炭产量(10^8t)	9.98	11.1	13.9	17.4	19.6	21.8	23.3	25.2	27	29.6	34	35	36.6
井下抽采(10^8m³)	9	10	12	15	19	23	32	43	58	64.5	75.2	91	114
地面开发(10^8m³)				0.3	1.3	3.2	4.4	7.5	15	23	26.2		
安全死亡人数	5798	5670	6464	6702	6027	5986	4581	3786	3210	2631	2433	1973	1300
瓦斯爆炸死亡人	3132	2436	2407	2061	1900	2171	1319	1084	778	755	623	533	350
事故起数	724	662	743	584	492	414	327	272	182	157	145	119	72
百万吨死亡率	5.8	5.1	4.6	3.9	3.1	2.8	2	1.5	1.2	0.99	0.75	0.56	0.374

中国煤层气工业的发展已经取得了扎实的进展,随着国家政策的推动和新技术的应用,将会有更大的发展。近期新技术大幅度提高了单井产量、多种产量流向体系的建成、国家重大科技攻关推动地质理论和开发技术的创新、国家政策和技术规范的出台加快了煤层气的产业化发展等都是很好的证明。低煤阶煤层气勘探的"遍地开花"则是很好的具体实例。珲春4口井煤层深450~550m,煤层总厚13m,单层厚小于2m,R_o为0.55%~0.6%,含气量6.3m³/t,含煤井段100m分4段压裂合采,最高单井日产气3170m³,日产水13m³,套压0.74MPa。排采两年目前单井稳产1500~2200m³,日产水5.5~14m³。黑龙江煤田地质局在东北伊兰投产20口井,单井日产气最高4000m³,6口井投产3年稳产1000~1200m³,日产水7~9m³,套压0.4~0.6MPa,长焰煤,R_o为0.5%~0.6%,煤层深700m左右,厚16m,含气量8~10m³。辽宁抚顺一个小井组6口井单井日产气稳产800m³;新疆准南阜康东部5口井小井组,目前单井平均日产气1500m³,煤深700余米;西部CSD01井煤矿采动区(距采空区200m)煤层深750~770m,厚11m,视厚19m,含气量9.8~15.3m³/t,渗透率为16.42×10^{-3}μm²,R_o为0.58%~0.72%,平均为0.67%,煤层割理12条/cm,灰分平均5.36%,气测全烃35.8%~53.55%,目前日产气2350m³,日产水7.5m³,套压2.65MPa,液面11m;中国石油在二连盆地霍林河霍试1井日产气约1300m³;彬长煤业集团在鄂尔多斯盆地中生界彬长大佛寺煤矿采动区钻1口U型井日产气最高1.65×10^4m³。

二、中国煤层甲烷勘探的思考

本书第一版提出了以下6个方面值得思考的问题。

1. 借鉴外国煤层气勘探成功经验

煤层甲烷资源量非常丰富,已引起主要产煤国家的高度重视。美国开创了煤层气开采的典范,并有15年以上的成功经验、教训,其成功经验已被许多国家所借鉴。借鉴外国经验,决不能再搬再抄,必须有的放矢。中国煤层气勘探起步较晚,借鉴美国煤层气勘探开发经验,能少走弯路,提高经济效益。

美国煤层气勘探实践证明,有煤层不一定有煤层气,有煤层气不一定有开采价值。煤层气的分布极不均匀,其成藏条件和控制因素很多,煤层气成藏规律尚未充分认识。正因为如此,美国商业性开采煤层气目前仅局限在勇士盆地和圣胡安盆地。

中国是一个地质历史非常复杂的国家,尽管煤层气资源具有分布广泛、地质时代跨度大、含煤层系多、煤种多等特点,但由于构造运动的复杂性,使得煤层气勘探难度增大。

中国前一阶段对煤层甲烷的勘探,初步探索了煤层气勘探的新思路。天然气有其系统的成气理论和勘探方法,勘探的重点是找构造高点,找无水区,找砂岩、碳酸盐岩孔隙、裂缝型储层。勘探的对象是游离气。开采方式是注水增压采气。但这种方法就不适用于煤层气的勘探,在用这种方法进行煤层气勘探时,有的井一般不含水,气产量低,如欧15井、沁参1井、大参1井。

煤有煤的成煤理论和勘探方法,勘探的重点是根据开采条件找盆地边缘浅层煤,找低瓦斯突出区,找无水区,开采条件多在500m以上,因此这一含煤深度多为甲烷风化带。用这种方法找到的煤层气,含气量低致使产量低。即使打到高瓦斯突出区,煤层游离气瞬间产量高,递减也很快。因此高瓦斯突出区往往煤储层物性差,如包头、白沙、开滦煤矿及曲江向斜。

而介于固体勘探和流体勘探之间的煤层甲烷,其不同的是储层与气源同层,承压水封堵成藏,又富集于构造斜坡或向斜;既需要侧向水封堵,又不能埋藏太浅处于盆地边缘高含水甲烷风化带;既需要一定储层物性使大量甲烷吸附于煤层颗粒基质表面,储层物性又不能太好使气体散失;既需要一定埋深甲烷吸附量大,又不能太深使储层物性变差而限于工艺技术开采条件不能开采;既需要一定发育程度的端、面割理疏通孔隙,又不能在构造高点、断层及割理发育区使甲烷散失严重。因此,它是找向斜、找斜坡、降压排液采气的一种特殊矿藏。即使在降压排液试气中,也要求很严,需要将液面降到煤层以下负压射孔,防止与氧接触难以解吸。

2. 重视原型盆地的研究

美国西部煤盆的煤层甲烷勘探给出了一个启发,没有经过强烈构造变形的含煤原型盆地是煤层甲烷勘探的最有利地区。美国西部的山间盆地或前陆盆地,尽管受中生代拉腊米构造运动影响,在盆地周缘发生强烈构造变形,但在盆地内部构造变形较弱,在盆地的低部位如向斜轴部聚集了大量的煤层气资源。

中国的沉积盆地具有复杂的演化历史。朱夏(1965,1982,1983)在划分古生代、中—新生代盆地类型时,强调"两种世代、两种体制",并指出新阶段的运动体制统一作用于旧阶段的不同单元,以其新生作用形成盆地,而不同的旧单元在适应新的运动体制时,又各有不同的继承性。因此在研究含煤盆地的原型时,一定要考虑这两方面的相互作用。

晚古生代是中国煤沉积的主要时期,华北(石炭—二叠纪)、华南(晚二叠世)两大巨型煤盆的规模是世界罕见的。后期的构造运动,如印支运动、燕山运动的强烈改造,使得巨型盆地原型难以恢复。尽管如此,在有些盆地由于构造变形较弱,仍部分保留原型盆地的特征,如沁水盆地、鄂尔多斯盆地、两淮地区、开平盆地等。诸如此类的盆地或地区,煤层甲烷资源仍很丰富,不失为煤层气勘探的有利地区。

早—中侏罗世,是我国非常重要的成煤期。中国西北侏罗系煤层均分布在山间盆地或前陆盆地,如准噶尔盆地、吐哈盆地、柴达木盆地、塔里木盆地受后期构造运动影响较大,盆地边缘构造变形强烈,盆地内部相对较弱,对煤层气勘探仍然有利。

晚中生代,中国的东北—内蒙古东部分布着上百个孤立的晚中生代断陷煤盆,各盆地按一定的方式、方向组合与分布,构成规模宏伟的盆地系,蕴藏着极为丰富的褐煤和低变质烟煤资源。后期构造活动以拉张、拗陷作用为主,构造改造仍很强烈,对煤层气勘探不太有利。

3. 煤盆的水文地质条件

水文地质条件是现今经过构造抬升、剥蚀的含煤盆地煤层甲烷储层压力状态的重要控制因素。长期的大气淡水供给以及煤盆深部位的渗透性阻挡是煤层超压的重要条件,这种超压条件对煤层气的聚集、保存非常有利,圣胡安盆地北部水果地组超压煤层蕴藏丰富的煤层甲烷资源就是很好的实例。缺乏大气水的长期供给或者大气水在位于潜水面以下的煤层中畅通无阻,煤层甲烷通过溶解或扩散方式大量逸散,对煤层气的保存非常不利。例如南桐、邵阳地区,由于地下裂隙十分发育,且与地表相通,地下水强烈活动,水大量涌出,造成这两个地区煤层甲烷含量很低。

4. 重视火山活动的研究

煤的演化受区域压实变质、构造应力变质、火山岩热成因高地温变质及复合变质等成因控制。区域压实变质往往使煤储层物性变差,构造应力变质往往使含气量降低,而热成因变质往往使煤储层物性好、含气量高,是最有利选区,如圣胡安盆地。

当煤层中有火山岩侵入时,会加速煤热变质作用和气体的大量生成,且发生有规律性变化。苏桥—文安地区,煤埋深在 $4010 \sim 5000\text{m}$ 时,R_o 小于 1.0%,而当有侵入岩的影响时,R_o 在相同深度可增至 $1.2\% \sim 2.3\%$。在河北邯邢煤田,以武安矿区为中心,分布有中性岩浆岩体,岩浆侵入的边缘由近到远,变质程度由高到低,依次出现贫煤、瘦煤、焦煤、肥煤和气煤,气煤的变质带大约离岩体 50km。

但是火成岩也有破坏性的一面,如武安矿,因岩浆活动强烈,而使无烟煤局部变成了天然焦。这种火山岩与煤层接触变质带并非有利。

5. 应当重视煤层与顶、底板的关系

煤层甲烷的保存与煤层顶、底板岩石性质、透气性能和厚度有直接关系。一般厚层泥岩较好,砂岩易使气态烃扩散、散失,保存条件较差。如辽宁抚顺煤矿,其顶、底板为页岩、泥岩,上下均不透气,由于保存条件好,使长焰煤煤层瓦斯涌出量为 $9 \sim 21\text{m}^3/(\text{t}\cdot\text{d})$。而京西煤矿,其顶、底板为砂岩,瓦斯涌出量仅有 $1 \sim 3\text{m}^3/(\text{t}\cdot\text{d})$。唐山地区、彬县—长武地区煤层多与砂岩接触,吨煤含气量很低。四川南桐煤矿钻孔资料也说明了这点。

6. 经济条件考虑

煤层甲烷的开采具有产量低、周期长的特点,因此开发利用煤层甲烷资源量不仅要考虑长期效益,同时也要考虑短期经济效益及目前的经济、技术条件。远离中心城市的偏僻地区,人口稀少,工业不发达,交通不便利,开采煤层气需要承担巨大的经济风险,因此近期并不适合于开采利用。相反,人口稠密、工业发达的地区,如北京、天津、上海、沈阳、太原、西安、重庆、昆明等地,天然气供需矛盾突出,开发利用煤层气则具有很大的现实意义。

十几年来上述问题得到了各方面的认真考虑,虽然仍有部分现实意义,将其修改报存下

来,但已不是当前重点。

目前最值得注意的还是下述诸方面:加强地质研究,提高探明率、运用先进开发技术,加强增产措施,改善采排管理,提高采气速度,进一步降低勘探开发成本等。注意这些问题之所以必要,由下述情况可见一斑:

中国煤炭资源5.6×10^{12}t,保有储量1.03×10^{12}t;2010年1.5万个煤矿产煤32×10^{8}t,煤层气抽采76.2×10^{8}m^{3},利用23.78×10^{8}m^{3},利用率由前几年的19.7%提高到31.2%,但仍然低于国外几倍。2010年底已投老井直井3995口,探明可采储量1471×10^{8}m^{3}。探明2个千亿立方米大气田:沁水气田探明1560余亿立方米,鄂东气田探明764.6×10^{8}m^{3},控制、预测1722.65×10^{8}m^{3},而且资源量比美国多出不少,但是年产量仅是美国的2.8%;资源探明率仅为0.76%。单井低产造成同一井型、井网相比国外采气速度低许多(表4-9),当然成本也就高上去了。因而加强研究,提高技术,改善管理,降低成本是十分必要的。

表4-9 中国与一些国家煤层气资源、钻探和开采情况的比较

国家	开发井(口)	远景资源量(10^{12}m^{3})	可采储量(10^{8}m^{3})	年产气(10^{8}m^{3})	单井日产气(m^{3})	采气速度(%)	探明率(%)
美国	38000	21.2	25000	542	3900	5	11.8
澳大利亚	5200	14	2300	50.2	2300	2.2	5.9
加拿大	9900	22.7	490	84	2200	17.5	18.5
中国(已投老井直井)	3995	36.8	1471	13.6(直井)	950	0.9	0.76

第五章 储 量 计 算

煤层甲烷投入开发的是证实储量。证实储量分为"开发的"和"未开发的"两类。

证实开发储量又可分证实开发的开采储量和未开采储量。

开采储量指由现已钻井并获工业性开采价值及已开采供应市场的可采储量。

未开采储量首先必须经过钻探和测试,煤层具有足够厚度,因而能预测气体产量是否具有工业价值。这一厚度也要由附近可类比的生产储层证实分布稳定;其次应邻近现有生产井或是一个生产井的直接边界井(布置在固定的开发井网,例如与生产井开采面积间隔不超过0.32~0.65km²。一个孤立的生产井不能设置四口边界井)。此外由于煤层的渗透率和产能不均一,位于勘探区边缘的具有经济开采价值,不能用来充分证明该井开采面积与初始开发面积之间的整个开采面积具备同样条件。

证实未开发储量是指经详探获工业性开采价值,尚未投入井网开发或是局部未钻探的可采储量。从现有钻井资料看,在该地区二次完井投资较大,从开采面积角度看,在该地区要采用改进的回采方案,而且使这一方案付诸实施耗费较大。计算未钻探局部地区的储量只限于在这样一些补充资料井或是根据邻区地质条件分析布井后有理由认为有工业性开采价值。目前,使用的煤层甲烷地质储量的计算方法有多种,每种方法的基本依据都是煤的含气量和厚度。储量计算方法包括容积法、等值线法、递减分析法、类比法、产能法、储层模拟、物质平衡法。由于煤层甲烷生产变化大,一般储量计算应用多种方法进行比较验证,确保储量计算的精确性(李贵中等,2008)。

第一节 容 积 法

在生产的初始阶段,常用快而简便的容积测量法,数据易收集,可精确计算原始储量。公式为

$$GIP = AhG\rho \qquad (5-1)$$

式中 GIP——原始煤层甲烷储量,m^3;

  A——含气面积,m^2;

  G——甲烷含量,m^3/t;

  h——煤层有效厚度,m;

  ρ——煤密度,t/m^3。

例如,$h = 1.6m$,$G = 11.33m^3/t$,$A = 1.62 \times 10^5 m^2$,$\rho = 1.46t/m^3$。

$GIP = 1.6 \times 11.33 \times 1.62 \times 10^5 \times 1.46 = 4.3 \times 10^6 m^3 = 0.043 \times 10^8 m^3$。

可用试验测得的含气量结果估算煤层甲烷总资源量。一般地,用煤资源量乘以甲烷的平均含量即得煤层甲烷总资源量,实际上并没有那样简单。原因之一,甲烷含量基于干净、无水无灰分煤计算的(干燥无矿物基);原因之二,煤层甲烷资源量估算厚度大于0.1m的所有煤层;原因之三,煤资源量含有如下形式的煤层:煤分布面积广,其最小厚度只有0.3~0.4m(随煤阶而变),而其含水含灰的夹层厚度可为0.05m。

因此,有必要将计算的煤资源量转化为煤的总储量。首先,转化为净煤,然后,用以下公式估算煤层甲烷资源量

$$Q = Q_w W_1 W_2 \overline{G} \tag{5-2}$$

式中　Q——煤层甲烷总资源量,m^2;

　　　Q_w——确定的煤储量,t;

　　　W_1——煤的灰分(包括夹层和间层)和水分指数;

　　　W_2——未计入煤层资源量评价煤层指数;

　　　$\overline{G}$——甲烷平均含量,m^3/t。

且

$$W_1 = \overline{A_a} + \overline{W} \tag{5-3}$$

$$W_2 = H/h \tag{5-4}$$

式中　$\overline{A_a}$——平均灰分含量,%;

　　　$\overline{W}$——平均含水量,%;

　　　h——进行煤资源量估算层段的煤层区厚度,m;

　　　H——煤层的总厚度,m。

上述公式只适用于位于所给构造有效区块附近深度的单一含煤层部分,这是因为:① 甲烷含量随煤层埋深而变化;② 在不同的层系,灰分和水分含量不同;③ 每一层序中薄层和夹层的数量不同;④ 受某一构造区块其他层位含气量的影响。

因此,计算沉积煤层的典型 Polish 模型如图 5-1 所示,变形为如下形式的方程

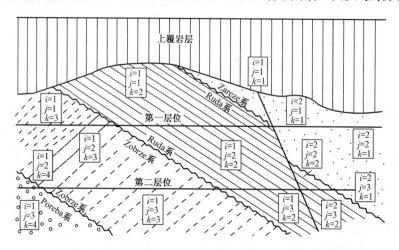

图 5-1　煤田沉积剖面划分模型图(据 I. Grzybek,1993)

i—构造区;j—深度;k—含煤层

$$Q = \sum_{i=1}^{m} \sum_{j=1}^{n} \sum_{k=1}^{0} Q_{wijk} W_{1ijk} W_{2ijk} \overline{G}_{ijk} \tag{5-5}$$

式中 i、j、k 分别表示构造区、深度和含煤层序。

这种形式的方程可用来估算厚度大于 0.1m 的所有煤层的甲烷资源量,可广泛应用于煤层气资源量的估算。然而,不计入含煤地层夹层岩石中的甲烷资源量。

第二节　递减曲线分析法

根据经验,应用递减曲线分析需用五个参数来描述一个气井的特性:① 气体和水的递减率;② 至少达到 6 个月的产气量曲线斜率稳定值;③ 气井生产时间要超过 22 个月;④ 保持原始地层压力条件下的井和目前开采区生产的开采面积间隔;⑤ 通过气田类比预先确定气液比的比值。

常规气井产气量几乎立即达到峰值,并且在没有外部因素(如递减产量)影响时,气井很快处于一种可预见的递减状态。使用时通过分析气井的生产特性和历史资料来预测储量。

理论上控制煤层甲烷产量的扩散过程和其他因素要经过一段时间才能逐渐优化,达到峰值,稳定并且开始递减。实际上,气井开采初期,其产量可能不稳定。这表明气井的生产当其由早期流动特征向较晚期的较稳定流动过渡时,气井产量达到高峰,再向递减变化,这种现象使得用递减法计算的储量偏低。

美国 TEAM 采区的分析表明,一旦气井达到了实际高峰值,产气量就开始下降,持续呈典型的可预测的递减趋势,并沿着一条拟定的递减率曲线变化,直到气井报废。图 5 - 2 是 OG - 134 井在产气后约 10 个月产量达到峰值,产气率为 3700m³/d。从开始产气直到达到峰值的这 10 个月,包括以前提到的气井附近的气体解吸、排水、储层产气最佳阶段,气井产量维持峰值共持续 8 个月,接着开始递减。因此,该气井生产经过 18 个月才第一次明显表现衰退。值得注意的是,在随后的整个气井服务年限内,递减率一直没有变化。这一实例与 TEAM 采区的绝大多数气井情况

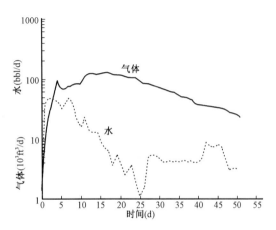

图 5 - 2　TEAM 采区 OG - 134 井的生产曲线图
(据 J. S. Richardson,1991)

是一致的。了解了这一特性并应用于 TEAM 采区的气井,就可以应用产量递减史很精确地预测剩余的储量。有效年递减率可按下式计算

$$D_e = \frac{q_i - q}{q_i} \qquad (5 - 6)$$

式中　D_e——有效年递减率,%;

　　　　q_i——年初的初始产量,m³/d;

　　　　q——年末产量,m³/d。

利用生产历史分析资料,可适当修正用容积法估算的储量和预测各开采阶段的产气量。这一资料对于储量预测和评估是非常重要的。根据第 18 个月到第 30 个月可以获得的递减数据,预测出气井的实际指数递减率为每年 48%。在接下去的 25 个月中,即在达到经济极限 600m³/d 以前,共采收出 $70 \times 10^4 m^3$。事实上,从第 30 到 52 个月的实际指数递减率为 47%,在这 28 个月共产气 $80 \times 10^4 m^3$。上述评估值大约为实际生产特性确定值的 90%。

应当指出,TEAM 气井是单层完井的,多层完井不可能得出如此一致的数据。同时还应当考虑到,在这个实例中储量基数较小,但即便如此,还要经历 30 个月的生产过程才能作出准确的预测。当然,利用容积测量法并有合理的采收率数值,且利用产量递减数据修正这些数值,就可以把一家公司的气井记入帐面储量,而不用对原始数据进行重大修正。

第三节　物质平衡法

一、计算方法

煤层甲烷气主要以吸附状态存在于煤中,解吸后主要以扩散形式进行运移。假如气藏未饱和($S_g = 0$,所有气体处于吸附状态),则等温吸附曲线在大于解吸压力 p_d($p_d < p_i$)时,含气量保持恒定,解吸压力为气体开始解吸的压力。

气体通过原生孔隙系统进入割理系统的运移为扩散过程,煤层表现为三种扩散机理:① 分子与分子间相互作用占主要地位的体积扩散;② 分子与界面相互作用占主要地位的努森扩散;③ 吸附气层的界面扩散。

以上三种机理均可用 Fick 第一定律来表示

$$q_g = \frac{-DAZ_{sc}RT_{sc}}{p_{sc}}\frac{dC}{dx} \qquad (5-7)$$

式中　q_g——产气量,m^3/d;

A——面积,m^2;

Z_{sc}——标准状态下的压缩因子,无因次;

p_{sc}——标准压力,MPa;

T_{sc}——标准温度,K;

R——通用气体常数 $8.31 \times 10^{-2} m^3 \cdot MPa/(kg \cdot mol \cdot K)$;

C——摩尔浓度,$kg \cdot mol/m^3$;

D——扩散常数,d^{-1};

x——距离,m。

煤层的次生孔隙系统由内生自然裂缝组成,气体从煤层产出分两个过程,随着压力下降,气体从原生孔隙表面解吸,经基质扩散到裂缝中,然后以达西流的形式通过裂缝流入生产井。因此,割理为裂缝系统对于原生孔隙系统来说起着疏通作用,对于生产井来说起着通道作用。

常规气藏物质平衡方程用 p/Z 表示

$$G_p = \frac{Z_{sc}T_{sc}}{p_{sc}T}\left[\frac{p_i V_{bz}\varphi_i}{Z_i} - \frac{p[V_{bz}\varphi_i - 35.317(W_e - W_p B_w)]}{Z}\right] \qquad (5-8)$$

同时考虑原生孔隙和次生孔隙系统时,其物质平衡方程是(5-9)式

$$G_P = \frac{V_{bz}\varphi_i Z_{sc}T_{sc}}{p_{sc}T}\left\{\left[\frac{(1-S_{wi})p_i}{Z_i} + \frac{RTC_{ei}}{\varphi_i}\right] - \left[\frac{[1-C_\varphi(p_i-p)](1-S_{wavg})p}{Z} + \frac{RTC_e}{\varphi_i}\right]\right\}$$

$$(5-9)$$

其中
$$S_{wavg} = \frac{S_{wj}[1 + C_W(p_i - p)] + \dfrac{35.317(W_e - B_w W_p)}{\varphi_i V_{bz}}}{[1 - C_\varphi(p_i - p)]} \quad (5-10)$$

$$C_e = \frac{p_{sc}}{Z_{sc} R T_{sc}} V_e \quad (5-11)$$

式中 G_p——产出气,m^3;

T——地层温度,K;

p_i——原始地层压力,MPa;

V_{bz}——次生孔隙系统总体积,m^3;

Z_i——原始地层压缩因子,无因次;

φ_i——原生孔隙度,小数;

p——压力,MPa;

Z——气体超压缩因子,无因次;

W_c——侵入水量,m^3;

W_p——产出水量,标准 m^3;

B_w——地层水体积系数,m^3/m^3;

S_{wi}——原始含水饱和度,小数;

C_{ei}——原始吸附等温量,$kg \cdot mol/m^3$;

C_φ——孔隙压缩率,MPa^{-1};

C_w——水的压缩率,MPa^{-1};

S_{wavg}——平均含水饱和度,小数;

C_e——吸附等温量,$kg \cdot mol/m^3$。

方程(5-9)的导出假设游离气和吸附气之间处于平衡状态,适用于经过一段时间生产后关井排出流体体积,也适用于经过快速解吸和扩散后的储层。括号内第一项代表游离气,第二项表示吸附气。水相的处理与常规气藏不同,这是因为煤层甲烷气藏需要排水,常规气藏地层压缩率被忽略时,排水地层的压实作用明显影响产水量。

在任何情况下,方程可写为

$$G_p = \frac{V_{bz} \varphi_i Z_{sc} T_{sc}}{p_{sc} T}\left[\frac{p_i}{Z''_i} + \frac{p}{Z''}\right] \quad (5-12)$$

$$Z'' = \frac{Z}{[1 - C_\varphi(p_i - p)](1 - S_{wavg}) + \dfrac{ZRTC_e}{\varphi_i p}} \quad (5-13)$$

式中 Z''——非常规气藏天然气压缩系数,无因次;

Z''_i——非常规气藏原始天然气压缩系数,无因次。

煤层甲烷气藏可通过方程(5-14)增加一项解吸项 G_d,从而减少物质平衡方程的局限性。

$$G_p = \frac{G(B_g - B_{gi}) + 35.317(W_e - W_p B_w)}{B_g} \quad (5-14)$$

$$G_p = \frac{V_{bz}\varphi_i Z_{sc} T_{sc}}{p_{sc}T}\left[\frac{(1-S_{wi})p_i}{Z_i} - \frac{[1-C_\varphi(p_i-p)](1-S_{wavg})p}{Z}\right] + G_d \quad (5-15)$$

$$G_d = V_e(G_{li} - G_1) \quad (5-16)$$

或
$$G_d = V_e D_a \int_o^t (G_{li} - V_e)e^{-D_a(t-l)}dl \quad (5-17)$$

式中　B_g——地层气体体积系数，m^3/m^3；

　　　B_{gi}——原始地层气体体积系数，m^3/m^3；

　　　G_d——解吸气，m^3；

　　　V_e——体积吸附等温系数，m^3/m^3；

　　　G_{li}——原始原生孔隙中的气，m^3；

　　　G_1——原生孔隙中的气，m^3；

　　　t——时间，d；

　　　D_a——扩散常数，d^{-1}。

方程(5-15)为自然裂缝系统气相物质平衡方程，方程(5-16)为基岩原生孔隙气相的物质平衡方程，方程(5-17)假定在基岩原生孔隙中为拟稳态流。

方程(5-10)、(5-15)、(5-16)、(5-17)联用，(5-10)式为水相的物质平衡方程，不需要设游离气与吸附气平衡，适用于流动条件。

方程(5-9)和(5-15)中平均水饱和度 S_{wavg} 为未知数，可由测井曲线确定(如观察井)，可将 S_{wavg} 代入方程。

对于特殊气藏，方程(5-9)可以简化。

第一，在封闭气藏条件下，$S_{wi} = S_{wir}$，$W_e = W_p = 0$，$C_\varphi = C_w = 0$，方程(5-9)简化为

$$G_p = \frac{V_{bz}\varphi_i Z_{sc} T_{sc}}{p_{sc}T}\left\{\left[\frac{(1-S_{wi})p_i}{Z_i} + \frac{RTC_{ei}}{\varphi_i}\right] - \left[\frac{(1-S_{wi})p}{Z} + \frac{RTC_{ei}}{\varphi_i}\right]\right\} \quad (5-18)$$

或写成
$$G_p = \frac{V_{bz}\varphi_i Z_{sc} T_{sc}}{p_{sc}T}\left[\frac{p_i}{Z''_i} - \frac{p}{Z''}\right] \quad (5-19)$$

$$Z'' = \frac{Z}{(1-S_{wi}) + \dfrac{ZRTC_e}{p\varphi_i}} \quad (5-20)$$

第二，饱和水储层，方程(5-9)可写成

$$G_p = \frac{V_{bz}\varphi_i Z_{sc} T_{sc}}{p_{sc}T}\left[\frac{p_i}{Z''_i} - \frac{p}{Z''}\right] \quad (5-21)$$

$$Z'' = \frac{Z}{[1-C_\varphi(p_i-p)](1-S_{wavg}) + \dfrac{ZRTC_e}{\varphi_i p}}$$

用以上公式计算时，含气面积可换算为 km^2，储量可算为 $10^8 m^3$。

二、实例分析

为了说明方程(5-9)至(5-17)的用途，设计一口单井的问题有两部分：第一部分用方程

(5-10)到方程(5-13)确定生产井的原始气资源量;第二部分用方程(5-10)到(5-17)预测气水产量及采收率。为确保结果的有效性,与有限差分得到的数据(对应于实际气田数据)进行比较,地层参数、岩石物性和吸附特性分别列于表5-1至表5-3中。

表5-1 所需井的参数表

特性	符号	数值	单位
井径	r_w	0.1524	m
供气半径	r_e	320	m
裂缝半长	X_f	38.1	m
表皮系数(A)	S	-4.24	无因次
生产制度		(B)	

注:A—只用于物质平衡模拟,B—表5-4中生产制度。

表5-2 岩石物性和PVT性质表

符号	试验值	单位
深度	304.8	m
原始孔隙度,φ_i	0.01	小数
渗透率,K	26.0	$10^{-3}\mu m^2$
克林伯格系数	0.03	MPa
渗透率指数	3.0	无因次
厚度,h	1.83	m
岩石压缩率,C_φ	0.109	MPa^{-1}
水的密度(101.3kPa,15.6℃)	3.9	kg/m^3
水的压缩率,C_w	0.046	MPa^{-1}
气体分子质量	16.04	$g/(g \cdot mol)$
临界压力	4.641	MPa
临界温度	-82.1	℃
标准压力,p_{sc}	0.1013	MPa
标准温度,T_{sc}	289	K
原始压力,p_i	3.307	MPa
原始饱和度,S_{wi}	1.0	小数
温度,T	294	K
S_{wc}	0.25	小数
S_{gc}	0.03	小数
$K_{rg}(S_{wc})$	1.0	小数
$K_{rg}(S_{gz})$	1.0	小数
侵水量,W_e	0.0	kg

表5-3 问题(A)所用的解吸特性表

特性	符号	数值	单位
郎格缪尔体积常数	V_L	18.6	m^3/m^3
郎格缪尔压力常数	p_L	1.15	MPa
解吸压力	p_d	3.31	MPa
扩散常数	D_a	0.0432	Days^{-1}
时间常数		213.4	Days

注:A—只用于物质平衡模拟。

表5-4 生产制度表

时间(d)	产水量(m^3/d)	产气量($10^3 m^3/d$)	流动压力(MPa)
0.00	7.95		
90			1.28
360		1.84	
361		1.23	
362		0.61	
363		0	
365			1.28
725		1.44	
726		0.96	
727		0.48	
728		0.0	
730			1.28
1090		0.83	
1091		0.56	
1092		0.28	
1093		0.0	
1095			0.86

实例中,1.83m 厚的煤层累计生产十年,前三年为生产期(收集资料),后七年进行动态预测。304.8m 深度(短源距垂直深度)原始储层压力 3.3MPa(水力梯度 0.011MPa/m)初始条件下,储层被水 100% 饱和。

用一口压裂生产井($X_f = 38.1m$)对储层进行排水,生产期间每年底进行五天测试。测试由三个 24h 流动期组成,流动期产量依次减少。测试时产量为第一个产量期的三分之一;第一个产量期的三分之二,随后为 48h 的关井期。

由于原始含水饱和度高,需要排水三个月。在此期间,产水量为 7.95m^3/d,此井生产初期井底压力为 1.28MPa。生产三年后,井底压力降到 0.86MPa,有限差分计算得到的产量剖面见图 5-3。

通过下列步骤可得到物质平衡问题的图解:① 假设多个 V_{bz} 值,预测排泄区的变化范围;② 用方程(5-10)计算每个 V_{bz} 值对应压力下的平均水饱和度;③ 用方程(5-13)计算每个 V_{bz} 值对应压力下的 Z'';④ 对每个 V_{bz} 值,绘制 p/Z''—C_p 的关系图;⑤ 对每个 V_{bz} 值,确定 p/Z''

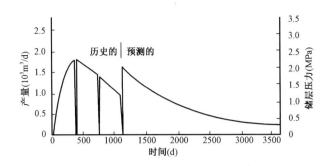

图 5-3　历史拟合与动态模拟试验图(据 G. R. King,1990)

图的斜率 m;⑥ 由 p/Z'' 图斜率,根据方程计算总体积

$$V_{bz} = \frac{-mp_{sc}T}{\psi_i Z_{sc}T_{sc}} \qquad (5-22)$$

⑦ 绘制计算的总体积与假设的总体积关系图;⑧ 计算的总体积与过原点的单位斜率线的交点是实际总体积;⑨ 用总体积计算原始气储量、原始气饱和度、原始地层压力和原始吸附气含量。

以上步骤用 p/Z'' 图的斜率(第⑥和第⑦步)确定总体积,而没有用传统的 $p/Z''=0$ 的截距法求取。这是因为使用斜率能包含全部生产信息而又不用外推。如果能够确定井废弃时的产水量,则可用 p/Z'' 图估算可采气量。

实例问题中,计算的总体积线为近于水平的斜率,其图解可由迅速收敛迭代过程来代替,即:① 假设一个 V_{bz} 值;② 计算平均水饱和度,用方程(5-10);③ 计算 Z'',用方程(5-13);④ 绘制 p/Z'' 与 G_p 关系图;⑤ 确定 p/Z'' 图的斜率;⑥ 根据 p/Z'' 图的斜率,计算总体积,用方程(5-22);⑦ 重复②至⑥步,直至收敛。

收敛解的 p/Z'' 图(图 5-4)得到的排泄半径为307m,该值比有限差分模拟值320m 少4%;原始气资源量为 $0.1 \times 10^8 m^3$,比有限差分模拟值 $0.11 \times 10^8 m^3$ 少6%,二者基本一致。上述算法迭代三次即可得到这些数值。值得强调的是,水饱和度经过反复 35 个饱和单位的变化,得到了直线段并估算了气资源量。

用物质平衡模拟法预测气藏动态,所用数据与用有限差分模拟所用的数据相同。

生产期间用井的表皮系数作拟合参数来拟合产量,这是因为:① 有限差分模拟井的 p_i 和气田实际井的 p_i 间存在差别;② 气体在井筒附近快速解吸造成的表皮系数不能在物质平衡模拟中真正地模拟;③ 水力裂缝造成的表皮系数在有限差分模拟中进行隐式处理(该研究中,有限差分模拟用椭圆坐标公式),应直接将表皮系数用于物质平衡模拟中。

物质平衡模拟用的表皮系数 S_k 为 -4.25,比用方程(5-22)求得的理论值(-5.52)大23%。

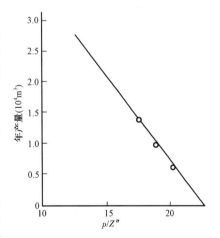

图 5-4　原始气资源量试验内部过程
收敛图(据 G. R. King,1990)

$$S_k = -\ln \frac{x_f}{r_w} \qquad\qquad (5-23)$$

物质平衡方程的应用范围：① 物质平衡方法可用于非常规气藏；② p/Z''分析法可用以分析非容积赋存的煤层气藏；③ 在实例分析中，48h 关井时间取参数估算的气资源量误差 6% 内；④ 对于自溢井，物质平衡方法可用来预测煤层甲烷气藏开采阶段达到递减期的产气量；⑤ 对于自溢井，物质平衡方法和有限差分模拟预测的结果一致。要进行拟合，需对理论表皮系数作较小的调整。

有限差分模拟与物质平衡模拟拟合结果见图 5-5、图 5-6，图 5-6 中有限差分得到的平均压力是以孔隙体积加权的（从 $t=0$ 开始模拟），由此物质平衡法可用来预测实际煤层甲烷气藏的递减期。

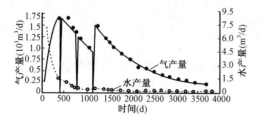

图 5-5 自溢井油水产量有限差分与物质平衡解对比图（据 G. R. King，1990）

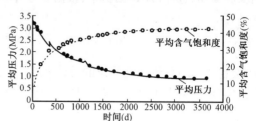

图 5-6 自溢井平均压力—饱和度有限差分与物质平衡解对比图（据 G. R. King，1990）

第四节 数值模拟法

用数值模拟方法并结合较为常规的储量分析方法，有可能提高某些储量评估的精度或指出可能出现的误解。例如模拟模型可在气井开采初期结合容积法用来预测生产曲线，以验证和评估可采储量。当气井生产进入高峰期，可利用模拟模型检验早期生产历史，验证或预测气井可能达到峰值的时间和速率。这可能使采用诸如递减曲线分析法更为可靠。当气井进入递减期，可以将实际生产历史情况与模拟生产曲线相比较，以便更多地修正和了解实际储层参数，鉴别模拟有问题的气井。

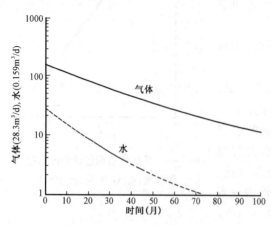

图 5-7 罗克克里克采区 P2 井模拟的气体和水的产量图（据 J. R. Richardson，1991）

模拟技术能较好地用于模拟那些位于地理和地质条件相似地区内的气井。依据岩石物理数据、构造数据或生产特性曲线可把气井分类。从一类中选择一口气井并利用所有可能收集到的数据包括生产历史数据。

例如美国沃里尔煤盆地 TEAM 采区 OG-134 井数据和邻近罗克克里克采区的 P2 井的模拟数据对比。两口井相距 3.2km，两口井的采气煤层玛丽利—布卢克里克层非常相似。利用所有岩石物理数据和 6 个月的早期生产历史数据对 P2 井进行模拟。P2 井的模拟生产曲线如图 5-7 所示。

模拟表明,P2 井可以采出开采面积间隔为 0.16km² 的原始气体储量的 61%。把这一采收率尽早用于 OG – 134 井,则所得出的储量估算值与实际采收的储量相差小于 15%。考虑到所作的假设是针对诸如渗透率这样的岩石物理特性,这一估算值的误差是容许的。同样,对比图 5 – 2 和图 5 – 7,很明显这两口井的生产曲线不是完全相同的,但是相似的,这足以使工程人员利用所模拟的曲线作为样板安排生产进度,以便作出预算和对财产作评估。例如,模拟预测出的峰值产量为 $4.245 \times 10^3 m^3/d$,实际上是 $3.679 \times 10^3 m^3/d$,早期递减率为 43%,而气井整个开采年限的实际递减率为 47%。

因此,利用模拟方法并结合较为常规的储量分析方法,有可能提高某些储量评估值的预测精度或指出可能出现的误解。例如,模拟模型可在气井服务年限初期结合容积法用来预测生产曲线,以验证和评估可采储量。当气井生产进入高峰期,可利用模拟模型检验早期生产历史,验证或预测气井可能达到峰值的时间和速度。这可能使采用诸如递减曲线分析法更为可靠。

储量计算方法虽然有多种,但在每一个地区,应尽可能把上述方法相结合,并在一个气井或气田生产早期经常复算储量。

特定含煤盆地或特定煤田适用的最理想方法取决于所需的精度以及现有数据的数量与质量。

由于缺少煤层甲烷的长期生产井,所以最终可采储量在地质储量中所占的百分比较难确定。要准确地计算多数井或圈闭的可采储量,可能没有所需的基本数据。此外各个地区地质条件各异,各个煤层或井也有可能用不同的技术开发,采收率变化范围更大。

目前,使用的确定煤层甲烷可采储量的方法有几种。最准确的采收率是根据工程评价得出的,其依据是地层压力、井距、含气量、渗透率和增产措施,经济性分析也应包括在内,因为开采成本和天然气价格直接影响煤层甲烷的经济可采性。第二种方法是利用吸附等温线由预定废弃时的储层压力来预测剩余煤层气储量。第三种方法是利用储层模拟程序预测煤层甲烷产量,其准确性主要取决于数据可靠性和预测程度。具体运用要看聚煤盆地的特点及现有的数据。

储量经济评价要考虑三项标准:第一,煤层内必须具有发育的孔隙、割理及裂隙系统,提供必要的地层渗透率;第二,煤层的气体储量目前值得开发;第三,割理及裂隙系统必须与井筒连通。

第六章　煤层气开发

煤层气田开发,从开发区的确定,开发方案的编制,到实施钻井工程、采气与增产措施、地面建设、健康环保、投资估算、经济评价和销售利用等,是一项系统工程。这些年,我国学者和工程技术人员在各个环节都有所贡献或付出(赵庆波等,2008,2011,2012;孙粉锦等,2010)。本章主要论述开发方案的编制,并提示性的涉及地面建设、健康环保、投资估算、经济评价和销售利用等环节。有决定意义的地质选区,主要内容已在前几章,特别是勘探部分做了论述,钻井工程、增产措施将在后面专章论述。

第一节　煤层气开采机理

煤层气的开采机理与常规气体储层有本质不同。赋存于煤层中的天然气有三种状态,即游离状态、吸附状态和溶解状态,实际上很少有或没有游离气。煤层中绝大部分裂缝空间被水饱和,即使有一些游离气,其中大多数也吸附在煤的表面。

当煤层压力降低到煤层气解吸压力临界值时,煤中被吸附的甲烷开始与微孔隙表面分离,叫做解吸。由于割理中的压力降低,解吸作用也可在煤层的割理—基质界面上发生。解吸的气体通过基岩和微孔隙扩散进入裂缝网络中,再经裂缝网络流向井筒(图6-1)。

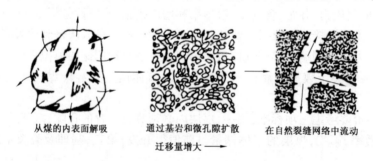

从煤的内表面解吸　　　通过基岩和微孔隙扩散　　　在自然裂缝网络中流动
　　　　　　　　　　　迁移量增大 ——

图6-1　煤层甲烷气迁移过程图(据胡爱莲,刘友民,1992)

一、三个产出阶段

井中煤层甲烷产出情况可分为三个阶段。随着井筒附近压力下降,首先只有水产出,因为这时压力下降比较少,井附近只有单相流动。如图6-2中的阶段1首先在井筒附近发生。当储层压力进一步下降,井筒附近开始进入第二阶段,这时,有一定数量的甲烷从煤的表面解吸,开始形成气泡,阻碍水的流动,水的相对渗透率下降,但气不能流动,无论在基岩孔隙中还是在割理中,气泡都是孤立的,没有互相连接。这一阶段叫做非饱和单相流阶段。虽然出现气、水两相,但只有水相是可动的,如图6-2阶段2在井筒附近发生,离井筒远一些的地方出现阶段1。储层压力进一步下降,有更多的气解吸出来,则井筒附近进入了第三阶段。水中含气已达到饱和,气泡互相连接形成连续的流线,气的相对渗透率大于零。随着压力下降和水饱和度降低,在水的相对渗透率不断下降的条件下,气的相对渗透率逐渐上升,气产量逐渐增加。

这三个阶段是连续的过程,随着时间的延长,由井筒沿径向逐渐向周围的煤层中推进。这是一个递进过程。脱水降压时间越长,受影响的面积越大,甲烷解吸和排放的面积也越来越大。煤层甲烷产量常呈现负的下降曲线,即"产量逐年增加",通常三五年达到最高产量,然后逐渐下降而持续很长时间,这一阶段开采期达到10多年至20年不等,甚至有开采30多年仍可生产。

二、三个生产阶段

相应煤层气的开采机理,煤层气井生产也有三个生产阶段(图6-3是理论图示,图6-4则是具体实例)。

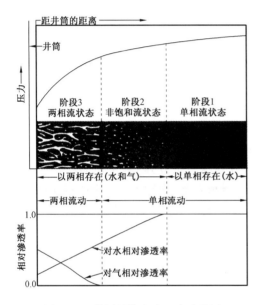

图6-2 煤层甲烷产出三个阶段图

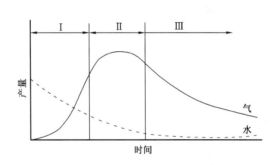

图6-3 煤层气井三个生产阶段图(据张文玉译,1991)

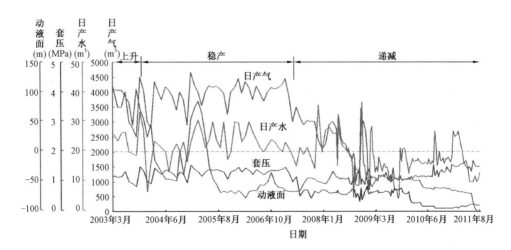

图6-4 煤层气井产气阶段实例

开发较早的铁法、阜新、沁水,直井300～400m井距,稳产期4～6年,煤层气开采有3个阶段,稳产年限受控于单井控制储量。LJ-06井2003年投产,初期日产气4500m³,目前700m³,累计915×10⁴m³,稳产4年递减。目前日产水13m³,套压0.2MPa,液面-80m,划分为阻碍解吸、畅通解吸、欠饱和3个解吸阶段,欠饱和解吸阶段又产生多个阶梯状递减段

第Ⅰ阶段为脱水降压阶段,主要产水,随着压力降到临界解吸压力以下,气饱和度增加,气相渗透率提高,井口开始产气并逐渐上升。气水产量主要取决于气、水相对渗透率的变化及甲烷解吸压力与煤层压力之间关系的改变。生产时间可能几天或数月。

第Ⅱ阶段为稳定生产阶段,产气量相对稳定,产水量逐渐下降,一般为高峰产气阶段。

第Ⅲ阶段为气产量下降阶段,此阶段随着压力下降,产气量下降,并出少量水或微量水。生产时间一般在10年以上。此处所述仅是通常情况,实际上,三阶段并不总是那么典型的。

第二节　开 发 程 序

一、开发程序

开发工作一般在储量计算阶段以后进行。但也有从资源评价算起的,大体可分为五个阶段。

第一阶段,预可行性研究—资料收集与研究,圈定煤层气资源潜力高的地区,并根据地质特别是储层条件选择最有利的目标区。

第二阶段,可行性研究,对第一阶段圈定的目标进一步收集资料。要求钻取心井对煤层作含气量测定,作压缩性、水饱和度、岩石力学、煤质(灰分和煤岩组分)及其他试验。在取心井测定原地应力,进行储层测试,采集的数据包括渗透性、表皮系数、初始生产数据和水质试验数据,并对上覆和下伏地层作相应测试。由此选择出可供第三阶段进一步工作的试验区。其实,正常情况下,第一、第二阶段的大部分工作在储量计算阶段即已完成。

第三阶段,开展井组试验或小规模的现场试采。早在1997年周耀周等就已用图解(图6-5)标明了该阶段的地位。井组试验目的在于通过试验针对所在区实际条件提出排采管理制度。

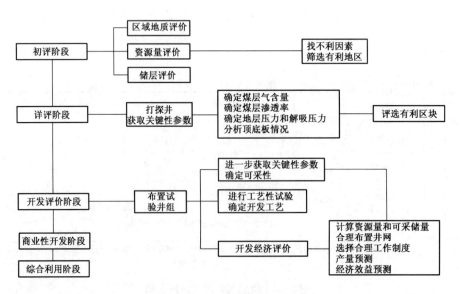

图6-5　煤层气勘探开发程序图

第四阶段,气田全面开发。对由第三阶段确定的地区进行大规模的气田开发。一般在试验基础上扩大到十几、几十、几百口乃至更多井形成的开发区。获得成功后,不断向外扩大开采规模。这就要求在一开始选区时,就应考虑所选地区周围有一个范围较大、具有相似地质条件的地区以便不断扩大生产规模。这样,可以在小规模试验成功以后获取大面积开采的目的。

第五阶段,天然气利用。对第四阶段生产的天然气加以利用,铺设输气管线,安装利用天然气的基础设施。

二、关于井组试验的进一步说明

井组试验要了解特定地区煤层气产能的影响因素,如构造特征、煤层厚度与埋深、含气饱和度与含气量(唐晓敏,邵云,2011)、临界解吸压力、裂缝特征、规模与渗透率、压降漏斗与井控面积(谢学恒等,2011)以及水文条件等,进而为确定开发参数、开发工艺、开发井网、采排制度等,为产量预测、经济评价和确定开采策略提供依据,井组试验一般采用五点法布井,中心为生产井,其他井抽水降压。但是,为了获得可靠稳定的参数和更加接近实战的结果,也有采用7点法、9点法的。而且还要从选择开发工艺、采排制度等方面的要求出发安排不同井型试验。山西省三交地区,2008年前,就用过5点法布井,14口井组成了两个井组:三交井组9口,碛口井组5口,都完成了各自的试验任务。关键在于目标明确,陈家山井组只有3口井,但试验证明:两层煤分压合采效果比单层压裂排采效果好,说明该区直井压裂合排的开发方案可行。而三交地区到2011年,则据30口水平井排采试验得出结论:羽状水平井产量较高,在该区以实施水平井开发方案为宜。

就中国目前情况看,该阶段有必要针对所在区实际条件提出排采管理制度。

三、开发方案编制与借鉴性提示

煤层气开发包括两大类。一类是煤矿瓦斯抽放,即借助采煤巷道和工作面进行煤矿井下抽排、煤矿采动区抽排和废弃矿井抽排等技术开采煤层气的方式。再一类是煤层气地面开采,即在采煤矿区外的煤层富集气区,以直井、定向井、水平井和U型井等技术开采煤层气的方式。这里所指开发方案编制,讨论的主要是后一类。

开发方案编制主要包括下列环节:开发区的选择、开发层系的选择与组合、井型的选择与技术论证(地质条件适应性分析、工艺条件适应性分析、生产效果分析等)、钻井实施方案与效果分析(钻井样式、组合关系、分支井间距、及其对产量、采收率、经济效益的影响等)、开发指标论证(单井产量、开采速度等)、开发规模(产能规划、钻井规划)、开发部署(包括主体方案实施及在需要时的产能接替方案)等。

前已述及,总体上,煤层气田开发,从开发选区、方案编制到实施钻井工程、增产措施、采气工程、地面建设、健康环保、投资估算、经济评价和销售利用等,是一项系统工程。下面的章节将会重点对钻井工程、增产措施等作专门论述,其他部分将不予详细论述。仅以黑勇士盆地为例,在此节对某些方面提供一些借鉴或多样性参考。所谓"多样性"是指黑勇士盆地的经验代表了一种情况,在当地实用,或在我国的某些情况下实用,而在另外一些情况下就不适用,这样会给我们提供多种参考。比如,在黑勇士盆地多用快速排采,而我国目前则以前述"五段三压法"较为成功,应用较广。

1. 多煤层完井

假设压裂垂直裂缝半长为45.72m,井距0.32km^2,一层和三层产量如表6-1,多层完井产量明显增加。

表6-1 多煤层完井产量表(转引自黄景诚,1990)

完井的煤层组	5年产气量(10^4m^3)	15年产气量(10^4m^3)
马里利	51	133
昔拉特、马里利、黑溪	204	538

2. 井距与井网

气田开采通常选用 $0.08 \sim 0.16km^2$ 的井网。

表6-2是井网对单井产量的影响和 $0.64km^2$ 面积上不同井距对产量的影响。

表6-2 井网对单井产量及 $0.64km^2$ 面积上不同井距对产量的影响表(转引自黄景诚,1990)

单井控制面积 (km^2)	气产量(10^6m^3)		采收率 (%)	天然气价格 (美元/m^3)	$0.64km^2$ 面积 上的井数(口)	天然气产量 (10^6m^3)
	5年	15年				
0.08	4.2	5.04	85	0.12	8	40.2
0.16	5.6	8.3	70	0.09	4	33.1
0.32	5.9	11	46	0.08	2	22
0.64	5.4	11.8	25	0.08	1	11.8

从单井裂缝半长182.88m压裂和预期的天然气最低价格对比(收益率为15%),单独一口井的产气量在15年期限随井网加大而增加。前五年,$0.16km^2$、$0.32km^2$、$0.64km^2$ 的产量接近,由于产气之前脱水,前五年 $0.64km^2$ 的产量低。

单井控制面积 $0.64km^2$,可采最多的气。而在一个给定的面积内,要得到更高的总产量则需加密布井。天然气地质储量($0.64km^2$ 产 $4740 \times 10^4m^3$)的采收率,在 $0.64km^2$ 井距、182.88m 裂缝半长时为25%,在 $0.08km^2$ 井距、182.88m 裂缝半长时为85%。

在 $0.64km^2$ 面积上,单井控制面积 $0.08km^2$ 年内气产量最高,采收率85%。如果 $0.64km^2$ 只打1口井,只采出25%,但这样单井开采期长。在确定最佳井距时,作经济分析必须以求得到最大的产气量和效益为原则。

非均质条件下,矩形井网可增加采气量,更为适合。与正方形井网相比,在非均质条件下用 4×1 的矩形井网开采,井数不变,而五年间采气量却从 $3.08 \times 10^6m^3$ 增加到 $8.04 \times 10^6m^3$。

其实最佳井距取决于煤层渗透率和压裂类型。实验证明:

(1)高渗透率煤层($K = 20 \times 10^{-3} \mu m^2$),用水基压裂液压裂时,$0.16km^2$ 的井距在第二年就能达到产气高峰,而 $0.64km^2$ 井距几乎过了7年才达到生产高峰。

用凝胶处理比用水基处理能更早地达到产气高峰,总采收率也比水基处理高。在 $0.32km^2$ 井距条件下,若用水基压裂液10年仅能采出 $5.04 \times 10^6m^3$,而用凝胶压裂液在同一口井则能采出 $7.3 \times 10^6m^3$。

用凝胶基压裂处理,$0.64km^2$ 井距为最佳,$0.32km^2$ 井距接近最佳。用水基压裂处理,$0.32km^2$ 井距是最优的。

(2)低渗透率煤层($K = 6 \times 10^{-3} \mu m^2$)由于渗透率低,脱水能力下降,要求井距小,到达高峰值比较晚且小。$0.16 \sim 0.32km^2$ 井距比较合适,采用 4×1 矩形井网比正方形井网更有利于采气。

目前美国通过压裂所能实现的最大有效半径一般为150m,即采气半径为150m,最大井距一般为300m。

3.煤层气排采技术

1)洗井

洗井是在完井之后或在压裂前进行。目的是清洗完井后留在井筒的各种碎屑物,如煤粉、泥岩和页岩等岩屑、残留水泥等,以避免这些碎屑物对地层造成的伤害。

洗井方法包括清水洗井和高速气流洗井。清水洗井分正洗与反洗。高速气流洗井通常用空气或氮气,也有正洗与反洗之分。

2)排水采气工艺技术

煤层气排水采气要求:① 排液速度快,不怕井间干扰;② 降低井底流压,排水设备的吸液口一般都要求下到煤层以下;③ 要求有可靠的防煤屑、煤粉危害的措施。

近年华北油田煤层气工作者在山西沁水盆地煤层气开发实践中,对煤粉的分析测试、运功规律和防治措施的研究卓有成效,在生产上得到了很好的应用。这是值得称道的。

目前开采煤层气排水的方法有:游梁式有杆泵、电潜泵、螺杆泵、气举、水力喷射泵、泡沫法、优选管柱法等。

(1)有杆泵在各种深度和排量下都能有效工作,适应性强,操作简单,几乎不需保养。它需要天然气发动机或电动机作动力,来带动抽油机驱动的活塞泵抽水,水由油管排出,气靠自身能量由油套环形空间排出井筒。如果气压很低,进不了集输流程,就要考虑用真空泵和压缩机来抽吸和增压输送。

(2)电潜泵排水采气需要有高压电源供电至井下电动机,由井下电动机带动井下离心泵,将煤层水抽入油管而排至地面。甲烷气也是靠自身能量由油套环形空间排出井筒。

(3)气举排水采气可分为气举凡尔法和柱塞法。气举凡尔法是用高压气源向井内注气,以气混水将井内的水及甲烷排出井筒至地面。气举管柱有单管(开式、半闭式、封闭式)、双管并列式、双管同心式三种结构。柱塞气举需要靠气井自身能量,亦可靠注入气补充能量来推举油管内的柱塞,将柱塞以上的液体排到地面。

(4)螺杆泵排水采气按驱动方法分为地面驱动和井下驱动。地面驱动螺杆泵需要电动机来转动抽液杆,从而使螺杆泵工作,将井内液体排到地面,而甲烷气由油套环形空间排出井筒。

(5)水力喷射泵排水采气需要有高压大排量泵向井内注入清水循环,经过喷嘴产生抽汲作用,将地层流体混入清水而带至地面。

(6)优选管柱排水采气根据气井产气能力,利用储层自身能量,优选合适的排水采气油管直径,使气流速度达到带水的要求。

Turner 等(1969)以液滴模型为依据,提出了计算气流携带液滴的最低流速公式。实际上,在流速公式计算结果的基础上要附加30%。

当井口流动压力高于3.45MPa,气液比大于1370m³/m³,可采用Turner(1969)建立的带液临界流速公式来选择合适的采气油管直径。

$$v_g = 7.15 \left[\delta(\rho_L - \rho_g)/\rho_g^2 \right]^{0.25} \tag{6-1}$$

式中　v_g——临界流速,m/s;

δ——气液界面张力,N/m;

ρ_L——液体密度，kg/m^3；

ρ_g——气体密度，kg/m^3。

实际中

$$Q_{sc} = 2.5 \times 10^8 A p v_g / ZT \qquad (6-2)$$

若

$$A = \frac{1}{4} \pi d^2$$

则

$$Q_{sc} = 1.96 \times 10^8 v_g p d^2 / ZT \qquad (6-3)$$

式中　Q_{sc}——气体带液所需的最小产气量标准状态体积，m^3/d；

d——油管直径，m；

p——井底流压，MPa；

Z——井底流压和温度下的气体压缩系数；

T——井底气体温度，K。

在已知 Q_{sc} 情况下，可以计算油管直径 d。

若井口流压小于 3.45MPa，气液比大于 $7700m^3/m^3$，可用 Coleman 公式求 d。

$$v_g = 5.96 \left[\delta (\rho_L - \rho_g) / \rho_g^2 \right]^{0.25} \qquad (6-4)$$

实际应用中，气不仅带水，而且带煤屑、煤粉，要求流速大，则需修正 ρ_L

$$\rho_L^1 = \rho_L (100 - N)\% + \rho_c \times N\% \qquad (6-5)$$

式中　ρ_L^1——水与煤屑混合物密度，kg/m^3；

ρ_L——水的密度，kg/m^3；

N——水中煤屑及煤粉的含量，%；

ρ_c——煤的密度，kg/m^3。

其次，泡沫法排水采气是将少量的表面活性剂注入含水气井中，在气流搅拌作用下，产出大量气泡，大幅度降低自喷管内的流体密度、介面张力和摩阻损失，以便用比举水柱低得多的压力将泡沫液排到地面，从而达到排水采气目的。该方法能使最小流速降低 20~50 倍。

该方法的技术关键是选择合适的发泡剂和注入浓度。泡沫排水施工工艺，可采用罐注、泵注及泡沫排水车注入等不同设备系列，适用于柱塞流和环膜流。

$$柱塞流 \begin{cases} Q_g/Q_t > 1.071 - 0.7277 v_t^2 / D \\ R_1 < 50 + 36 R_2 \end{cases} \qquad (6-6)$$

$$环膜流 \begin{cases} R_1 > 50 + 36 R_2 \\ R_1 < 75 + 84 R_2^{0.75} \end{cases} \qquad (6-7)$$

$$R_1 = v_g (\rho_t / \delta g)^{1/4} \qquad (6-8)$$

$$R_2 = v_L (\rho_t / \delta g)^{1/4} \qquad (6-9)$$

式中　v_g——气流速,m/s;

$\quad\quad\quad v_L$——水流速,m/s;

$\quad\quad\quad R_1$——对应 v_g 的流态指数;

$\quad\quad\quad R_2$——对应 v_L 的流态指数;

$\quad\quad\quad \rho_t$——混合液平均密度,kg/m³;

$\quad\quad\quad Q_g$——气体流量,m³/s;

$\quad\quad\quad Q_t$——混气液平均流量,m³/s;

$\quad\quad\quad g$——重力加速度,9.8m³/s;

$\quad\quad\quad \delta$——气液界面张力,N/m;

$\quad\quad\quad D$——油管直径,m。

3)排水采气方法的优化选择

为了使煤层气开采获得较高的经济效益,应根据区域水文地质条件,预测产水量,然后优化选择排水采气方法及其设备。选择要求:① 气井的产水量变化大,早期会产出大量的水,往后产水量相对减少,甚至很小,所选用的排水采气方法应兼顾前后期变化,适用范围较大;② 必须满足在最小井底压力下采出最大水量的要求,以保证在尽可能短的时间里,将储层压力降到解吸压力以下,使气井尽早产气;③ 提高采收率,降低煤层气生产成本。

4)无水产气方法

无水气井一般井口压力较低,属无水低压气井。生产过程一般表现为甲烷气产量下降阶段。可以用无水气藏消耗式开采方法来开采。

井口压力大于 0.5MPa 时,可用常规气藏开采法。井口压力小于 0.5MPa 时,用负压采气工艺技术。负压采气工艺技术要求的技术界限见表 6-3。

表 6-3　负压采气工艺技术界限表

透气性[m³/(MPa·d)]	渗透率(10⁻³μm²)	气井初始自然产量(m³/d)	采用程度
>10	$>2.5 \times 10^{-1}$	>400	可以采用
10~0.1	$2.5 \times 10^{-1} \sim 2.5 \times 10^{-3}$	150~400	勉强采用
<0.1		<150	不能采用

负压采气工艺要求主要设备有罗茨鼓风机、水环式真空泵、压力封式储气罐压缩机等,且要求有简易井口装置。

负压采气工艺流程有单井流程(图 6-6)、抽放站流程(图 6-7)。

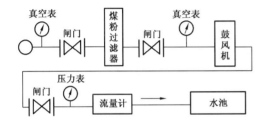

图 6-6　负压采气单井流程图

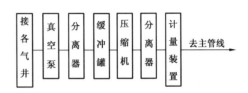

图 6-7　负压采气油放站工艺流程图

4. 煤层吸附气开发地面设备

煤层气井一般是在较低的井底压力条件下采气。在完成人工举升排水之后,还需要一整套地面设备,包括气、水分离设备和集气增压设施等。

从井中采出的气体到达地面后,压力一般不足 1.5atm,需要采取低压采集、脱水、高压输送方式才能将气体送到用户。

低压采集系统一般包括一个脱水分离器,一个压力控制器,一个水蒸气分离器,一个装有标准压力补偿器的涡轮流量计,一个泄压安全阀(图 6-8)。该系统将低压气体输送到中央增压压缩站,将压力增至 $20 \sim 34 kgf/cm^2$(图 6-9)。被压缩的气体经过脱水器后,气体中的蒸气含量降低,获得的干燥气体通过输气管线供给用户。

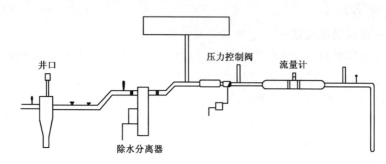

图 6-8 低压采集系统图(据胡爱莲,刘友民,1992)

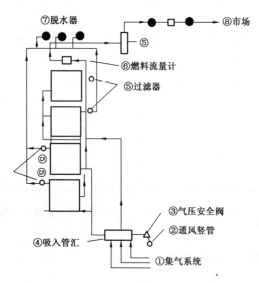

图 6-9 气体压缩站图
(据胡爱莲,刘友民,1992)

美国煤层气田使用的压缩机主要有两种:一种是旋转式压缩机,另一种是三级往复式压缩机。旋转式压缩机利用螺旋叶片在管线中旋转、压缩和推进气体。其优点是体积小,操作保养简单,压缩气量大;缺点是压缩压力较低,压力脉动范围较窄。往复式压缩机由一个活塞和一个气缸组成,优点是压缩压力高,压力脉动范围大,能适应压能波动。黑勇士盆地的 TEAM 工程采用这种压缩机应用效果良好。

在美国的黑勇士和圣胡安盆地一般以 20 口井为一组,配备一套地面加压设备和相应的管路用以供气❶。

随着美国煤层气开发活动的不断扩大,煤层吸附气产量不断提高,煤层气开采配套技术更加迅速得到发展和完善,煤层气井开始实现遥控和连片自动化操作运行。

1987 年以来,美国 Burlington 资源公司的子公司——Meridian 石油公司一直致力于圣胡安盆地的煤层吸附气开采自动化,并取得了重大成果。

这套生产自动化系统由遥控器、中继线系统、计算机监控三大部分组成。遥控器具有遥

---

❶ 胡爱莲,刘友民,煤层吸附气生、储、产生特点及开采技术,石油勘探开发科学研究院廊坊分院,1992。

控、数据采集、综合、计算、报警和通讯等功能。中继线系统起通讯作用,可为多个用户提供作用。通过中继线系统,可提供生产井和地面气水处理装置的大量信息和需要实时修正的作业参数。计算机监控包括一台主操作计算机,一套应用软件和个人计算机兼容工作站。主操作计算机是现场自动化系统的数据采集与处理中心,提供报告,观察各个井场,利用键盘向各个遥控操作器发出指令等。煤层气井实现生产自动化的优点很多,特别是在有高台深谷、气候恶劣的圣胡安盆地更显示出优越性,能大大节省人力、物力、财力,改善井的管理条件和质量等。然而最令人感兴趣的是,它可以对天然气生产系统的任何故障作出判断,并迅速作出反应,如:一旦集输系统压力增大,遥控器通过接收压力传感器检测到这一情况后,立即自动从控制该井流量变换到控制集输系统的压力,这对于煤层气井正常生产极为重要,可保护集输系统免于突然燃烧。据测算,由于处理不及时引发的突然燃烧的天然气量每小时可高达1万美元,而实施了这种自动化系统消除了气体的突然燃烧。

5. 采出水处理与环境保护

从环境保护角度出发,为减少大气污染和农田受害,煤层气生产过程中,必须考虑采出水的处理问题。鉴于地区不同,地下水化学成分各异,产出水的含盐量或其他固相成分各不相同,产水量变化也很大,故采取的处理方法亦各不相同。目前比较普遍采用的处理方法有三种:地面排放、地面蒸发和回注地下。

1)地面排放

美国亚拉巴马州环境管理部门规定,产出水中的总矿化度低于2000mg/L可采取这种方法。将产出水排入大坑渗入地下,或排入附近的河流、用于粮田灌溉和畜牧业生产。但是排放期间必须进行连续监测,保证所含污物低于环保部门规定的标准。一旦发现超过了排放标准,立即关井和采取其他处理方法,以保证河水、良田或牲畜不受伤害。

2)地面蒸发

利用蒸发池处理产出水,蒸发池尺寸设计要适应各个季节蒸发量的变化。一般的蒸发池面积为$4000 \sim 8000 m^2$,常年保持每天$16 \sim 160 m^3$水的蒸发能力。采用蒸发方法很可能对周围环境产生一定的破坏,如硫化氢污染、渗漏等,但可通过防渗材料、生物处理和进行监测等方式加以解决。若水中溶解的固体物质总量超过5000mg/L,或蒸发池底与最近的地下水源之间的非渗透层厚度小于15.24m时,造蒸发池要征得当地环保和土地管理部门的允许。

3)回注地下

该方法是在地面排放和蒸发两种方法均行不通或老井可利用率较高时采取的一种选择。用注水井将产出水重新回注地下,回注地层一般以砂岩为好,因为它具有良好的适于回注的特点。为节省费用,一般每$20 \sim 30$口井排出的水用同一口注水井回注地下。用聚氯乙烯管线做输水管,连接各个煤层气井,将产出水集中回注。

美国圣胡安盆地的全部产出水水质均不符合地面排放标准,故采用回注地下和地面蒸发的处理方法。黑勇士盆地的产出水水质较好,将采出的水通过管线引到植物区,采用喷水设备把水喷洒到植物上。美国一些干旱的西部盆地,如怀俄明州的保德河盆地,采用地面排放方式,那里的人们很高兴将产出水用于农田灌溉和畜牧业生产,一定程度上解决了当地的缺水困难。

水是一种非常宝贵的资源,随着煤层吸附气气田的开发,采出水的处理也是一个很重要的经济技术问题,日益引起人们的重视。美国除采取以上三种处理方法外,还在研究开发新的水净化和过滤技术,旨在经济开采煤层吸附气的同时,利用好采出水这一宝贵资源,同时对环境又不造成任何伤害,一举数得。

第三节　中国煤层气开发现状记略(至 2011 年 10 月)

一、全国煤层气开发概况

经过近 20 年的努力,中国煤层气勘探开发已从理论技术引进发展到商业化生产,这是巨大的进步。当然,我们应清醒地看到,中国 3000m 以浅煤层气资源量约 55×10^{12} m³,其中煤层埋深 1500~3000m 占 54.5%(赵庆波,2011),多数要靠特色技术开发(图 6-10),因此,认识分析当前中国煤层气开发状况才显得十分必要。

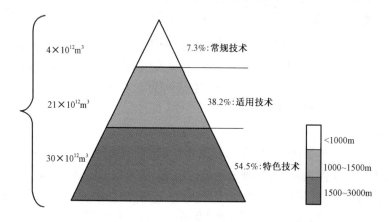

图 6-10　高难度特色技术是发展中国煤层气产业的关键

二、沁水盆地开采概况

至 2011 年 10 月,中国煤层气开发主要集中于沁水、鄂尔多斯及阜新盆地。其中,沁水盆地钻井 4850 余口,投产约 4000 余口,直井水平井兼具(图 6-11),日产气 578×10^4 m³,年产能 30×10^8 m³。据蓝焰煤层气公司在潘庄 300m 开发井网分析,开采平均 1 年含气量降 2m³/t,在该区含气量由原始的 21m³/t 开采 10 年降为 8m³/t。中石油樊庄区块目前投产直井 758 口,产气井 581 口,占 76.6%,日产气 99.67×10^4 m³,单井平均日产气 1315m³,产气井平均日产气 1715m³,大于 1000m³/d 的井 291 口,占 38.4%;投产水平井 53 口,产气井 43 口,日产气 25.04×10^4 m³,单井平均日产气 4724m³,产气井平均日产气 5823m³,目前大于 10000m³/d 的井有 6 口,占 11%。整体看,资源探明率、储量动用程度(图 6-12)都还较低、采气速度也不高。

三、部分区块开采状况

如表 6-4 所示,有的产量较高,也有部分区块单井产量偏低。后者主要是因为受多期构造运动影响,断裂复杂、高渗透、低煤阶、厚煤层发现少,多数煤层渗透率低、非均质性强、断块气藏封盖条件差、生产气水比低,反映层间水体活跃等多因素对单井产量的制约。此外与地质工程研究薄弱,排采管理欠妥也不无关系。这些区块的实践证明,寻找富集高渗区至关重要。

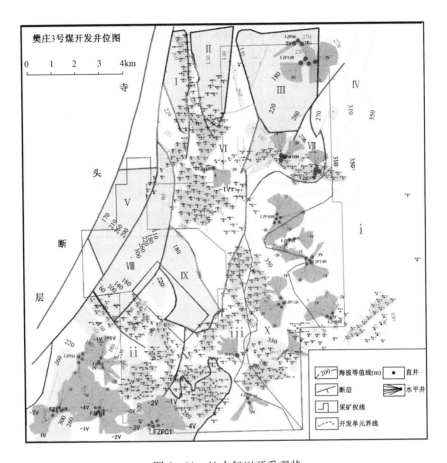

图 6-11 沁水气田开采现状

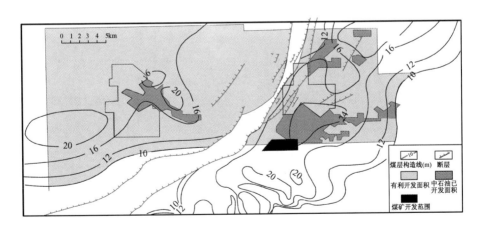

图 6-12 沁水盆地动用储量分布

中国石油沁水气田矿权面积 5169km², 资源量 10800×10⁸m³, 探明地质储量 1152×10⁸m³, 动用地质储量约
177×10⁸m³, 目前累计采出 9.62×10⁸m³(直井 7.04×10⁸m³, 水平井 2.58×10⁸m³), 采出程度 5.4%,
采气速度水平井 2.9%, 直井 2.6%(水平井面积 18km², 储量 34.74×10⁸m³), 国外采气速度一般为 5%~17.5%

表6-4 中国部分重点区块开采现状

区块	直井				水平井			
	排采井（口）	目前单井平均日产气（m³）	日产气大于1000m³（口）	生产气水比	排采井（口）	目前单井平均日产气（m³）	日产气大于10000m³（口）	生产气水比
刘家	18	2110	15	190				
铁法	23	1322	9	102				
潘庄	2024	1581	850	1067	6	28558	5	9144
潘河	230	2170	170	2083	2	9074	1	4689
樊庄	756	1318	291	488	53	4724	6	2241
柳林	14	1500	8	947	1	12418	1	2063
韩城	486	330	61	50	14	500	0	350
三交	5	111	0	35	30	2493	3	357

第七章　煤层气勘探开发中的钻井技术

第一节　煤层气钻井概述

一、钻井类别

开采煤层甲烷气常用钻井方式有:采空区钻井、垂直井、水平井和分支水平井。

采空区钻井见图7-1。从采空区上方由地面钻井到煤层上方或穿过煤层,也可在采煤之前钻井。采空区顶板因巷道支柱前移而坍塌,产生新的裂缝使瓦斯从井中涌出。如果采空区顶部还有煤层并成为采空区的一部分,瓦斯涌出量更大。产出气体中混有空气,热值降低,大约为$0.026\sim0.03kJ/m^3$。由于产出气中含氧高,不宜管道输送,产量下降较快的井宜就地利用。采空区井对煤层脱气可达50%以上。

垂直井(7-1)从地面打直井穿过煤层进行采气。

水平井有两种:一种是从巷道打的水平抽放瓦斯井;另一种是从地面先打直井再造斜,沿煤层钻水平井(图7-2)和分支水平井(详待后述)。水平钻井的方向与面割理方向垂直,适于厚度大于1.5m的厚煤层,成本较高。

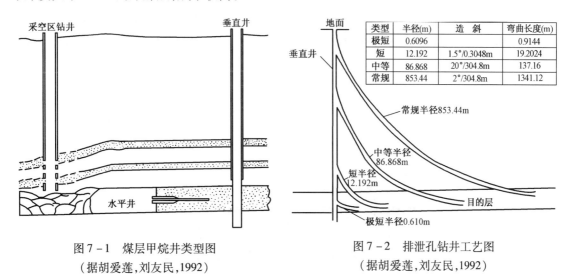

类型	半径(m)	造　斜	弯曲长度(m)
极短	0.6096		0.9144
短	12.192	1.5°/0.3048m	19.2024
中等	86.868	20°/304.8m	137.16
常规	853.44	2°/304.8m	1341.12

图7-1　煤层甲烷井类型图　　　　　　图7-2　排泄孔钻井工艺图
（据胡爱莲,刘友民,1992）　　　　　（据胡爱莲,刘友民,1992）

钻井中需采取相应技术来克服地层涌水、煤层渗透率受损及煤层塌坍,并排放地层水,采用水处理及产层增产等技术,诸如选择合适的钻井液、平衡钻进技术等。

按单井钻遇或开采的煤层层数,可分出单煤层井和多煤层井。单煤层井井筒只与一个煤层连通,多煤层井井筒与多个煤层连通。

根据埋深分类,浅层井井深大于300m,200~300m以上属甲烷风化带,不利于煤层气保存。深层气井井深大于1500m,1500m以下煤层埋深大,成本高,无工业价值。最深的井有2438m。一般井深取300~1500m。

按井网中的位置分类,有两种,即边缘井和内部井。

根据钻井作用分类,有四种,即资料井、试验井组、生产井和监测井等。资料井主要通过钻区域探井取准煤心作含气量等参数测试、试气,并用单项注入法求取煤层渗透率。试验井组是通过井组降压试采,评价工业性开采价值。开发过程中以采气为目的井称生产井。监测井主要用于生产过程中压力监测。

二、钻井工艺

气井类型和钻井工艺设备的选择取决于煤层的地质条件和储层条件。

浅煤层钻井一般采用旋转或冲击钻钻井,用空气、水雾、泡沫液做循环介质,也可使用轻便自行式液压。顶部驱动钻机和小型车载钻机或方钻杆普通钻机,宜采用非泥浆体系循环介质。浅煤层地层压力低,不必采用泥浆控制压力。采用空气钻井,钻速高,基本费用低,在欠平衡和极欠平衡方式下钻进,对地层伤害小。可以采用空气钻进和泥浆钻进相结合的方法,即先利用空气钻井液直至泥浆贮备池装满采出水,再转用采出的水做钻井液到贮备池排空,如此交替直到完钻。

深煤层一般采用常规旋转钻机。由于地层压力高,不能采用空气钻井技术。如美国西部含煤盆地的某些层段压力超高,具井喷危险,所以在大多数情况下,采用泥浆系列,利用泥浆密度控制可能发生的水涌和气涌。还可在预测煤层深度范围内,放慢钻速,发现钻井异常立即停钻,上提钻具,用小排量循环;进行煤层取心时,采用低钻、低转速和低泵压。钻厚煤层时,采取每钻进 0.305 ~ 0.610m 上提一次钻具循环等措施及时防止和解决钻井过程中常遇到的煤层坍塌、严重扩径、卡钻和出水。

煤层钻井的另一个重要特点是要求在每口井的最低开采层段以下 30.48m 处打一个大的井底口袋,用于安置人工举升设备,加速排水,降低井底压力至煤层吸附气解吸产出的临界点。此外便于聚集回流到井筒中的煤粉等碎屑物质。这种口袋留深一般约为 9 ~ 18m。

三、完井

煤层甲烷完井分五种,即裸眼完井、套管完井、混合完井(图 7 - 3)、裸眼洞穴完井、水平排孔衬管完井。

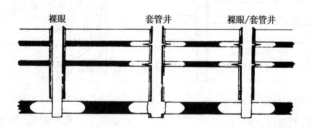

图 7 - 3　煤层甲烷井完井类型图(据林永洲译,1990)

裸眼完井(图 7 - 3)是钻到煤层上方地层,下套管固井,再钻开生产层段的煤层,产气煤层保持裸眼,这种完井方式是煤层气井中费用最低的一种完井方式。但增产作业时,井控条件降低,煤层坍塌会导致事故。此种完井方式一般用于单煤层井。

套管完井(图 7 - 3)是美国西部含煤盆地中主要的完井方式。对产气煤层下套管,其优点是对地层入口可实施特殊控制,维持井身稳定,固井时尽量使用低密度水泥,分级注水泥固井和采用特殊的固井工具克服水泥引起的地层伤害。目前正在研究一种特殊的工艺,在注水泥时,当水泥达到生产层时,封隔器将水泥挤入井内,然后,在非生产层处又将水泥挤到套管以外。这种方法使水泥不和煤层接触,避免水泥渗入煤层。

套管尺寸须适应生产井气、水产量的需要。这要预测气、水产出量,选用抽水设备,决定套管尺寸。

混合完井即裸眼完井与套管完井方式在同一口井中使用。依地层条件而定,一般用于多煤层。

裸眼洞穴完井是人为地在裸眼段煤层部分造成一个大洞穴。此种方式适用于高压高渗地层,缺点是井眼稳定性差,风险性比套管完井大。

水平排孔衬管完井适用于深层低渗厚煤层,一般适用于厚1.52m以上的煤层。其优点是能够提供与煤层的最大接触面积,尤其是各向异性煤层,有利于提高产量,促进煤层气解吸采出,提高总脱附气量和采收率。缺点是在钻井完井过程中易发生割理系统堵塞、闭合等现象,伤害煤层渗透率。

第二节 煤层气钻井特点、难点和成长点

胡向志(2011)对目前煤层气开发中钻井的这三点做了很好的归纳,兹引用如下。

一、特点

由于钻探对象为煤层,使其必须具备适应对象的特殊性。

煤储层具有伤害的敏感性与不可恢复性决定了在煤层气钻完井、开采过程中要坚持采取系统的保护煤层措施。煤层气储存状态和吸附运移决定了煤层气产出是一个漫长的过程,首先要保护煤层气储层。我国煤储层的三低特征,即低地层压力梯度($0.8 \sim 1.0$MPa/100m)、低孔隙度($1\% \sim 10\%$)、低渗透率(小于$0.001\mu m^2$),更要把储层保护放在首要位置。宏观上由于孔隙度、渗透率随着地层压力的增加而降低,同时煤层裂缝和割理在高围压下闭合,并且是不可恢复的。在过平衡钻井中,钻井液液柱压力大于煤层压力,使作用在井筒附近的纯应力增加,从而引起渗透率降低,在正压差作用下,钻井液中的胶体颗粒和其他细微颗粒被吸附堵塞在煤层气的孔隙喉道上,钻井液滤液的侵入又有可能发生各类敏感性反应,从而生成各类不溶性沉淀物。煤储层一方面极易受钻井流体中固相成分的伤害,另一方面煤层破碎和高剪切应力造成井眼不稳定。为了保证安全穿过煤层,其主要措施又是增加其固相含量提高钻井液的密度,但这样又容易伤害煤层,因而实施煤层保护较油气层更困难。实际很多煤层气井在钻井过程中都受到伤害,形成地层压力、渗透率测试不准确,表皮系数大,处理相当困难。在低压煤层中,这种固相颗粒的侵入半径大大增加并镶嵌在孔隙之中而无法清除,从而造成永久性的伤害。钻井液在煤层中的浸泡时间增加也会导致煤储层伤害半径增大,从而加剧对煤储层的伤害程度。煤层气气藏的裂隙一般都比较发育,其控制着煤层气藏的渗透性。但是裂隙的宽度受上覆岩层所产生的净压力即有效压力控制,有效压力的改变,可导致裂缝的开启和闭合,进而导致渗透率的改变;而且这些裂隙闭合后在卸压过程中不易恢复张开,宏观表现为随有效压力的增加,渗透率降低和压力滞后现象。

二、难点

1. 为保持井身质量需优选优配

根据不同地区不同类型钻孔特点,即岩层倾角、岩性、孔深、孔壁情况,钻头类型及磨损情

况,钻具条件,泥浆性能等及时调整钻具结构和钻进技术参数。实践中,为了满足高精度锤陀钻进的要求,使钻具重心始终控制在中和点以下,钻具保持在张直状态中钻进,可有效降低井斜,一般在 0.2% ~0.25%,避免了煤层气钻井的超标偏斜。常用的有刚性满眼钻具组合和钟摆钻具组合两种。前者可采用较大的钻压钻进,有利于提高钻速,井眼曲率较小,但不能纠斜,后者需控制一定的钻压,影响钻速,但可用来纠斜。为了保护煤储层,也为了井内安全,进入煤层是牙轮钻头采用大喷嘴或不带喷嘴,配合岩屑、钻时、冲洗液等分析钻进参数。

2. 严格配置钻井液

钻井液要与煤层有良好的配伍性,钻井液密度等要符合要求,实施钻开煤储层通知书制度。要特别注意:① 固相颗粒及泥饼堵塞油气通道;② 滤失液使地层中黏土膨胀而堵塞地层孔隙;③ 钻井液滤液中离子与地层离子作用产生沉淀堵塞通道;④ 产生水锁效应,增加油气流动阻力;⑤ 影响固井,使套管的吸附层和井壁岩石滤饼与水泥浆的胶结强度不好,固结不牢。

3. 绳索取心技术要求高

按设计要求从井下钻取煤层样品为勘探和开发煤层气取得第一手资料。煤层气取心由于要测量煤层气含气量等要求煤心原始状态保持好、收获率高;出心速度快;煤心甲烷气体散失少;取心成本低。绳索取心钻进是一种不提钻而由钻杆内捞取岩心的先进钻进方法,其优越性在于纯钻时间长,辅助时间短,与普通钻进取心相比,具有可控制钻孔偏斜度、提高钻进效率、提高岩心采取率、减少孔内事故等优点。绳索取心钻探不仅要熟练掌握绳索取心钻具的结构和工作原理,也要注意做好现场一系列的配合工作。如套管选用、预防孔斜、钻头与护孔器的选择等。

三、成长点——新型高效煤层气开发技术

1. 多分支水平井钻井技术

多分支水平井集钻井、完井和增产措施于一体,是目前开发低压、低渗煤层的主要手段。煤层气多分支水平井工艺集合了煤层造洞穴、两井对接、随钻地质导向、钻水平分支井眼、欠平衡等多项先进技术。其机理在于分支水平井在煤层形成相互连通的网络,最大限度地沟通煤层裂隙和割理系统,大大降低了煤层裂隙内流体的流动阻力,提高煤层排水降压速度和煤层气解吸运移速度,进而增加煤层气单井产量,提高采出程度,缩短采气时间,极大地提高煤层气开发经济效益。国内的研究和实践证明,煤层气多分支水平井技术对我国资源分布最大的两大盆地——沁水盆地和鄂尔多斯盆地都具有非常好的应用潜力。目前多分支水平井在煤层气开发应用中存在一些急需解决的问题。这些问题包括适宜的地质条件、煤层段的井壁稳定性、欠平衡钻井、井的漏失、后期修井、预期气产量等。煤层气多分支水平井井眼轨迹设计坚持以最光滑、最短为原则。首先考虑分支井筒所处的煤层特性,根据煤层性质、地应力的分布状态和最大主应力方向、煤藏单元的几何形状和甲烷的流动控制要求等因素来确定井眼轨迹的设计,使主水平井眼沿最小应力方向钻进,井复杂情况最少并且钻进速度快,可获得较大的水平位移。

与常规直井比较,多分支水平井有许多技术难点但也具有明显的高产能优势。

2. 欠平衡钻井技术

欠平衡钻井又分为气体钻井、雾化钻井、泡沫钻井、充气钻井、淡水或卤水钻井液钻井、常

规低密度钻井等。欠平衡钻井作业的关键技术包括产生和保持欠平衡条件(自然和人工诱导两种)、井控技术、产出流体的地面处理和电磁随钻测量技术等。欠平衡钻井技术进展主要集中在井控、钻井液、程序设计、特殊工具等方面。与常规的直井套管注气相比,油管注气压力、排量更稳定,气体到达井底的时间更及时。

综上所述,胡向志的结论性认识是:钻井工程是煤层气开发的基础,对煤层气开发产生规模效应,高效钻井技术直接推动煤层气开发。由于煤储层的特殊性,减少对煤储层的伤害是我国煤层气钻井技术的首要问题。绳索取心钻进具有可控制钻孔偏斜度、提高钻进效率、提高岩心采收率、减少孔内事故等优点,做好现场配合工作能满足煤层气取心要求。多分支水平井能实现低渗煤层气经济开采,适用我国煤储层低压、低孔、低渗特点,在沁水盆地、鄂尔多斯盆地应用前景广阔。欠平衡钻井工艺能降低煤层气开采成本,确保井身质量,减少对煤储层的伤害。其中油管注气压力、排量更稳定,气体到达井底的时间更及时,欠平衡效果更好。

第三节　煤层气开发中不同钻井技术的应用与适应性分析

煤层气开发过程中,有多种钻井技术可供选择(胡向志,2011)。本节谨通过应用实例的展示,对不同技术的适应性做简要归纳。

一、水平井的应用

1. 水平井应用中的一些现象

应用多分支水平井钻井技术开发煤层气,是提高单井产量、降低综合成本的有效手段。以下主要是水平井在沁水盆地的应用中呈现的一些现象与其对应的分析。

(1)不同投产时间的井,单井产量差别很大。

① 早期投产井单井产量高。2009 年以前 45 口老井目前产气井有 24 口,占 53%;产气井平均单井日产气 7474m³;2010 年底有 5 口井日产量大于 $1 \times 10^4 m^3$,占 11%(图 7 - 4)。早期投产井高产,主要是因为处于于构造高部位。

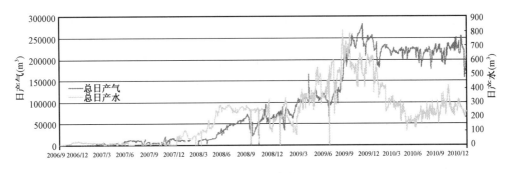

图 7 - 4　樊庄区块水平井老井产量构成图

② 后期新井单井产量低。2010 年 8 月后投产 14 口井,2010 年底有 12 口产气,单井平均日产气 3800m³,处于稳产期。后期新井单井产量平均只有 2700m³。

(2)同一区块单井产量差别也可很大。

① 樊庄区块投产的老井中,单井日产气最高的是 FZP04 - 5 井,为 $5.5 \times 10^4 m^3$,最低的是 FZP14 - 1 井,目前不产气(表 7 - 1)。

表 7 - 1　同一区块单井产量差别很大

产量分类	分类标准($10^4 m^3/d$)	井数	代表井	煤层进尺(m)	日产气(m^3)	日产水(m^3)
高产井	>1	6	FZP04 - 5	5138	55123	0.5
中产井	0.3 ~ 1	19	FZP01 - 1	5705	8736	0
低产井	<0.3	35	FZP14 - 1	4019	0	0.2

② 同一区块直井与定向羽状水平井的对比更加明显。潘庄直井 PZC2、PZC6 井日产气分别为 $1.3 \times 10^4 m^3$、$0.9 \times 10^4 m^3$;定向羽状水平井单井日产气最高为 5×10^4 ~ $10.5 \times 10^4 m^3$,单井累计采气 1758×10^4 ~ $6127 \times 10^4 m^3$ 以上。樊庄直井单井日产气为 0.05×10^4 ~ $0.9 \times 10^4 m^3$,单井累计采气 0.6×10^4 ~ $872 \times 10^4 m^3$ 以上;定向羽状水平井单井日产气 0.5×10^4 ~ $6.3 \times 10^4 m^3$,目前单井累计采气最高达 $4583 \times 10^4 m^3$ 以上。

(3)同一井组各井单井产量可差几倍。如 FZP02 井组有 3 口水平井,2007 年 1 月投产,目前产量:FZP02 - 1V 井日产气 $465 m^3$,产水 $15 m^3$,累计产气 $28 \times 10^4 m^3$,累计产水 $5.7 \times 10^4 m^3$;FZP02 - 2V 井日产气 $6707 m^3$,日产水 $0.7 m^3$,累计产气 $106 \times 10^4 m^3$,累计产水 $0.19 \times 10^4 m^3$;FZP02 - 3V 井日产气 $23124 m^3$,日产水 $0.3 m^3$,累计产气 $4293 \times 10^4 m^3$,累计产水 $0.18 \times 10^4 m^3$。

2. 水平井产能主要影响因素

根据定向羽状水平井产气机理、数值模拟结果及樊庄区块开发实践,已知产能影响因素主要有地质和工程两方面的因素,前者包括含气量、渗透率、构造部位、断层特征及主应力方向等因素,后者有钻井轨迹、控制面积、煤层进尺、工程质量等。

1)渗透率、含气量的影响

这些年的勘探开发实践显示渗透率、含气量是控制高产的两大主要因素。前者如煤层渗透率较高的潘庄端氏镇地区,13 口水平井平均单井日产气约 $3 \times 10^4 m^3$,最高达 $10 \times 10^4 m^3$,而在其他条件类似的东北部地区却没有高产井。后者如潘庄东部,气井产量高低则明显受煤层含气量控制(图 7 - 5)。

2)构造部位的影响

同一井组定向羽状水平井钻遇构造高点高产,以樊庄区块樊 4 井组为例(图 7 - 6)。

构造部位影响产量的另一个例子是位于构造浅平台部位平缓降液,产量稳定,效果好(图 7 - 7)。在某构造浅平台区,平行煤层产状钻井,平缓降液,产气量稳定,效果甚好。上升期 367 天,稳产期 583 天,递减期 629 天,最高日产气 $8.3 \times 10^4 m^3$。目前日产气 $2.9 \times 10^4 m^3$,已采出 $0.59 \times 10^8 m^3$,采出单井控制储量的 74.8%。

3)轨迹的影响

水平井轨迹是影响单井产量的重要条件,这样的例子不少(表 7 - 2、图 7 - 8、图 7 - 9)。

表 7 - 2　水平井轨迹倾向对单井产量的影响

水平井轨迹	上倾	下倾	凸凹
井数(口)	7	11	3
产气井数(口)	7	10	2
平均日产气(m^3)	21750	2230	1361

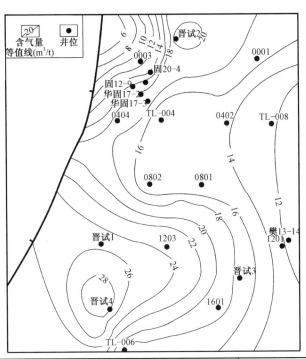

含气量(m³/t)	>20	<20
总井数(口)	21	24
产气井数(口)	19	10
平均日产气量(m³)	10620	1230

图 7-5 潘庄地区含气量主控高产

井号	海拔(m)	目前日产气(m³)	目前累计采气(10⁴m³)	目前日产水(m³)	目前累计产水(m³)	产气特征
FZP04-3	230	23790	4188	3	2540	构造高点产量高
FZP04-5	220	55123	4583	0.5	17885	构造高点产量高
FZP04-2	210	4919	1133	0.2	1790	低部位与老井沟通
FZP04-4	210	9367	1196	0.6	4821	低部位产量较低
FZP04-1	180	8892	1183	6	7662	低部位产量较低

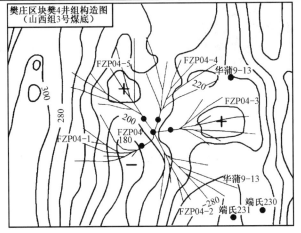

图 7-6 樊庄地区构造高点控制高产

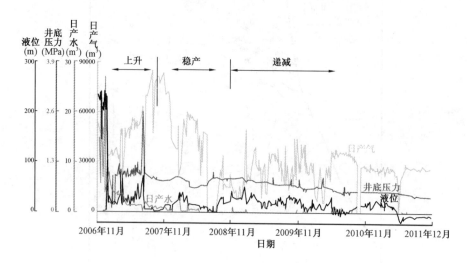

图 7 - 7　构造浅平台部位利于稳产

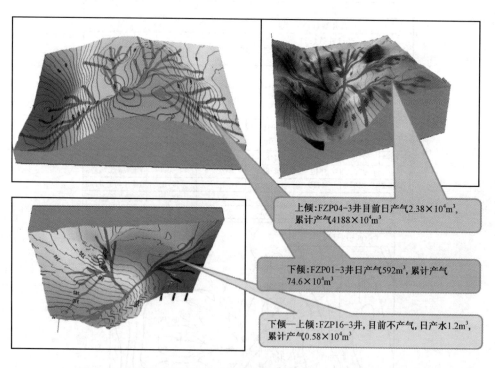

图 7 - 8　定向羽状水平井不同钻井轨迹开采效果的典型实例之一

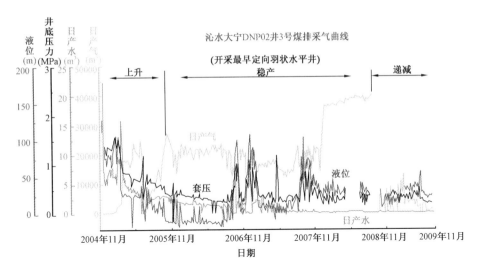

图 7 - 9 定向羽状水平井不同钻井轨迹开采效果的典型实例之二

沁水大宁 DNP02 井 3 号煤上倾方向钻井,煤厚 5m,埋深 185m,含气量 12 ~ 14m³/t,渗透率 $1 \times 10^{-3} \mu m^2$,井型 13 个分支,1 个主支,主支长 1393m,总进尺 7891m。开采 1193 天套压、日产气接近枯竭,单井最高日产气 $4.04 \times 10^4 m^3$,目前间开日产气仅 1500m³,日产水 1.5m³,套压 0.03MPa,累计产气约 $2338 \times 10^4 m^3$,上升期 270 天,稳产期 853 天,递减期 952 天(含间开时间)。特点:平缓降液,产量稳定,效果好。

4)控制面积的影响

① 面积大产量高(表 7 - 3)。

表 7 - 3 煤层进尺和单井控制面积与高产有关

水平段进尺(m)	>5000	4000 ~ 5000	< 4000
井数(口)	9	22	14
开井数(口)	9	21	10
产气井(口)	9	15	5
平均日产气量(m³)	10133	7422. 733	2449. 8
控制面积(km²)	>0.4	0.2 ~ 0.4	< 0. 2
井数(口)	12	20	13
开井数(口)	12	20	8
产气井(口)	11	12	6
平均日产气量(m³)	14509. 5	3555. 5	2086. 167

② 面积小产量低(图 7 - 10)。

5)煤层埋深、进尺的影响

同一井型煤层浅、进尺大、开发效果好(图 7 - 11)。

3. 水平井技术适用条件

全国已钻 170 余口定向羽状水平井,高产井条件:① 构造稳定无较大断层。FZP03 - 1 钻遇 4 条断层,日产气最高 1366m³,目前不产气,日产水 43m³;韩城 04、07、09 井日产水 20 ~

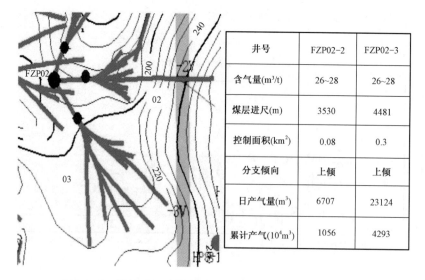

井号	FZP02-2	FZP02-3
含气量(m³/t)	26~28	26~28
煤层进尺(m)	3530	4481
控制面积(km²)	0.08	0.3
分支倾向	上倾	上倾
日产气量(m³)	6707	23124
累计产气(10⁴m³)	1056	4293

图7-10 煤层进尺虽然大,但控制面积小,导致单井产量低

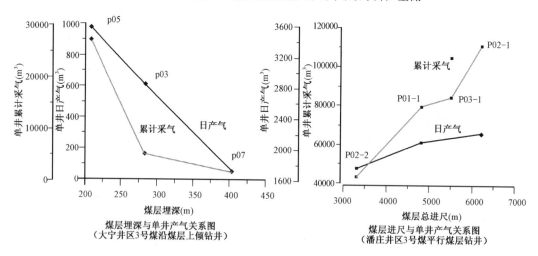

煤层埋深与单井产气关系图
(大宁井区3号煤沿煤层上倾钻井)

煤层进尺与单井产气关系图
(潘庄井区3号煤平行煤层钻井)

图7-11 大宁、潘庄地区煤层埋深、钻井进尺与开发效果关系

48m³,日产气小于60m³。② 远离水层封盖条件好。三交顶板泥岩厚小于2m水产量大气产量少,SJ6-1井9号煤厚9.4m,顶板为6.8m的石灰岩,煤层进尺4137m,钻遇率100%,最高日产水465m³,19个月产水4.6×10^4m³,不产气。③ 软煤构造煤不发育。韩城、和顺15口井单井平均日产气400m³。④ 煤层埋深小于1000m。煤层深800~1000m的武M1-1、FZ15-1井日产气小于500m³。⑤ 煤厚小于5m。柳林CL-3井煤层厚4m,最高日产气0.95×10^4m³,稳产165天递减,日产气2034m³,累计165×10^4m³。⑥ 含气量大于15m³/t。潘庄东部为7m³/t(盖层厚2~5m),北部为15~22m³/t,(盖层厚大于10m),尽管东部比北部浅100~200m,而北部6口井单井平均日产气3.0×10^4m³,东部7口井平均为2153m³,最高6257m³,相距6km单井产量差14倍。⑦ 主分支平行煤层或上倾。单井平均日产气、阶段累计和地层下降1MPa采气效果分析,水平井轨迹:平行煤层产状最好,其次上倾,下倾差;"凸""凹"型最差。⑧ 煤层有效进尺大于3000m。水平段煤层进尺小于2000m的单井最高日产气小于800m³,阶段累计采气小于2.0×10^4m³。⑨ 分支展布合理,主支长1000m左右,分支间距200~300m,夹角10°~20°。⑩ 煤层有效钻遇率大于85%。10口井煤层钻遇率小于85%,并投产1年以上,单

井平均日产气 $800m^3$,最高小于 $2000m^3$,阶段平均累计采气 $27 \times 10^4 m^3$ 。

二、沿煤层钻井技术

适用于高角度煤层发育区,澳大利亚高角度煤层沿煤层钻井单井产量提高5倍(图7-12)。鲍温盆地 moura 区块单煤层厚4m,含气量 $6.5 \sim 7.5 m^3/t$ 。50口井水力压裂单井日产气 $2800m^3$;4口井沿煤层倾向钻井单井日产气 $1.4 \times 10^4 m^3$ (单井煤层进尺 $800 \sim 1000m$)。

三、U 型井技术的应用

从目前国内外数量有限的实践看,U 型井技术还是在高渗煤层应用效果较好(图7-13),反之较差(图7-14)。

图7-12 澳大利亚沿煤层钻井技术的应用

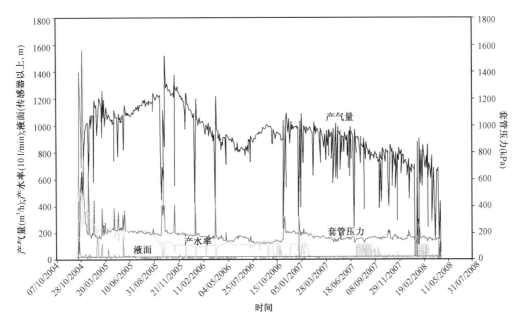

图7-13 高渗透低煤阶 U 型煤层气井产气曲线

四、超短半径水力喷射钻井技术的应用

超短半径水力喷射钻井技术(图7-15)适用于含气量高、吸附饱和度高的中高煤阶,需要构造稳定,无大的断层和褶皱,且煤层较厚,分布稳定的地层条件,通过该技术预期能提高单井产量 $2 \sim 5$ 倍。

目前我国利用该技术已钻煤层气井23口以上,单井总进尺最长1059m(10个分支),但由于煤层渗透率低,喷孔直径小,弯曲大,容易造成前喷后堵,而且水力喷射开窗直径为28mm,孔径小,排采中易被煤粉和水堵塞。目前正在进行旋转式大口径喷嘴和裸眼喷射再压裂试验,该技术仍需进一步的再试。

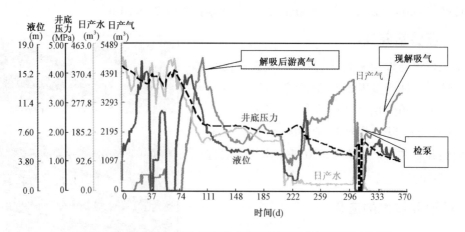

图 7 – 14 低渗透中煤阶 U 型井分段压裂采气曲线（SJ12 – 1 井）

压裂压碎煤层堵塞通道开采效果较差：该井直井进尺 511m。水平段为下倾，进尺 478.95m，其中煤层进尺 407.95m，钻遇率 852%。区域煤层渗透率 $0.15 \times 10^{-3} \sim 2.7 \times 10^{-3} \mu m^2$，含气量 $6 \sim 12 m^3/t$，顶板泥岩厚 $1 \sim 5m$。下油管分段压裂后 2010 年 10 月 19 日投产，流压 4.26MPa，开采 100 天左右第一阶段的产气高峰为压后井筒内解吸游离气，2011 年 2 月 1 日最高日产气 $5012m^3$，290 天左右第二阶段的产气高峰为解吸气。目前日产气 $5012m^3$，日产水 $4.1m^3$，累计产气 $93 \times 10^4 m^3$，套压 0.6MPa，液面 $-3m$

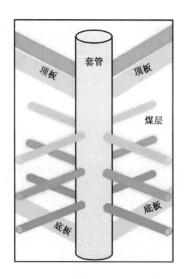

图 7 – 15 超短半径水力喷射钻井技术示意图

五、山、U、V 型钻井技术实施状况

全国计实施山、U、V 型井 88 口，其中山型 1 口，未见气流，其余 87 口井中，都以较高渗透区效果为佳，有 9 口单井日产气大于 $1.0 \times 10^4 m^3$，在彬长、寺河、柳林、保德地区，高渗透层（$2.0 \times 10^{-3} \sim 3.6 \times 10^{-3} \mu m^2$）单井日产气一般在 $0.65 \times 10^4 \sim 2.3 \times 10^4 m^3$ 之间。而低渗透区则效果较差，即使水平段成功应用筛管或玻璃钢管，效果也不理想（图 7 – 16）。

井号	水平井进尺（m）	直井进尺（m）	总进尺（m）	煤层进尺（m）	钻遇率（%）	目前日产气（m³）	备注
12－1	1064	511	1575	407.95	85.18	1649	U型井，下油管分段压裂，最高日产气5015m³
13－1	1676	514	2190	1116.8	97.3	1776	U型井，水平段下玻璃钢管
15－H_1	1065	511	1576	409	85.2	600	V型井，水平段油管筛管，3～5号煤，最高日产气2246m³
15－H_2	1783	615	2061	785	69.36		同15－H_1，3～5号煤

图7－16　中国U型、V型井应用效果

六、煤层气开发中钻井技术适应性小结

实践证明，地质条件不同，相同钻探技术可能有不同的效果，而针对性地采取不同技术则可能都会取得较好的效果。相反，相似地质条件采取相似的钻探技术则可能取得较好的结果。据前面的实例和论述，对上述煤层气开发中不同钻井技术的应用与适应性可归纳如表7－4。

表7－4　煤层气勘探开发中钻井技术的适应性

技术　指标	性能	适用地质条件	适用盆地或地区	预期效果
定向羽状水平井钻井	平行或沿煤层上倾钻遇煤层并分支，排水降压整体沟通煤层	不含水围岩、中低渗透高含气煤层；构造稳定、地层平缓	沁水、宁武、鄂尔多斯东部中北段、盘关、古蔺—叙永	单井产量提高10倍以上
U型井或水平井钻井	钻遇煤层水平段1～2km，与另1口井在煤层U型中末段对接	围岩不含水的中低渗透煤层；构造稳定，也可再分段压裂高含气区	沁水、鄂尔多斯、准噶尔、鹤岗、萍乐、英岩岭、西峡沟	单井产量提高2～3倍
超短半径水力喷射钻井	平行或沿煤层上倾方向多孔水力喷射，钻进100～200m	中高煤阶硬煤，煤层稳定、高含气、厚度较大，围岩不含水	沁水、鄂尔多斯、宁武、准噶尔、阜新、铁法、鹤岗	单井产量提高2～5倍
沿煤层钻井	高角度煤层层内钻井，钻遇煤层达上千米	煤层倾角大于45°，断层少，含气量较高	霍林河、白杨河、格目底、古蔺—叙永、盘关	单井产量提高3～5倍
裸眼洞穴完井	煤层造穴或直接裸眼完井	煤层渗透率大于5×10^{-3} μm^2，顶底板稳定，含气量较高	白杨河	圣胡安、粉河

第八章 采收率与增产措施

第一节 采收率的影响因素

在不同的煤层渗透率条件下,裂缝半长、井距、气组分、吸附等温线、相对渗透率等因素均会影响气体采收率。

一、裂缝半长

图 8-1 表明在高渗透和低渗透情况下,裂缝半长的影响不大,在中等渗透率条件下,裂缝半长将影响气产量。图中,储层渗透率 $1 \times 10^{-3} \mu m^2$,裂缝半长由 30.48m 增加到 182.88m,累计产量增加了 2.4 倍,储层渗透率为 $10 \times 10^{-3} \mu m^2$ 时产量增加了 16%。

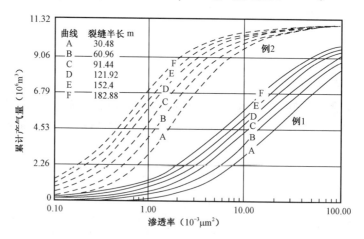

图 8-1 五年累计气产量曲线图(据 Saulsberry 等,1993)

另一方面,在表 8-1 中例 1、例 2 的储量、渗透率、相对渗透率曲线、裂缝半长、井距相同,但产量不同,这表明除渗透率外,最优裂缝半长取决于其他因素。例如,如果储层渗透率为 $10 \times 10^{-3} \mu m^2$,应采用大的裂缝半长,例 2 应采用相对小型增产措施。当渗透率和裂缝半长相同时,吸附等温线是例 2 产气量的主要影响因素。

表 8-1 用于敏感性分析的储层参数

参数	例1	例2
煤层深度(m)	304.8	432.0
煤层厚度(m)	2.13	3.05
原始含气量(m^3/t)	12.17	8.49
初始储层压力(MPa)	2.55	13.89
原始含水饱和度(%)	100	100
储层温度(℃)	24	46
排泄面积(m^2)	32	32

参数	例1	例2
吸附时间(d)	10	10
孔隙度(%)	2	1.5
压缩率(10^{-3}MPa)	58	14.5
郎格缪尔压力(MPa)	1	14.65
郎格缪尔体积(m^3/t)	17.38	27.33
裂缝半长(m)	91.44	91.44
裂缝导流能力	无限大	无限大
相对渗透率	参见图8-7历史拟合曲线	参见图8-7历史拟合曲线

二、吸附等温线

图8-2表明在五种不同等温条件下气体生产情况。

朗格缪尔等温方程

$$C = V_L p/(p_L + p) \qquad\qquad (8-1)$$

式中　C——气体储存能力,m^3/t;

　　　p——压力,MPa;

　　　V_L——朗格缪尔体积,m^3/t;

　　　p_L——朗格缪尔压力,MPa。

图8-2中V_L为27.34m^3/t,p_L为1.72~14.62MPa。

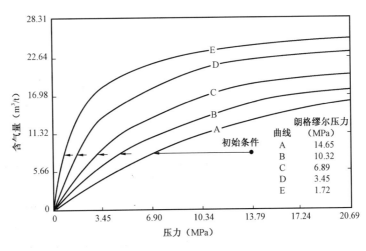

图8-2　气体解吸与吸附等温线关系图(据Saulsberry等,1993)

例2的特性列于表8-1,五种吸附等温线特点见图8-3。图8-3反映了五种吸附等温线对产量的巨大影响,渗透率为$10 \times 10^{-3} \mu m^2$时,A和E之间产量相差6倍,渗透率较低时,A和E之间产量相差更大。由图8-2可知:A吸附等温线开始解吸压力为6.68MPa,E吸附等温线从0.78MPa才开始解吸,更重要的是E吸附等温线交于A吸附等温线的含气量,例如储层平均废弃压力 0.55MPa,则 A 煤层中 A 吸附等温含气量 0.99m³/t,E 则为 6.62m³/t,这就是高煤阶的缺点,高煤阶的等温一般比低煤阶等温变化大,在废弃压力下高煤阶中的残余气比低煤阶中的含气量大。然而高煤阶具有较高的初始气体含量。

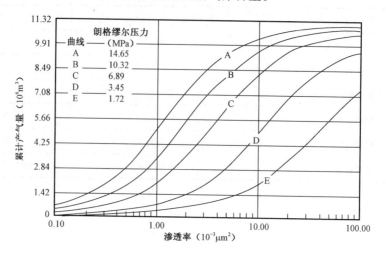

图 8 - 3   五年累计产气量曲线图(据 Saulsberry 等,1993)

三、含气量

表 8 - 1 为用于敏感性分析的储层参数,在这些参数中,含气量和渗透率对产量和采收率都有影响。图 8 - 4 说明:所有其他条件都相同,当储层渗透率为 $100 \times 10^{-3} \mu m^2$,含气量为 5.66m³/t 时,五年内煤层气采收率为 45.5%;当含气量为 7.08m³/t 时,五年内煤层气采收率为 56%,即含气量增加 25%,采收率增加 10.5%。图 8 - 4 还说明:在渗透率和气体含量都低时,主导因素不明显;在高渗透率情况下,气体含量影响气体产量。影响产量和采收率的其他因素还有煤层温度等,图 8 - 4 中例 1 的气体采收率高,图 8 - 5 中例 2 的气体采收率低,是因为例 1 的朗格缪尔压力只有 1MPa,低压下含气量较大所致。

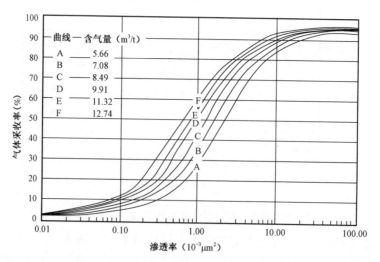

图 8 - 4   五年气体采收率曲线图(例 1)(据 Saulsberry 等,1993)

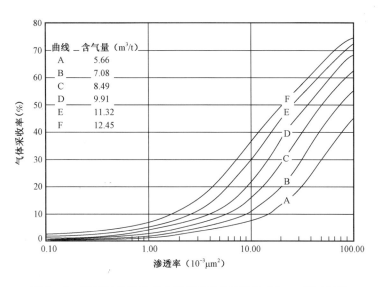

图 8 – 5   五年气体采收率曲线图（例 2）（据 Saulsberry 等, 1993）

四、井距和裂缝长

煤层压开裂缝愈长、井距愈小, 采收率愈高, 当然还要从经济效益考虑合适的井距。

图 8 – 6 中储层性质见表 8 – 1。井距为 0.64km、裂缝半长 152.4m 的采收率高于井距 0.32km、裂缝半长 30.48m 的采收率。0.32km 井距、152.4m 裂缝半长的采收率高于井距 0.16km、30.48m 裂缝半长的采收率。

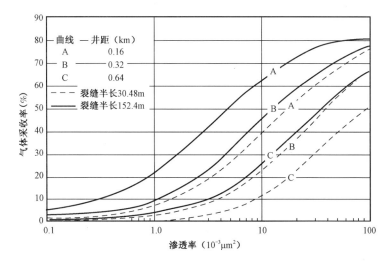

图 8 – 6   不同井距的气体采收率曲线图（据 Saulsberry 等, 1993）

五、相对渗透率

图 8 – 7 中有三种不同的相对渗透率曲线。实验室测得的相对渗透率曲线是黑勇士盆地 Blue Creek 煤层岩心实验值。历史拟合曲线是 Rock greekP2 井 Black Creek 生产拟合获得的相对渗透率曲线。图中相对渗透率曲线为直线的是假设气水重力分离的结果。

图 8 – 8 表明相对渗透率曲线对气体产量的重大作用。历史拟合曲线和实验结果之间的气体产量差近似于渗透率差的 4 倍。

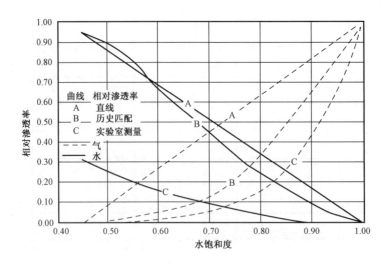

图 8 - 7　相对渗透率曲线图（据 Saulsberry 等,1993）

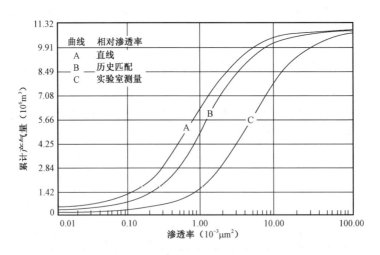

图 8 - 8　五年累计产气量曲线图（据 Saulsberry 等,1993）

由上可得出结论:① 黑勇士盆地渗透率小于 $0.1 \times 10^{-3} \mu m^2$ 的饱和水煤层不值得进行增产措施;② 应同时考虑压裂规模和井距;③ 吸附等温曲线形状对气产量影响大,应用于确定优化增产方式,其他条件相同的情况下,低煤级的等温优于高煤级,因为在废弃压力下煤中含气量较少;④ 其他条件相同时,含气量越高,原始气储量越大,采收率也越高;⑤ 在增产措施中使用的相对渗透率曲线类型模拟可预测气产量并能优选增产措施。

第二节　压 裂 技 术

一、煤层气压裂技术入门性概述

为了开采煤层气,通常需要进行水力压裂作业。这类压裂作业根据煤层深度、厚度及煤层特点进行设计。现场观察及理论研究表明,煤层甲烷气藏中的裂缝生长有四种基本情形。每种情形所显示出来的压力特征与煤层深度、厚度及围岩特点有关。

1. 浅煤层水平裂缝

浅煤层指埋深小于 1000m 的煤层,其水平裂缝见图 8 - 9。

在此情况下,最小主应力在垂直方向上,所以水力裂缝在水平面上或在倾斜地层情况下与地层面相平行造缝。煤的杨氏模量约为 $1 \times 10^3 \sim 6.9 \times 10^3 \mathrm{MPa}$,而围岩则高达 $1.4 \times 10^4 \mathrm{MPa}$ 或更高。当煤层中存在大量天然裂缝时,"有效"杨氏模量更低。这将在作业过程期就产生很宽的裂缝。然而,由于围岩的杨氏模量高,随着裂缝的不断扩展,控制煤层裂缝宽度的有效模量将增大。对这种储层建议采取如下增产措施:① 必须产生单条水平裂缝(每一煤层一条),可采用限流注入法或机械分流法;② 在对层段进行压裂时,应采用线性流体,其前置液量中等;③ 井底作业压力将超过 $22.6 \times 10^{-3} \mathrm{MPa/m}$。如果作业过程中井底压力增加太大,可能产生复杂的(多条)裂缝系统。

2. 穿透一组薄煤层的单一垂直裂缝

穿透一组薄煤层的单一垂直裂缝见图 8 - 10。

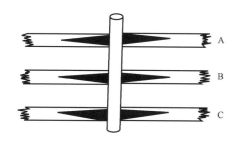

图 8 - 9　浅煤层水平裂缝图●

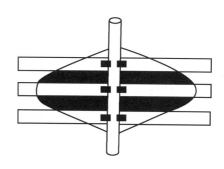

图 8 - 10　多薄层煤层垂直裂缝图●

煤层除了有发育良好的裂隙系统因而可能有更高的滤失之外,煤层的存在对压裂作业设计影响极小。对这种储层进行增产措施的常规作法是在紧邻煤层的碎屑岩层(砂岩或粉砂岩)射孔,使裂缝垂向生长来压裂煤层,这样处理时压力通常要比单独压裂煤层时低。具体要求:① 裂缝扩展梯度应小于 0.02MPa/m;② 将产生一条穿切几个煤层的单一而平坦的垂直裂缝,所以常规的三维压裂设计模型可用来估算裂缝尺寸;③ 滤失通常不是问题,对煤层压裂时可采用 30% ~35% 的正常前置液量;④ 应使用黏稠的剪切稳定的硼酸盐交联液或延迟交联液(或泡沫),保证支撑剂的传输并把其沉降速度减至最小。

3. 单一厚煤层中的复杂水力裂缝

在这种情况下进行压裂有可能发生高滤失和高超压。因此一个完善的作业计划必须包括增加几台为应付意外事故所需要的设备。具体要求:① 为对付高滤失,在压裂施工过程中必须采用高注入排量;② 为了补偿高滤失,除了高注入排量之外,还必须使用高黏度、剪切稳定或延迟交联的凝胶及起桥塞作用的防流体漏失的添加剂;③ 由于煤具有低的杨氏模量和高的地层压缩性,并且由于出现复杂的裂缝系统,很少形成一条从井筒往外穿透几百英尺的水力裂缝。

● 胡爱莲,刘友民,煤层吸附气生、储、产生特点及开采技术,石油勘探开发科学研究院廊坊分院,1992。

4. 厚煤层中一条扩展至围岩层的复杂水力裂缝

当因复杂裂缝形态而引起压力增高时,可能在煤层界面薄弱点上的围岩内产生一个垂直分量。致使流体漏入围岩就会使煤层中的裂缝宽度减少。如果正在注入高浓度砂子,就会在垂直裂缝生成时造成脱砂。表现为施工末期压力出现明显降低,发生窜层。解决方法:① 储备足够的压裂液,以便在垂直分量开始传播时再度注入前置液;② 如果再度注入前置液就必须在支撑剂开始返排前注入大量的前置液,以发展一条缝宽足以进入支撑剂的裂缝。

二、主体压裂新技术的应用

当前,通过实验分析和大量压裂生产实践的验证,已形成以变排量、低伤害压裂、水平井压裂、分层压裂、二次压裂、重复压裂等新工艺技术,分别可在相应情况下取得良好效果。

1. 变排量压裂

有时压裂采用增加前置液量,不用细砂的措施,可提高导流能力。变排量压裂一般先用液 $40 \sim 80 m^3$,再用 $4 \sim 6$ 级缓慢提升排量,从而控制缝高,形成更长支撑缝,有效减少压敏伤害。表 8-2 可见其对比效果。

表 8-2　恒、变排量压裂效果比较

类　　型	恒　排　量	变　排　量
平均缝长(m)	180.7	195.1
平均缝高(m)	8.97	7.07

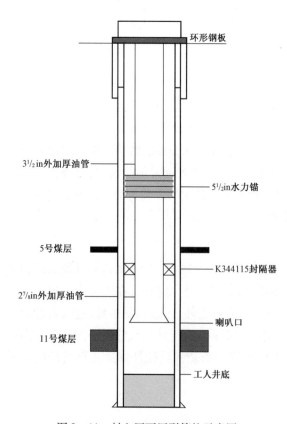

图 8-11　封上压下压裂管柱示意图

环形钢板

$3^{1}/_{2}$in外加厚油管

$5^{1}/_{2}$in水力锚

5号煤层

K344115封隔器

$2^{7}/_{8}$in外加厚油管

喇叭口

11号煤层

工人井底

2. 水平井压裂

水平井压裂在樊庄见到明显效果。樊庄区块投产 45 口定向羽状水平井老井,8 口洞穴井生产中坍塌,进行后期压裂 4 口 2 口有效,单井日增产气1800～2100 m³。

FZP10-2 井:煤层埋深 600m,煤层进尺 800.85m,钻遇率 90.5%,注入水 2400 m³,排量 3 m³/d,压前日产气 233 m³,压后日产气 2385 m³,目前日产气 2484 m³,套压 0.04MPa,液面 -15m,累计采气 78.8×10⁴ m³。

3. 分层压裂

封上压下工艺技术:施工管柱能满足煤层压裂大排量的要求;封隔器在满足大排量需要的同时耐较高的工作压差(大于60MPa),满足煤层封上压下改造的需要。有利于保护套管,其工艺结构如图 8-11 所示。

一趟管柱分压两层工艺技术:施工管柱能满足煤层压裂大排量的要求;封隔器在满足大排量需要的同时耐较高的工作压差(大于60MPa);加快施工进度,有效控制水层。

4. 重复压裂

该项技术有利于稳定压力、维持煤层裂缝伸展、解除煤粉堵塞、保持产气通道、提高压裂效果,在中国沁水盆地(图8-12)、鄂尔多斯盆地(图8-13),美国圣胡安盆地、黑勇士盆地(图8-14)应用都有明显效果。如沁水盆地樊庄区块华蒲1-38井,一次压裂液量433m³,排量7m³,砂量40m³,二次压裂液量134.m³,排量3.5m³,砂量2.4m³。重复压裂解堵:二次压裂前套压0.05MPa,日产气385m³,日产水2.1m³;二次压裂后套压0.42MPa,日产气4062m³,日产水0.8m³。沁水盆地樊庄区块重复压裂140口井,84%井有效,单井平均日产气由400m³增加为936m³。

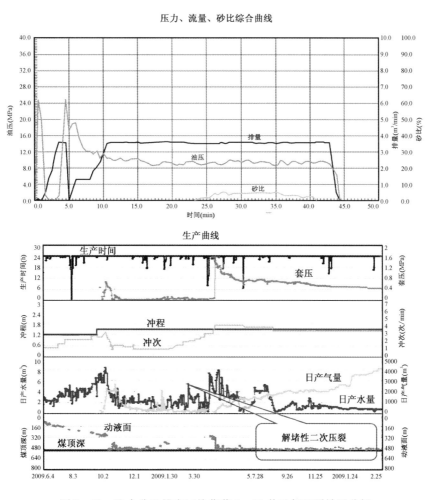

图8-12　沁水盆地樊庄区块华蒲1-38井重复压裂效果分析

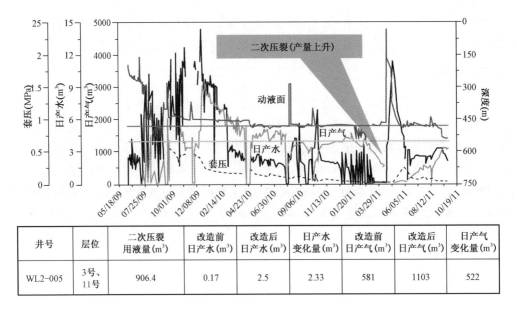

井号	层位	二次压裂用液量(m³)	改造前日产水(m³)	改造后日产水(m³)	日产水变化量(m³)	改造前日产气(m³)	改造后日产气(m³)	日产气变化量(m³)
WL2-005	3号、11号	906.4	0.17	2.5	2.33	581	1103	522

图 8-13　鄂尔多斯盆地韩城区块 WL2-005 井重复压裂效果分析

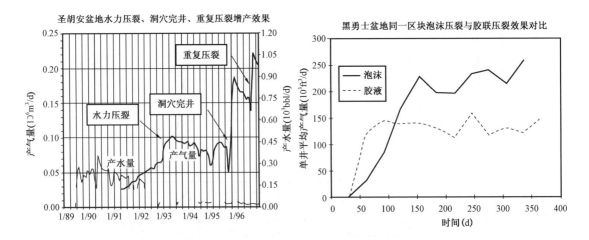

图 8-14　美国重复压裂技术:圣胡安盆地的多次完井、重复压裂

5. 多层分压合排

在阿尔伯塔盆地,用连续油管小型氮气压裂多层分压合排技术也取得良好效果(图 8-15)。马蹄谷组煤层埋深 200~700m,最多 30 层,总厚 10~30m,单层厚 0.5~3m,R_o 小于 0.5%,含气量 1~5m³/t;曼恩维尔群组煤层埋深 300~1200m,厚 2~14m,R_o 为 0.4%~0.7%,含气量 7~14m³/t。上部马蹄谷组煤层薄、高渗透($10 \times 10^{-3} \sim 500 \times 10^{-3} \mu m^2$),采用连续油管小型压裂,压开裂缝长小于 3m,消除井筒煤层污染带,单井日产气 $0.35 \times 10^4 \sim 1.5 \times 10^4 m^3$;下部曼恩维尔群组渗透率偏低($3 \times 10^{-3} \sim 15 \times 10^{-3} \mu m^2$),单井日产气直井压裂 $0.2 \times 10^4 \sim 0.56 \times 10^4 m^3$,水平井压裂 $2.8 \times 10^4 m^3$。低煤阶煤层压裂砂子堆积在井筒附近,难进入煤层深处,增产效果差,水平井效果好。

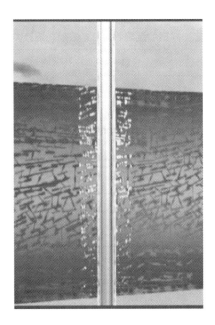

图 8 - 15　阿尔伯塔盆地连续油管小型氮气压裂多层分压合排技术

三、压裂新技术的配套条件

为了提高压裂新技术的效果,还必须配以适当的其他条件,如低伤害压裂液体系(表 8 - 3)、低密度支撑剂(表 8 - 4、表 8 - 5)研制的使用。所谓低密度支撑剂是指:低密度砂的体积密度小于 1. 15g/cm^3,真密度小于 1. 9g/cm^3,69MPa 破碎率小于 10% ,由于密度远小于石英砂,携带更容易,可以铺设于裂缝远端。此外,还要防止支撑剂的嵌入,支撑剂的嵌入是因为煤层强度低,嵌入部分的煤多被压成煤粉,对裂缝渗流有阻碍作用(图 8 - 16)。

表 8 - 3　低伤害压裂液在 U 型、V 型井应用效果

项目	内容	性　能	
		原压裂液体系	优化压裂液体系
压裂液	配方	0.3% 羟丙基瓜尔胶 + 2.0% KCl + 0.2% D - 50 + 0.3% 低温活化剂 + 0.03% NaOH + 0.1% HCHO + 0.03 硼砂 + 0.1% ~ 0.2% 过硫酸铵	0.28% 羟丙基瓜尔胶(优级) + 1.0% KCl + 0.2% BZP - 2 + 0.3% BK - 3 + 0.1% HCHO + 0.03% 硼砂 + 0.05% ~ 0.15% 过硫酸铵
基液性能	表观黏度(mPa·s)	23.4	19.5
	pH 值	8	8
交联性能	交联比	100:03:00	100:03:00
	交联时间(s)	17	25
耐温耐剪切性能	25℃/60min	43mPa·s	108mPa·s
滤失性能	滤失系数 C$_3$m/$\sqrt{min}$	6.56×10^{-4}	1.547×10^{-4}
破胶性能	时间/温度	2h/25℃	2h/25℃
	破胶液黏度(mPa·s)	5.22	4.25
残渣性能	残渣(mg/L)	180	102
助排性能	滤液表面张力(MN/m)	25.39	23.64
伤害性能	伤害率(%)	81	6.9

表 8 - 4　低密度支撑剂的沉降性能（支撑剂在溶液中的沉降速度）

支撑剂	清水（m/s）	1% KCl（m/s）
石英砂	0.2	0.133
低密度砂	0.1	0.088

表 8 - 5　低密度支撑剂的黏附性能（10g 支撑剂上煤粉的黏附量）

支撑剂	煤粉黏附量（g）
石英砂	0.1
低密度砂	0.08

图 8 - 16　支撑剂的嵌入——压裂支撑缝伤害因素之一

第三节　注气替换技术及提高低压煤层气井产量的途径

一、注气替换技术

注气替换的机理在于向煤层注入利于将甲烷从被吸附态替出的气体，增加煤层气的产量，最常见的是注氮气。某气田共有 66 口生产井，井距为 1.3km。模拟假设 14m 厚的煤分布在厚度为 1.2~5.5m 的 4 个煤层中，平均深度 853.44m。模拟煤层的渗透率为 $1.75 \times 10^{-3} \sim 7.5 \times 10^{-3} \mu m^2$，平均为 $4.5 \times 10^{-3} \mu m^2$，假设煤层均一、各向同性，垂直方向不具渗透性，不考虑储层压力变化引起的任何煤层渗透率变化。模拟使用实际气田煤心样的实验室测定气—水相对渗透率曲线，同时假设煤割理网络的有效孔隙度为 1%。模拟中煤层的初始储层压力约为 9.65MPa，在初始储层条件下，假设煤层完全被甲烷饱和，为 16.70m³/t。假设生产井不进行增产措施，注氮井的表皮系数为 -3.0。

第一阶段，对气田 66 口气井采用压力降落法开采，每口井井底压力 1.4MPa 保持不变。

第二阶段在压力降落法开采 6 年之后,打一批加密注入井 60 口,使井距变为 0.64km。布井方式为 5 点法,生产井位置不变,保持低于地层破裂压力的 13.78MPa 固定注入压力,以控制氮气注入。注入氮气后,加快了煤层脱水,使气田的总气量大大增加。虽然模型预测压力降落法在生产 20 年之后采收率为 15%,但注入氮气可增加到 38%。值得注意的是,因为模型中煤的渗透率很低,并假设未经强化,所以即使 20 年以后,模型预测的地质储量采收率一般也很低。但是,通过注入氮气,加速甲烷的生产是明显的。因为即使在 20 年注氮气后,假想气田的产量仍很高,还可以继续进行氮气分离和再注氮。

注氮气生产前应进行小型现场试验,以减少与整个气田施工有关的某些技术及经济方面的不确定性。

二、提高低压煤层气井产量的途径

提高低压煤层气井产量的途径很多,基本原则是降低气井或煤层压力。根据试验,煤层压力下降 50%,释放的吸附甲烷量不足 20%。一般情况下,只有将煤层压力降到接近于大气压时,煤层中的吸附甲烷才能全部解吸扩散出来。实际应用则需视具体情况而定:可采用井口真空泵抽,也可采用井下气体喷射泵抽,或群井开采,造成大面积整体降压,气体尽可能扩散出来,可以提高井的产量,采用前述打水平井、运用洞穴效应、实施压裂提高渗透率、提高煤层温度、加快解吸速度、多煤层完井、优化井网、合理布井等措施也都是可以提高气井产量的。

第四节 "二次成藏"作用及其在煤层气开发中的应用

所谓"二次成藏"实质就是煤层气开采过程中,压力下降,吸附态甲烷变为游离态,打破原始平衡,导致气水重新分配再聚集的现象。窜层、窜位是其常规表现,其过程可与构造后期成藏相比(图 8-17),不同的是高部位可赋存较多的游离气,同时二次成藏煤层气组分与其他期次煤层气组分也有所差异(表 8-6)。

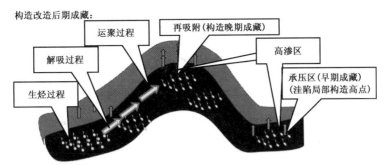

图 8-17 "二次成藏"作用与构造后期成藏本质的比较

表 8－6　二次成藏煤层气组分与其他期次煤层气组分的差异

成藏类型	地区	代表井	层位	CH_4(%)	$\delta^{13}C_1$(‰)
早期成藏	吉县	吉试5	P_1s	96.7	−31.2
	合阳	合试2	P_1s	87.78	−32.7
	韩城	韩试2、韩试14	P_1s	95.7、96.7	−31.8、−32.2
构造改造后成藏	保德	保2	C_2t	83.8	−55.52
	昌吉	昌试1	J_1b	88.49	−64.6
	沙尔湖	沙试2	J_2x	50.92	−62
	临汾	吉试12	C_2t	95.03	−56.3
开采中二次成藏	铁法	DT3	K	60	
	阜新	五龙	K	48	
	阳泉	五矿	P_1s	60.5	

　　"二次成藏"作用在煤层气开发中是可以而且应该加以利用的。气水窜位、窜层带来的二次成藏,使有些井高产,有些井低产:解吸气向构造顶部或高渗区"游离成藏",高点气多水少,甚至后期自喷,向斜水多气少。这就为二次开发找高产提供了机会。在一次开发中找煤层吸附气,在二次开发中则应重视找"游离气藏"。具体说,二次开发井网找生产中由于开采中压力下降,烃类由吸附态变为游离态使气、水重新分配,打破原始平衡状态,解吸气窜层(沿断层向上再聚集到其他层位)或窜位(沿煤层上倾高部位再聚集)形成游离气藏。这些:"其他层位"、"上倾高部位"便是二次开发找高产的目标。通常窜位的表现是:高点初期为气、水、煤粉三相流,中期水向低部位运移,气向高部位运移,形成高点自喷高产气井单相流。窜层具体原因则可能是:小断块气藏特点,断层、直井压裂排量过大、水平井、排采应力释放,沟通上下水层,如阜新采动区。我国断块气藏特点窜层是采气速度低的主要矛盾。图 8－18 至图 8－21是"二次成藏"在开发上表现出来的影响产量的一些实例,为我们认识开发过程和提高开发效

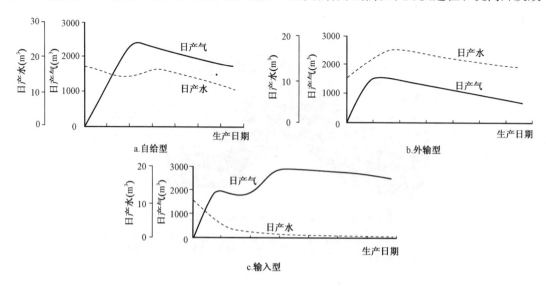

图 8－18　二次成藏导致不同构造部位和均质性差异区形成三类开采曲线

益提供了良好的参考。图 8 – 18 是目前已识别出三种"二次成藏"模式：① 自给型（图 8 – 18a），构造平缓，均质性强，日产气上升—稳产—递减，日产水下降—平稳—递减，单井产量较高，稳产斯较长。② 外输型（8 – 18b），构造翼部，非均质性强，日产气（低产或不产）上升—缓慢递减日产水（大）上升—平稳，单井产量低，稳产期短，递减快。③ 输入型（图 8 – 18c），构造高点，日产气上升—稳产—上升—递减，日产水递减—微产或不产，单井产量高，稳产高产期长。

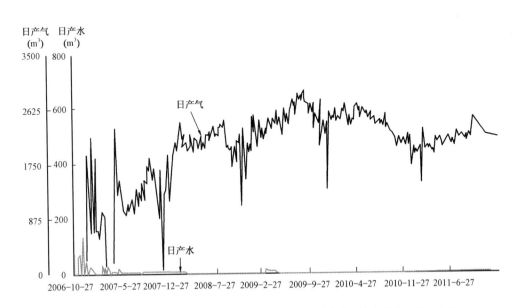

井号	煤顶海拔(m)	日产气(m³)	日产水(m³)
PN1-4	210	2208/2032	0/0
P1-3	195	4731/3945	0.5/0
PN2-7	186	4452/3683	0.3/0.1
P1-5	204	2933/2207	0.2/0.3
P1-11	146	0/00	24/9.1
PN1-1	141	130/280	12/17.1
PN2-5	147	0/0	6.1/3.7
HP1-10	172	144/156	3.2/1.3

图 8 – 19　樊庄区块二次成藏导致的气水调整产出特征

图 8 – 20　"二次成藏"影响下构造高部位产气井开采曲线（构造高点 PN1 – 4 井）

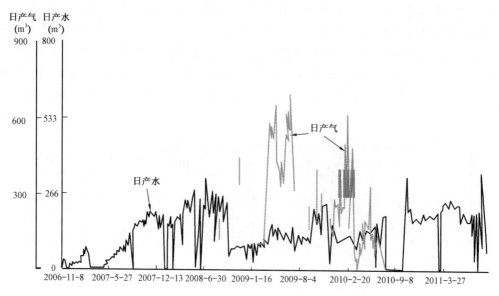

图 8-21 "二次成藏"影响下构造翼部生产井采气曲线(PN1-1井)

第五节 管理技术与思路开拓

一、制度化管理技术

制度化管理技术涉及面很广,如采排控制技术就是突出的管理技术之一。该项技术通过对不同阶段地层压力、井底压力和临界压力及其相互关系的控制保障合理的解吸进程、防止出水、煤粉堵塞等因素的影响,进而求得气井的稳产乃至高产。通过近年煤层气开发工作者在沁水、鄂尔多斯等盆地的实践和努力,已初步创新集成一套行之有效的"五段三压法"排采管理制度,在煤层气开发中发挥了很好的指导作用。五段是指① 快降液面:第 1~5 个月根据产水和煤粉优化泵型泵类,确定工作制度;② 较快降液:第 6~7 个月减速压降控制煤粉;③ 较慢降液:第 7~8 个月逐步降低液面下降速率摸索临界产能;④ 缓慢降液:产气稳定后连续稳定缓慢降压,控制产气高峰确保稳产;⑤ 稳定液面:稳产—递减期液面稳定产量平稳递减。三压是指:地层压力、井底流压、临界解吸压力。但也要看到,目前该项技术在某种程度上还主要是经验总结,因而还需从理论和实践两方面去提升,就各区的特点去进一步发展完善,以求在生产指导上发挥更大的作用。并且,除此外,其他管理技术也应逐步科学化、制度化。

二、思路开拓

本书一直专注于煤层气的勘探开发,实际上煤系地层还常常夹有砂岩、页岩,甚至灰质岩类,所以煤层气也常和致密砂岩气、页岩气共生或伴生于同一体系中,这在鄂尔多斯盆地(图 8-22)、沁水盆地(图 8-23、图 8-24)都有实例。这为各类非常规气藏的综合勘探开发提供了难得的机遇和有利条件,在煤层气勘探开发中,如能拓宽思路,定能取得事半功倍的效果。

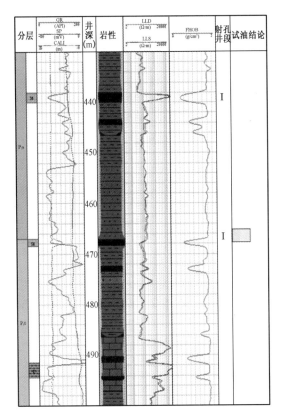

图 8 – 22　韩城地区 WL2 – 015 井煤层气与砂岩气伴生

韩城 WL2 – 015 井山西组底部砂岩井段 452.9 ~ 467.0m，厚 14.1m，射开砂岩 465.0 ~ 468.0m，厚 3m

（含 1m 煤层），压裂后井口压力为 2.32MPa，日产气 2400m³，日产水 2m³

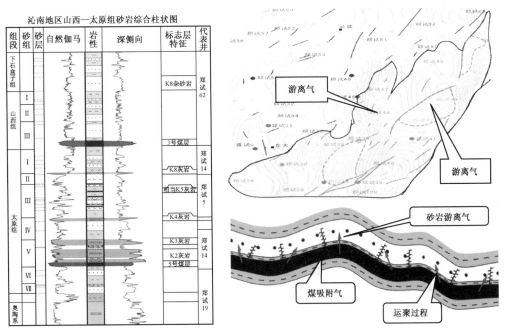

图 8 – 23　煤层气和与同源砂岩气共生成藏图

煤层吸附气和砂岩游离气藏具有同源性、伴生性、转换性、叠置性

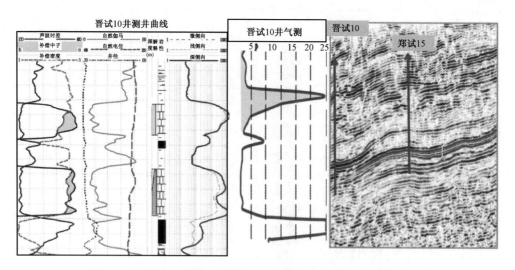

图 8 - 24　晋试 10 井太原组煤系地层中砂岩、石灰岩伴生裂缝气藏

太原组 990 ~ 1000m 石灰岩气测全烃 29.2% ,中子密度见包络面,侧向电阻值高。气层厚 5.3m,面积 10km²,预测储量 4.3 × 10⁸ m³。在砂岩、石灰岩解释气层 24 口井 43 层 156m,含气面积 320km²,预测储量 251 × 10⁸ m³。晋试 79 井日产气 4000m³,阳 1 井日产气 2300m³

第九章 试井分析与产量预测

第一节 试 井 分 析

煤层甲烷气田大规模开发需要大量的初始投资,因此,在开发煤层气田之前首先要查清煤层气储层的特性,并对煤层气井的长期产能和最终采收率进行预测。而试井可以为产能和采收率预测提供煤层渗透率、表皮系数和原始煤层压力等可靠的地层参数,同时也能为井网的布置提供资料。

目前,常规油气田的试井工艺和解释方法已经发展到了一个相当成熟的阶段,但是,在煤层甲烷气藏试井方面,还存在着许多问题。当煤层甲烷气藏压力因排水使静水压力降低而下降时,气藏内气体的产出要经过三个阶段(图6-2),随着压力的降低,井底将会出现非饱和流和两相流状态,常规分析不稳定试井数据的现行描述方法一般都假设只有单相流体流动,因此,在应用压力不稳定试井分析方法时,应注意避免非饱和流状态和两相流状态,因为它们将会使对煤层甲烷气井的测试分析变得模糊不清或无效。因此,对于煤层气井保持单相流这一必要条件严重地限制了一些压力不稳定测试方法的应用。目前,煤层甲烷气井常用的试井方法有段塞流测试、压降测试、注入压降测试和变流量试井。

一、段塞流测试方法

在段塞测试前,先向井筒内注入一定量的水,使之形成一个段塞,水开始流入地层时进行压力监测。由于段塞流测试具有能够保持井筒与地层内为单相流,操作简单方便,测试时间短,费用小,可以用典型曲线进行分析的优点,因此在钻井和完井过程中经常采用此方法来及时获取煤层参数,但段塞流测试法同时也存在着测试半径较小,对一些井不适合的特点。

解释方法:

第一,利用实测压力数据绘制 $p—t$ 曲线。

第二,将实测压力曲线与典型曲线拟合,取拟合值。

第三,计算井筒存储系数

$$C = \frac{102V_u}{\rho} \qquad (9-1)$$

第四,利用拟合值求渗透率和表皮系数

$$K = 3.78 \times 10^6 \cdot \frac{\mu}{h} \cdot \frac{C}{t_{拟合}}\left(\frac{t_D}{C_D}\right)_{拟合} \qquad (9-2)$$

$$S = \frac{1}{2}\ln\left[\frac{\varphi C_t h r_w^2 (C_D e^{2s})_{拟合}}{0.1529C}\right] \qquad (9-3)$$

式中　C——井筒存储系数，$\mathrm{m}^3/\mathrm{MPa}$；

　　　V_u——单位长度测试管柱的容积，m^3/m；

　　　K——渗透率，$\mu\mathrm{m}^2$；

　　　t_D——无因次时间；

　　　C_D——无因次井筒存储系数；

　　　μ——测试流体黏度，$\mathrm{mPa}\cdot\mathrm{s}$；

　　　h——储层厚度，m；

　　　S——表皮系数，无因次；

　　　φ——孔隙度，小数；

　　　C_t——总压缩系数，MPa^{-1}；

　　　r_w——井筒半径，m；

　　　ρ——测试流体密度，$\mathrm{g/cm}^3$。

图 9 - 1 是段塞流实测数据与样版曲线的拟合图。

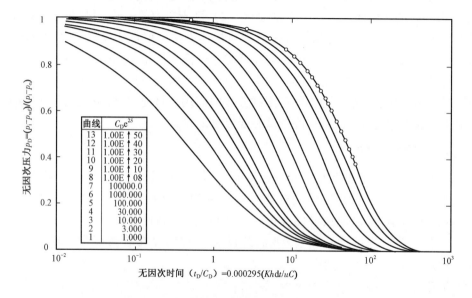

图 9 - 1　段塞流测试与样版曲线拟合图

表 9 - 1 是段塞流测试井的基本参数和解释结果。

无因次时间 $(t_\mathrm{D}/C_\mathrm{D}) = 0.000295(Kh\mathrm{d}t/\mu C)$

表 9 - 1　测试参数与解释结果表

测 试 参 数	
压力计下入深度	60.96m
原始地层压力 p_i	2.45MPa
初始段塞压力 p_o	3.03MPa
总流动时间	2h
测试管柱半径 r_t	0.0253m

地 层 参 数	
地层厚度 h	1.43m
地层平均孔隙度 ϕ	2%
井筒半径 r_w	0.1m
含水饱和度 S_w	100%
地层温度 T	23.89℃
总压缩系数 C_t	0.058MPa^{-1}
流 体 系 数	
水密度 ρ_w	1g/cm^3
地层水体积系数 B_w	1
地层水黏度 μ_m	0.91mPa·s
解 释 结 果	
渗透率 K	0.185μm^2
表皮系数 S	53.772
井储系数 C	0.212m^3/MPa

二、压降测试方法

压降测试方法比较适合于饱和水的煤层甲烷气井,甲烷在静水压力作用下呈吸附状态,因此在压降测试期间,应保持井底压力高于气体从煤中解吸的压力。当以恒定速度采水时会出现一个临界时间段,这个时间段也就是井筒存储结束到气体解吸和非饱和流的开始时间。在这个时间段内可以求取关于煤层特性的精确数据,但这个时间段至少要有半个对数周期的数据才能用半对数法来分析。因此,应采取一切可能的办法来延长这个时间段。为此有两种方法:一是隔离测试层段并关闭底部层段或者采用较小的油管来减小井筒储存;二是限定水产量和相应的压降以推迟气体开始解吸的时间。

在压降测试设计中,假设气藏为均质单孔隙性气藏,压缩系数为常数,则满足它单相流体流动的基本条件为

$$\Delta p = \left(\frac{2.121 \times 10^{-3} qB\mu}{Kh} \right) \cdot \log\left(\frac{8.085Kte^{2s}}{\varphi\mu C_t r_w^2} \right) \tag{9-4}$$

式中　Δp——测试期压力的变化,MPa;

　　　q——流量,m^3/d;

　　　B——地层体积系数,无因次;

　　　μ——水黏度,mPa·s;

　　　t——测试时间,h。

式(9-4)是单相流测试设计的基础,如果其中的变量是未知的,就必须根据已有的信息来估算。

1. 估测渗透率

式(9-4)中计算所需的煤层渗透率估测值的取得,最理想的办法是通过附近井外推估测,若不果,则可进行一次初步的、短期的段塞测试(或抽汲测试)以估测渗透率和表皮系数。

在没有实际的现场测定值的情况下,可以用 Way(1994)的关系式,对于圣胡安盆地这一关系式是

$$K = \frac{7 \times 10^6}{H^{2.19}} \qquad (9-5)$$

式中　H——煤层深度,m。

对于其他地区,也可以借用这一公式。

2. 压降值的选择

根据煤岩心样品试验取得的气体解吸和吸附等温线资料可用于估测最大允许压降值。在初始气藏压力下,典型的吸附等温线表明在煤中能吸附一定数量的气体 A,但根据煤岩心测定的含气量表明通常实测煤中的含气量 D 小于 A,也就是说煤在初始条件下含有的气量一般小于它在理论上的可能含有的气量(图 9-2)。因此,煤层气藏内的压力可以降低到吸附等温线上的某一平衡压力 p_{eq},此压力仍处于测定的含气量 D 上。如果使压力下降到低于平衡压力 p_{eq},则打乱了系统平衡状态,那么气体将从煤中解吸。因此,只要井底压力仍然等于或大于平衡压力 p_{eq},则压降测试期间就会保持为单相流,假设表皮系数为零,则平衡压力就是气藏压力的下限,压降测试中理论上 $\Delta p = p_i - p_{eq}$。但是由于在实际测试过程中存在着近井污染带和气体开始解吸的不确定性,在保证测试时间情况下,允许压降值应取得尽可能小些。

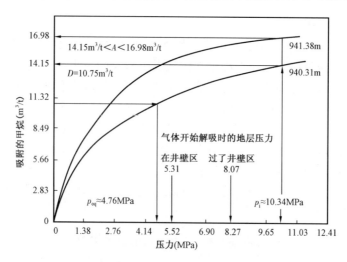

图 9-2　煤层吸附等温线图

3. 测试时间的选择

对于恒产量压降测试,为了获取充分的测试数据,应该使测试时间超过井筒控制期足够长。在使用半对数分析方法中,一个经验法则是:直线段开始的时间是在双对数图上数据开始偏离单位斜率线时间后的 1.5 个对数周期,因此,要获得 1/3~1/2 的直线段,就得使试井持续时间达到井储结束时间的三倍以上,即

$$t = 3t_{wbs} = 3 \times \frac{(2.654 + 0.16S)C}{Kh/\mu} \qquad (9-6)$$

选择测试时间的另一个方法是计算为了达到进入地层的某一距离所需的压降时间,研究

半径可由下式估算

$$r_i = 3.389 \sqrt{\frac{Kt}{\varphi \mu C_t}}$$ (9-7)

式中 r_i——研究半径,m。

由式(9-7)整理可得所需的测试时间

$$t = \frac{\varphi \mu C_t r_i^2}{11.5K}$$ (9-8)

4. 流量的计算

将前面求取的数值代入公式(9-4),则可以求取允许的采出排量

$$q = \frac{Kh\Delta p}{2.121 \times 10^{-3} B\mu \log\left(\frac{8.085 Kte^{2s}}{\varphi \mu C_t r_w^2}\right)}$$ (9-9)

另外需要说明的一点是:在井壁伤害带以外的地层压力不等于井底压力,井壁产生伤害的压降 Δp_s 由下式给出

$$\Delta p_s = \frac{1.842 \times 10^{-3} qB\mu S}{Kh}$$ (9-10)

式中 p_s 单位为 MPa。井壁伤害会影响在井筒处观测的压力变化,但不会明显地改变地层内的压力。因此,零表皮情况下计算出的允许流量对于正表皮情况仍将是准确的,但井底压力将下降到低于设计值。

煤层甲烷气井单相压降测试数据可以用常规的油井压降测试分析方法来分析,关于常规油井压降分析的方法人们已经非常清楚了。

三、注入压降测试方法

注入压降测试方法是以一定排量将水注入地层一段时间,然后关井进行压力恢复测试。注入压降测试方法在煤层甲烷钻井中应用相当广泛,它不仅适用于各种煤层气井,而且还具有以下的优点:① 流体的注入提高了地层压力,保证了在测试过程中为单相流;② 不需要井下机械泵送设备,简化了操作步骤,降低了成本;③ 可以用标准试井分析方法来分析,结果比较可靠。

但是,对于这种基本注入测试的方法,必须预防以下两点:

第一,地层伤害。其原因之一,由于注入的流体可能与地层化学环境不相容,发生反应,产生伤害。之二,有可能注入了会堵塞产层的微粒,产生伤害。因此,把取自被测试层位的地层水回注到测试井中是很理想的,这种水可从先前的压降测试井中储存或者从同一个地层的其他井中获得。至少应当采用能与地层和气藏流体相容的淡水。

第二,压开地层。由于注入过程中排量控制不好,使井底压力超过了测试层的破裂压力就可能会压开地层,产生裂缝。这种裂缝会产生认为是自然渗透率或井筒伤害的假象,使测试无效。因此,在注入压降测试过程中一定要保证井底压力低于地层破裂压力。

在注入压降测试设计过程中的假设条件与压降测试设计的条件相同,其渗透率的估测方法也与压降测试相同,只是在压降值估测测试时间选择和排量估测方面稍有不同。

对于注入压降测试,要估算最大允许注入压差 Δp,在理论上,设 $\Delta p = p_{破} - p_i$,同时根据此 Δp 值求取最大排量。与压降测试不同的是当表皮系数为正时,由于存在的表皮压降将会增加井底压力。当以最大排量注入时会压开地层,因此存在正表皮系数时,不应采取零表皮系数时的最大允许注入量,而应该选取尽可能小的注入排量。

对于注入和关井时间的选择,原来的观点认为,在恒量情况下,注入的时间尽可能地长。但从经济角度来考虑,应尽量缩短注入时间和关井时间。一般注入时间只要大于 12h,关井时间达到 24h,就可以获得较为可靠的资料。

在对注入压降测试数据的分析上,有两种方法:一种方法是常规分析方法;另一种分析方法是将时间取为等效时间,即

$$\Delta t_e = \frac{t_i \Delta t}{t_i + \Delta t} \qquad (9-11)$$

式中　Δt_e——等效时间,h;

　　　t_i——注入时间,h;

　　　Δt——关井时间,h。

利用压力与等效时间的半对数图,可以求取地层压力 p_i、渗透率 K、表皮系数 S

$$K = \frac{2.121 \times 10^{-3} qB\mu}{mh} \qquad (9-12)$$

式中　m——直线段斜率,MPa/cycle。

$$S = 1.151 \left[\frac{p_{1hr} - p_{wf}}{m} - \log\left(\frac{K}{\varphi\mu C_t r_w^{\,2}} - 0.9077 \right) \right] \qquad (9-13)$$

这里例举的是美国圣胡安盆地北部一口井压裂前的注入压降测试实例。在测试过程中,以 70m³/d 的排量注入 20h,然后关井恢复 55h,最后流压为 22.19MPa。这口井的地层参数和解释结果见表 9-2。

表 9-2　注入压降试井解释结果表

地　层　参　数	
煤层厚度 h	8.23m
孔隙度 φ	0.5%
井筒半径 r_w	0.11m
地层水黏度 μ_w	0.51mPa·s
总压缩系数 C_t	0.29MPa^{-1}
解　释　结　果	
煤层渗透率 K	$1.48 \times 10^{-3} \mu m^2$
表皮系数 S	-3.0
天然裂缝长度 X_f	4.854m

图 9-3 为注入压降测试实测数据的压力与时间关系曲线,图 9-4 为注入压降测试中压降部分的霍纳分析图,图 9-5 为注入压降测试中压降部分的双对数分析图。

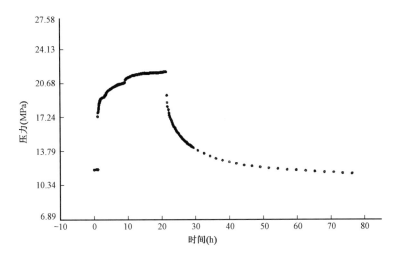

图 9－3 注入压降测试实测压力与时间关系曲线图

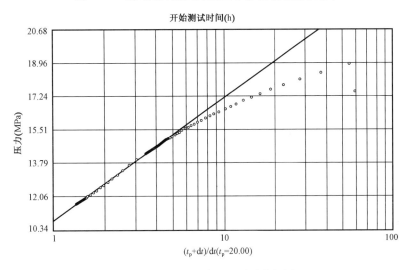

图 9－4 注入压降测试霍纳分析图

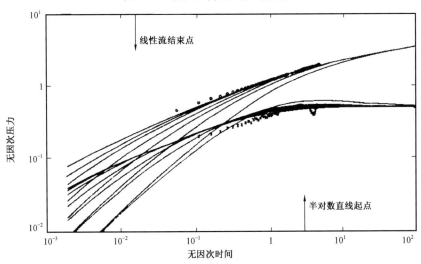

图 9－5 注入压降测试双对数分析图

四、变产量试井

变产量试井在压裂后的注入压降试井之后进行,它可以求得煤层甲烷气的解吸压力。变产量测试一般多在气田第一口井或人工举升和水处理设备都安装后的先导试验中进行。在测试过程中,不断改变水和气的产量,同时监测井底压力的变化。首先,让井以恒定产量产水,直到气体产出并持续 3 ~ 7d,如果在此产水量下生产 7d 后仍无气产出时则将水的产量增加 50%,在井产气 3 ~ 7d 之后,将水产量下降 60%,在此之后,保持恒定产量生产直到气产量开始下降。根据获得的压力恢复数据,可以从恢复曲线的弯点处读取解吸压力值。下面是变产量试井实例。

图 9 - 6 是变产量测试压力监测图。从图中可以看出,随着产量下降,压力开始恢复,在恢复曲线上有一个弯点,从弯点处就可以读取解吸压力。实际解吸压力是 8.27MPa,估测值是 8.20MPa。

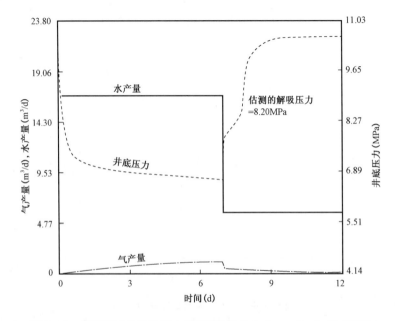

图 9 - 6　变产量试井解吸压力估算图(据 S. A. Semmelbeck 等,1990)

图 9 - 7 是相同储层特性但为高初始产水量的压力分析图。从图中可以看出,由于排水量高使得估测的解吸压力低于实测解吸压力,图中估测解吸压力为 7.69MPa。

以上介绍的几种方法都能用于煤层气井的测试工作,但它们之间也有着各自的优缺点。段塞流测试半径小,流动时间短,则一般用于煤层气井的早期测试,用以估测煤层参数。压降注入测试要求煤层气井必须为饱和水,而且压降差不好控制。相对而言,注入压降测试的适用性要强一些,无论是压前压后的煤层气井都可以用此方法来测试。煤层存在着渗透性滞后的现象,因此注入压降测试求得的表皮系数更为合理。总之,对于煤层气藏,只要将气藏压力保持在所需的压力范围之内就能在单相流条件下进行测试。在压降测试期间,使井底压力高于气体解吸压力,在注入压降测试期间保持井底压力低于地层破裂压力。

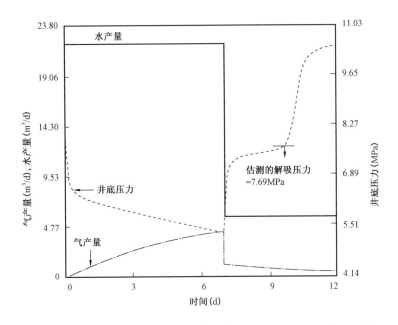

图 9 – 7　变产量试井解吸压力估算图（据 S. A. Semmelbeck 等, 1990）

第二节　产 量 预 测

煤层气的开发需要大量的投资。为了合理地利用资金，更有效、更经济地开发煤层气，需要对煤层气井进行产量预测，以优化煤层气井的生产。当前用于煤层气井产量预测的方法主要有两种：一种是用气藏储层模拟方法预测产量和采收率；另一种是利用真实气体拟压力方程和气体物质平衡方程来求得产量和时间关系曲线，从而预测产量。下面将详细介绍这两种方法。

一、煤层甲烷储层模拟方法

煤层气藏具有天然裂缝且裂缝内都被水饱和，可能有一部分游离气存在，但大部分气体都吸附在煤基质表面。当水从煤的天然裂缝中流出后，其内压力下降，气体便从煤基质中解吸出来进入裂缝中，气体一旦进入裂缝就会向井底流动。因此煤层气的产出分为两步，即气体从煤基质中的解吸过程和通过裂缝的流动过程。

在煤层甲烷储层模拟方法中，有两种倾向：一种认为在基质中的气体解吸速度与在裂缝中气体流动速度相比非常慢，要用扩散方程和常规油气藏模型来描述产量；另一种认为气体从基质中逸出速度与气体在割理中流动的速度相比非常快，可用达西定律来模拟产气量。

1. 考虑解吸过程的储层模拟方法

在最近几年这种模拟方法有了很大发展，已从开始的两维两相单井模型发展到目前的三维两相多井模型。

煤层气藏中既有基质孔隙、又有割理孔隙且两组割理系统中面割理与端割理互相垂直（图 9 – 8）。假设气体非平衡解吸，拟稳态流动，则煤层甲烷井脱气数学模型为

$$\nabla \cdot [A_g (\nabla p_g - r_g \Delta Z)] + \nabla \cdot [R_{sw} A_w (\nabla p_w - r_w \Delta Z)] + q_m + q_g$$

$$= V_b (\partial / \partial t) (\phi b_g S_g + \varphi R_{sw} b_w S_w) \tag{9 – 14}$$

$$\nabla \cdot [A_w(\nabla p_w - r_w \Delta Z)] + q_w = V_b(\partial / \partial t)(\phi b_w S_w) \qquad (9-15)$$

$$p_{cgw} = p_g - p_w \qquad (9-16)$$

$$S_g + S_w = 1.0 \qquad (9-17)$$

式中　q——气或水的产量,m^3/d;

q_m——从基质到裂缝的气体流量,m^3/d;

R_{sw}——水中溶气比,m^3/m^3;

Z——到基准面的垂直距离,m;

S——气或水的饱和度,小数;

r——气或水的压力梯度,MPa/m;

V_b——气藏体积,m^3。

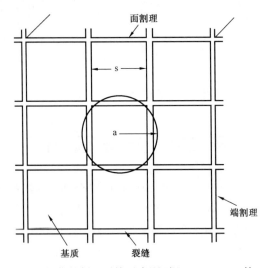

图 9-8　理想化的割理系统示意图(据 S. A. Sawyer 等,1990)

s—割理间距;a—等效圆柱半径

式中的流动系数 A_g、A_w 定义为

$$A_{g,n+1} = T(b_g/\mu_g)[K_{rg,n} + (dK_{rg}/dS_w)\Delta S_{w,n+1}] \qquad (9-18)$$

$$A_{w,n+1} = T(b_w/\mu_w)[K_{rw,n} + (dK_{rw}/dS_w)\Delta S_{w,n+1}] \qquad (9-19)$$

式中　T——网格内调合平均传导率;

n——前一时间点;

$n+1$——当前时间点。

$$T = (KA/\Delta L) \qquad L = X, Y \text{ 或 } Z \qquad (9-20)$$

$$q_m = V_m/\tau[C - C(p)] \qquad (9-21)$$

式中　C——基质内平均含气量,m^3/m^3;

$C(p)$——压力为 p 的含气量,m^3/m^3;

V_m——基质体积,m^3。

由朗格缪尔方程可知

$$C(p) = V_{\mathrm{L}}p/(p_{\mathrm{L}} + p) \tag{9-22}$$

式中　V_{L}——朗格缪尔体积, m^3;

　　　p_{L}——朗格缪尔压力, MPa。

$$\tau = 10.76/D\sigma \tag{9-23}$$

式中　D——扩散系数, m^2/d;

　　　σ——基质元素形状因子。

则

$$\sigma = 86/\alpha^2 = 86\,\pi\,s^2 \tag{9-24}$$

式中　s——割理间距离, m;

　　　α——等效直径(参见图9-8)。

则

$$\tau = s^2/8\,\pi\,D$$

由于气体解吸而使煤层内应力发生变化,从而引起煤层孔隙度和渗透率的改变

$$\varphi = \varphi_1[1 + C_{\mathrm{p}}(p - p_{\mathrm{i}})] - C_{\mathrm{m}}(1 - \varphi_1)\frac{\Delta p_{\mathrm{i}}}{\Delta C_{\mathrm{i}}}(C - C_{\mathrm{i}}) \tag{9-25}$$

$$K = K_{\mathrm{i}}(\varphi/\varphi_1)^3 \tag{9-26}$$

式中　C_{m}——基质收缩压缩系数, MPa^{-1};

　　　C_{p}——煤岩孔隙压缩系数, MPa^{-1};

　　　Δp_{i}——初始解吸压力下的最大压差, MPa;

　　　ΔC_{i}——初始解吸压力下的最大浓度差, $\mathrm{m}^3/\mathrm{m}^3$。

$$\frac{\Delta p_{\mathrm{i}}}{\Delta C_{\mathrm{i}}} = \frac{p_{\mathrm{di}} - 0.1}{C(p_{\mathrm{di}}) - 0.1} \tag{9-27}$$

将方程(9-14)至(9-17)联立就构成了一个含有 p_{g}、p_{w}、S_{g} 和 S_{w} 四个未知数的可解方程组,应用有限差分及相应的数学方法就可求取方程组的解。

利用甲烷储层模拟方法并结合常规的储量分析方法,可在气井生产初期结合体积测量法来预测生产曲线,以验证和评估产量和可采储量。当气井生产进入成熟阶段时,可利用储层模拟模型检验早期生产史,验证或预测气井可能达到峰值的时间和速率。当气井生产进入递减期时,可以将实际生产历史与模拟生产曲线进行产量历史模拟,以便更多地了解实际储层参数,也有利于模型的改进。

2. 用常规油藏模型模拟煤层气藏甲烷开采方法

甲烷从煤中解吸出来需要一定的时间。对于不同的煤,甲烷的解吸速率也不同。但是根据以往的实验发现,一般的煤层气藏的气体解吸速度很快,只有少数煤的解吸速度非常慢。因此,可以这样认为:气体从基质中逸出的速度与气体在割理中流动的速度相比非常快,且煤的脱气速度只受割理中达西流的控制。这样,不用修改模型,只需改变输入参数就可以用常规油藏模型模拟煤层甲烷气开发。

1）用常规黑油模型模拟煤层甲烷开采

与气体在煤割理中的流动相比,假设气体从煤的基质中解吸速度非常快。在某一给定压力条件下,煤中存储气量与某给定压力下从油中脱出的溶解气量相当,煤层朗格缪尔等温吸附量与常规油藏溶解油气比相当。只要把煤中的吸附气作为不动油中的溶解气处理,就可以用常规油藏模型模拟煤层甲烷气藏。油相的引入需要增加模拟煤层的孔隙度,并且改变了饱和度,必须校正气—水相对渗透率曲线且分析不动油的流体特性参数。下面将详细讨论如何校正这些参数,只需改变输入数据,而不是改变模型本身。

模型中的气和水量必须等于实际煤层中的量,因此饱和度的关系为

$$S_{gm}\varphi_m = S_g\varphi \qquad (9-28)$$

$$S_{wm}\varphi_m = S_w\varphi \qquad (9-29)$$

其中下标 m 指模拟参数,连立(9-28)、(9-29)两个方程为

$$(S_{gm} + S_{wm})\varphi_m = (S_g + S_w)\varphi \qquad (9-30)$$

模型中各相的总和必须和实际煤层一致,因此

$$S_{gm} + S_{wm} + S_{om} = 1 \qquad (9-31)$$

且

$$S_g + S_w = 1$$

方程(9-30)可以简化为

$$(1 - S_{om})\varphi_m = \varphi \qquad (9-32)$$

该方程为实际煤层割理孔隙度与模拟孔隙度的关系。注意,含油饱和度值是任选的,但是一旦选定,在模拟中就恒为常数。将方程(9-32)代入(9-28)式和(9-29)式得到实际饱和度和模拟饱和度之间的关系

$$S_{gm} = (1 - S_{om})S_g \qquad (9-33)$$

$$S_{wm} = (1 - S_{om})S_w \qquad (9-34)$$

输入模型参数时,用方程(9-33)和(9-34)调整气—水相对渗透率,将实际饱和度 S_g 和 S_w 对应的相对渗透率作为等效模拟饱和度 S_{gm} 和 S_{wm} 时的值。在所有饱和度范围内,不动油的相对渗透率恒为零,且黏度非常大,如 $10^8 \text{mPa} \cdot \text{s}$。

用实例说明该方法,表9-3给出了煤层和井的参数:单井面积 210444m^2,小于实际煤层单井控制面积,渗透率为 $0.05 \times 10^{-3} \mu\text{m}^2$,比一般的煤层渗透率高。选择这些值是为了加快脱水时间并降低计算费用。煤层孔隙度为 $3\% / (1 - 0.1) = 3.33\%$。用 Ancell 等(1980)报导的气—水相对渗透率数据,实际和模拟饱和度及相对渗透率见表9-4,图9-9是发表的气—水相对渗透率曲线,图9-10是模拟饱和度所对应的相对渗透率曲线。

表 9 – 3　模型输入参数表

单井控制面积 A	615144m²
煤层厚度 H	0.6m
煤层孔隙度 φ	3.0%
裂缝渗透率 K_f	$0.05 \times 10^{-3} \mu m^2$
初始煤层压力 p_i	3.0MPa
水黏度 μ_w	0.83mPa·s
井筒半径 r_w	0.09m
气初始饱和度 S_{gi}	0
朗格缪尔吸附常数 V_m	18.69m³/t
朗格缪尔压力常数 b	0.29MPa⁻¹
煤体积密度 ρ_B	1.3g/cm³

表 9 – 4　实际和模拟相对渗透率表

S_g	S_w	K_{rw}	K_{rg}	S_{wm}	S_{gm}
0	1.0	1.0	0	0.9	0
0.1	0.9	0.57	0	0.81	0.09
0.2	0.8	0.30	0	0.72	0.18
0.225	0.775	0.256	0.024	0.6975	0.2025
0.25	0.75	0.21	0.08	0.675	0.225
0.3	0.7	0.14	0.23	0.63	0.27
0.35	0.65	0.09	0.47	0.585	0.315
0.4	0.6	0.05	0.75	0.54	0.36
0.45	0.55	0.02	0.94	0.495	0.4045
0.475	0.525	0.034	0.98	0.4725	0.4275
0.5	0.5	0.01	1.0	0.45	0.45
0.6	0.4	0	1.0	0.36	0.54
1.0	0	0	1	0	0.9

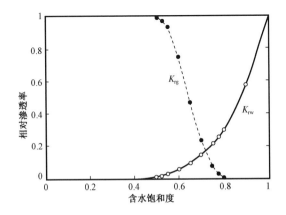

图 9 – 9　气—水相对渗透率曲线图
（据 J. P. Seidle 等,1990）

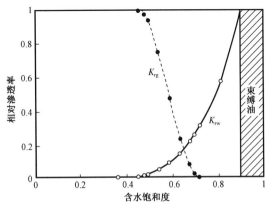

图 9 – 10　修正的气—水相对渗透率曲线图
（据 J. P. Seidle 等,1990）

实际上,煤层中单位体积气体吸附量为

$$V_{\mathrm{m}}\rho_{\mathrm{B}}\frac{bp}{1+bp} \tag{9-35}$$

在模拟煤层中,单位体积的溶解气量为

$$R_{\mathrm{s}}c_{\mathrm{m}}S_{\mathrm{om}}\frac{1}{B_{\mathrm{o}}} \tag{9-36}$$

式中　R_{s}——溶解油气比,$\mathrm{m^3/m^3}$;

c_{m}——模拟压缩系数;

B_{o}——油的地层体积系数。

为在模拟中保持质量守恒,B_{o}必须是常数,为了简单起见,在计算中 B_{o} 取 1.0,或根据需要取值接近于 1.0,两个气量相等且统一单位得

$$R_{\mathrm{s}}=\frac{1.102V_{\mathrm{m}}\rho B_{\mathrm{b}}p}{\varphi_{\mathrm{m}}S_{\mathrm{om}}(1+bp)} \tag{9-37}$$

式中　V_{m}——朗格缪尔常数,$\mathrm{m^3/t}$;

ρ_{B}——体积密度,$\mathrm{g/cm^3}$;

b——朗格缪尔压力常数,$\mathrm{MPa^{-1}}$;

p——压力,MPa;

φ_{m}——模拟孔隙度,小数;

S_{om}——模拟油相饱和度,小数。

这是不动油中溶解气和煤层基质中吸附气的线性关系,示例中煤层含气量和相应的溶解油气比与压力的关系列于表 9-5。模拟油相和其他特性参数,如黏度,可根据模型的特殊要求任意设定。

表 9-5　含气量和溶解油气比与压力的关系表

$p(\mathrm{MPa})$	$V(\mathrm{m^3/t})$	$R(\mathrm{m^3/m^3})$
0.345	1.7	709.6
0.689	3.11	1300.9
1.03	4.31	1820.4
1.378	5.34	2230.5
1.722	6.23	2602.5
2.067	7.0	2927.8
2.41	7.69	3213.3
2.756	8.3	3469.5
3.1	8.85	3697.9
3.45	9.34	3902.1

2)K(P)模型模拟煤层甲烷气藏开发

K(P)模型是表示拟油相 PVT 特性的一般模型,也可以用于模拟煤层甲烷开发,该研究使用 THERMS 模型。像上述在黑油模型中一样,修正模拟孔隙度和相对渗透率。用朗格缪尔等温常数计算 K 值

$$K_v(I,J) = (K_{v1} + K_{v2}/p + K_{v3}/p)\exp[-K_{v4}/(T-K_{v5})] \qquad (9-38)$$

式中 $K_v(I,J)$ 是组分 I 在 J 相中的 K 值,它用每一组分在不同相中的一组 K_{v1}—K_{v5} 五个常数描述。因为煤层是等温的,K_{v4} 和 K_{v5} 均等于 0。

K 值定义为:在 J 相中组分 I 的摩尔分数除以同一组分在"主相"中的摩尔分数。对于溶解在油相中的任何气相组分,油是主相,同样适用于只存在于油相中的任何组分。对于水组分,水是主相。

煤层甲烷模型是三相三组分问题,只有气体存在于多相中(气相和水相),因此,对于其他两种组分(油和水)只存在于它们的主相中。除了 $K_{v1(w,w)} = 1$ 和 $K_{v1(o,o)} = 1$ 以外,所有系数都为零。

对气体组分,除了 $K_{v1(g,o)}$、$K_{v1(g,g)}$ 和 $K_{v2(g,g)}$ 外,其他系数都为零。$K_{v3(g,g)}$ 和 $K_{v1(o,o)} = 1$,因为对气体组分油总是主相。$K_{v1(g,g)}$、$K_{v2(g,g)}$ 和 $K_{v3(g,g)}$,这三个常数刻划 $K_{v(g,g)}$,可以描述气体组分在气相和油相中的平衡分布,若模拟吸附等温线的溶解气油比,定义为

$$K_{v(g,g)} = \frac{X_{g,g}}{X_{g,o}} \qquad (9-39)$$

式中 $X_{g,g}$——气相中气体组分的摩尔分数;

$X_{g,o}$——油相中气体组分的摩尔分数。

因为气相代表一种组分,且油不蒸发,$X_{g,g}$ 等于 1。

溶解气油比 R_m 与朗格缪尔等温常数的关系用任意油相密度 ρ_o 和摩尔分数定义为

$$R_m = \frac{0.517 V_m \rho_B b p M_o}{\varphi_m S_{om}(1+bp)\rho_o} \qquad (9-40)$$

式中 M_o——油相摩尔质量,无因次;

ρ_o——油相密度,g/cm^3;

R_m——摩尔溶解气油比,mol/mol(气/油)。

研究中,摩尔质量取 16.043,油的密度为 9.64g/cm^2,变形后

$$R_m = \beta V_m \frac{bp}{1+bp} \qquad (9-41)$$

其中

$$\beta = \frac{0.517\rho_B M_o}{\varphi_m S_{om}\rho_o} \qquad (9-42)$$

溶解气油比 R_m 与气体组分在油相中的摩尔分数 $X_{g,o}$ 的关系为

$$R_m = \frac{178.1 X_{g,o}}{1-X_{g,o}} \qquad (9-43)$$

解出 $X_{g,o}$ 得

$$X_{g,o} = \frac{1}{1 + 178.1/R_m} \qquad (9-44)$$

将结果代入 $K_{v(g,g)}$ 得

$$K_{v(g,g)} = \frac{1}{X_{g,o}} = \frac{178.1}{R_m} + 1 \qquad (9-45)$$

应用方程(9-41)得

$$K_{v(g,g)} = 1 + \frac{178.1}{\beta V_m} + \left(\frac{178.1}{\beta V_m b}\right)\frac{1}{p} \qquad (9-46)$$

该式与方程(9-38)对比,系数 $K_{v1(g,g)}$、$K_{v2(g,g)}$ 和 $K_{v3(g,g)}$ 为

$$K_{v1(g,g)} = 1 + \frac{178.1}{\beta V_m} \qquad (9-47)$$

$$K_{v2(g,g)} = \frac{178.1}{\beta V_m b} \qquad (9-48)$$

$$K_{v3(g,g)} = 0 \qquad (9-49)$$

在示例中,取 $\beta = 5.298$,$K_{v1(g,g)} = 321.22$,$K_{v2(g,g)} = 160094.1$。

在 THERMS 数据中,在液相中每一组分的等温压缩系数,每种组分在液态时热膨胀系数和分体积,可以选任意小的值,避免油相收缩。油相中每一组分的黏度都应设定为非常大的值,以便在所有饱和度时不动油的相对渗透率恒为零。油和气组分的比热应当给定相当大的值,像研究等温现象一样,使用其状态方程由模型计算气体特性参数。混合气通过输入临界特性参数来描述。

3. 模拟结果对比

为说明黑油模型溶解气油比和 K(P) 方法的等效性,使用前面建立的 PVT 参数模拟了两年的产量。如图 9-11 所示,使用 14×14 网络,位于网格中心的一口井,没有进行强化处理,井筒压力恒为 0.345MPa。两种模型得出的气水产量符合非常好。早期,由于受井筒压力的约束,模型给出的产量高。使用定产而不使用定压,会避免早期不实际的情况。两个模型都描绘出煤层气井的负下降特性,并给出最大产气量为 $1.13 \times 10^4 m^3/d$,出现在第232天。两种方法都适用于快速解吸煤层的煤层甲烷开采。

COMETPC 模型认为,气体从基岩运移到割理是拟稳态过程,因此可以和该方法进行对比。文献中圣胡安盆地煤层气井使用黑油模型和 COMETPC 进行模拟,煤层和井的参数由表 9-

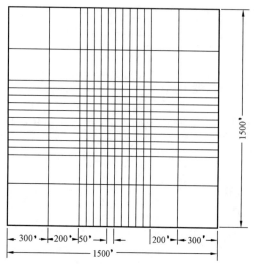

图 9-11 模型网格划分图

6 给出。模拟过程中,模型中的油相饱和度固定为 0.5,因此模型孔隙度为 4%,是实际煤层的两倍。表 9 - 7 中为发表的气—水相对渗透率和根据上述方法修正的饱和度。煤层气含量和相应的溶解气油比与压力关系列于表 9 - 8,两个模型均用面积网格,该模型使用 8 × 8 的网格,最大时间步长为 5d,COMETPC 使用 6 × 8 的网格,最大时间步长为 5d,COMETPC 使用 6 × 8 的网格,最大时间步长为 7d。

表 9 - 6   模型输入参数表

单井控制面积 A	$647520m^2$
煤层厚度 H	7.62m
煤层孔隙度 φ	2.0%
裂缝渗透率 K_f	$0.01 \times 10^{-3} \mu m^2$
煤层初始压力 p_i	10.68MPa
水黏度 μ_w	0.58mPa · s
井筒半径 r_w	0.088m
气初始饱和度 S_{gi}	0
朗格缪尔吸附常数 V_m	$18.69m^3/t$
朗格缪尔压力常数 b	$1.42 \times 10^{-5} MPa$
煤体积密度 ρ_B	$1.3g/cm^2$
裂缝半长 X_f	76.2m

表 9 - 7   实际和模拟相对渗透率表

S_g	S_w	K_{rw}	K_{rg}	S_{wm}	S_{gm}
0	1.0	0.25	0	0.5	0
0.05	0.95	0.15	0.01	0.475	0.025
0.1	0.9	0.09	0.037	0.45	0.05
0.15	0.85	0.055	0.125	0.425	0.075
0.2	0.8	0.025	0.296	0.4	0.1
0.25	0.75	0.01	0.579	0.375	0.125
0.3	0.7	0	1	0.35	0.15

表 9 - 8   含气量和溶解气油比与压力的关系表

$p(MPa)$	$V(m^3/t)$	$R(m^3/m^3)$
0	0	0
0.689	2.37	220.79
1.378	4.13	384.15
2.067	5.49	510.29
2.756	6.57	610.3
3.45	7.44	691.6
4.134	8.17	759.12
5.512	9.3	864.5

p(MPa)	V(m³/t)	R(m³/m³)
6.201	9.75	906.55
6.89	10.15	943
8.268	10.8	1003.9
9.464	11.33	1047.2
10.335	11.55	1073.2

另外,煤层和气井的参数列于表9-3,COMETPC需要裂缝间距和描述气体基岩运移割理系统的特征吸附时间,根据圣胡安盆地取心观察,模型中用2mm割理间距。COMETPC中扩散方程的解使用特征吸附时间 τ 这一时间常数,它是气体解吸63%所需要的时间。

黑油模型和COMETPC符合非常好。两个模型初期产量都很高,正如前面所指出的,这是人为定压而不是定产井。在负下降期间,COMETPC产量比常规模型低10%,COMETPC在70d后达到产气量高峰,是常规模型的89%,在两个模型中水产量比较一致。十年后,黑油模型计算出累计产气量为 $6.11 \times 10^7 \text{m}^3$,COMETPC为 $5.86 \times 10^7 \text{m}^3$,累计产水量都是 $2.0 \times 10^4 \text{m}^3$。两个模型主要不同之处在于高峰产气量和出现的时间。一个可能的原因是COMETPC中气体解吸受时间影响,而常规模型中解吸是无限大的快。当气体从基岩中解吸出来的速度不再比割理中达西流动速度快时,高峰产气量低,出现的时间也可能比气体连续解吸时晚。

应用前面介绍的数值模拟方法能把已知的储层特性和早期生产数据结合在一起,以获得生产曲线和最终可采储量。但应当指出的是,为了使模型能够获得和历史产量相匹配的结果,用以预测未来特性曲线和储量,通常需要有实际意义的生产历史资料。遗憾的是,这一方法需要的数据,如相渗透率、压缩系数等,通常比能获得的要多,因此模拟预测的成果实际上只相当于可以获得的储层信息,而不是实际的确切成果。

二、脱水煤层气井的产能预测

一般的煤层气井生产都要经过三个阶段(图9-12)。第一阶段为气水非稳产阶段,由于煤层甲烷气处于不稳定解吸状态,气、水产量都不稳定。第二阶段出现拟稳态流动,此时,气产量上升,水产量下降。在气产量达到峰值时,进入第三阶段,在这一阶段,气产量缓速下降,水产量可以忽略不计,这一阶段是煤层气井的主要生产阶段。由于煤层气井早期产水且产水时间短,因此在整个生产期的产水量是可以忽略不计的。这表明整个煤层气藏的水相饱和度是束缚水饱和度而气相有效渗透率为常数。这样可以认为煤层气井是只产少量水的干气井,因此可以用描述干气井的数学公式来描述壮年的脱水煤层气井。

真实气体拟压力为

$$m(p) = 2\int_{p_b}^{p} \frac{p}{\mu_g Z} \mathrm{d}p \qquad (9-50)$$

式中　$m(p)$——真实气体拟压力,MPa²/mPa·s;

　　　p——压力,MPa;

　　　p_b——任一基准点压力,MPa;

　　　μ_g——气黏度,mPa·s;

　　　Z——气体偏差系数。

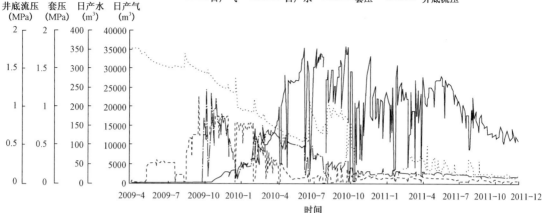

图 9 - 12　FZP04 - 2V 井排采曲线

应用真实气体拟压力公式,可以求得煤层气井产量公式

$$q_{\text{g}} = \frac{2.474 \times 10^{6} K_{\text{g}} h \left[m(\bar{p}) - m(p_{\text{wf}}) \right]}{T\left(\ln \dfrac{r_{\text{e}}}{r_{\text{w}}} \right) - \dfrac{3}{4} + S + Dq_{\text{g}}} \qquad (9-51)$$

式中　r_{e}——排泄半径,m;

　　　D——非达西流动系数,d/m³;

　　　S——表皮系数,无因次;

　　　$m(\bar{p})$——对应于平均气藏压力$\bar{p}$下的真实气体拟压力,MPa²/mPa·s;

　　　T——绝对温度,K。

假设不存在非达西流动,则方程(9-51)变为

$$q_{\text{g}} = \frac{2.474 \times 10^{6} K_{\text{g}} h \left[m(\bar{p}) - m(p_{\text{wf}}) \right]}{T\left(\ln \dfrac{r_{\text{e}}}{r_{\text{w}}} - \dfrac{3}{4} + S \right)} \qquad (9-52)$$

根据物质平衡方程可以求得累计产量公式

$$G_{\text{p}} = Ah\varphi_{\text{f}}(1 - S_{\text{wi}})\frac{1}{B_{\text{gi}}} + V_{\text{m}}\rho_{\text{B}}Ah\frac{bp_{\text{i}}}{1 + bp_{\text{i}}} + \frac{\omega_{\text{e}} - \omega_{\text{p}}}{B_{\text{g}}} - Ah\varphi_{\text{f}}(1 - S_{\text{wi}})\frac{1}{B_{\text{g}}} - V_{\text{m}}\rho_{\text{B}}Ah\frac{b\bar{p}}{1 + b\bar{p}}$$

$$(9-53)$$

假设在第三阶段,没有可流动的水,则

$$G_{\text{p}} = V_{\text{m}}\rho_{\text{B}}Ah\frac{bp_{\text{i}}}{bp_{\text{i}}} - AhV_{\text{m}}\rho_{\text{B}}\frac{b\bar{p}}{1 + b\bar{p}} \qquad (9-54)$$

式中　A——排泄面积,m²;

　　　S——水相饱和度;

　　　B_{g}——气相体积系数,无因次;

　　　w_{e}——注入水侵量,m³;

w_P——累计水产量,m^3;

$\bar{p}$——产层平均压力,MPa;

V_m——单分子层饱和吸附量,m^3/t;

h——产层厚度,m;

ρ_B——煤体积密度,$\mathrm{g/cm}^3$。

当气产量达到峰值并开始下降时,就可以将方程(9-50)、(9-52)、(9-54)联立求得气产能和采出量与时间的关系。方程(9-52)确定的气体流量乘以一个时间步长就可以得到气体产量增量。将产量增量叠加就可以求得新的累计产气量。从而由方程(9-54)求出新的平均产层压力,由新的平均产层压力又可以求出新的气体拟压力,从而又求出一个新的气体流量。这样,气产量、累计产量和平均地层压力都变成了时间的函数。根据所求得的与相应时间所对应的产量数据,就可以绘成如图9-13所示的产量预测曲线。

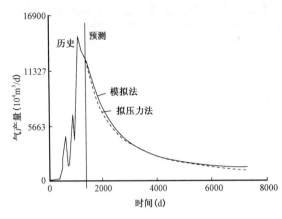

图9-13 拟压力法与模拟法预测的气水产量对比图
(据 J. P. Seidle 等,1990)

大多数的煤层都被水饱和并且在产气之前首先产水,但是有一些煤层并没有流动水而只产气。由于干煤层没有可流动水,在干煤层气井生产时看不到普通井生产时出现的前两段。因此也可以用上面介绍的方法来预测干气井的产能和采收率,并且对于干气井的整个过程都适用。

应用上面介绍的方法虽不能像储层模拟那样为工程人员每一天的决策迅速提供完全的生产资料及详细资料,但这种方法很容易记录在 PC 上,工程人员可从中迅速地确定诸如井底压力、增产措施等不同条件对产量的影响。将用这种方法得到的结果与价格预测和措施费用结合起来,就可以优化煤层气井的生产,提高煤层气井的经济效益。

第十章 煤岩学特征与测试技术

第一节 煤岩宏观组成

一、煤岩宏观成分

煤岩宏观成分是用肉眼可以区分的煤的基本组成部分。煤岩条带包括镜煤、亮煤、暗煤和丝炭。其中镜煤和丝炭是简单煤岩的成分,亮煤、暗煤是复杂的煤岩成分。早在 1919 年,Stopes 就提出这四种术语。1957 年,ICCP 正式将其作为 Stopes – Heerlen 系列的一个组成部分。

1. 镜煤

Stopes 描述为"黏着、光滑和均一的整体,具光泽,甚至可以是呈玻璃状的物质"。镜煤呈黑色,光泽强,质均匀而脆,具有贝壳状断口,内生裂隙特别发育,内生裂隙常呈眼球状,有时充填有方解石、黄铁矿等薄膜。镜煤容易破碎成棱角状小块。在煤层中镜煤常呈透镜状或条带状,大多厚几毫米至一二厘米,有时呈条纹状夹在亮煤或暗煤中。

在四种煤岩成分中,镜煤的挥发分和含氢量高,黏结性强。

2. 亮煤

Stopes 描述为"在与层理面垂直的断面上,具有一定轮廓的平滑表面,这些表面具有明显的光泽或闪光,可以辩认出是呈原生条带的"。亮煤是最常见的煤岩成分,不少煤层以亮煤为主组成较厚的分层,甚至整个煤层。亮煤的均一程度不如镜煤,较脆,内生裂隙发育,密度较小,有时也有贝壳状断口。表面隐约可见微细条理,亮度和内生裂隙发育程度小于镜煤。主要以凝胶化组分为主。

3. 暗煤

Stopes 对此描述为"坚硬致密,肉眼下表现为颗粒状结构,无真正平滑的断口,总是呈现为暗淡无光泽的凹凸不平的表面"。暗煤的特点是光泽暗淡,一般呈黑灰色,致密,密度大,内生裂隙不发育,坚硬而具韧性。在煤层中,可以由暗煤为主形成较厚的分层,甚至单独成层。

暗煤的组成相当复杂,一般凝胶化组分比较少,矿物质含量高。

4. 丝炭

Stopes 描述为"主要呈碎片或楔形物产出,由易破碎成粉末的、易剥离且有点纤维状的束缕状物质所组成"。其外观像木炭,颜色灰黑,有明显的纤维状结构和丝绢光泽。丝炭疏松多孔,性脆易碎,能染指。其空腔常被矿物质所充填,矿化丝炭坚硬致密,密度大。在煤层中,一般丝炭的数量多,常呈扁平透镜体沿煤的层面分布,大多厚一二毫米或几毫米,有时能形成不连续的薄层。丝炭组成单一具有明显的植物细胞的丝炭化组织是各简单的丝炭成分,含氢量低,含碳量高,有黏结性。由于孔隙度大,吸氧性强,丝炭容易发生氧化和自燃。

二、宏观煤岩类型

上述宏观煤岩成分是煤的岩石分类的基本单位。其中镜煤和丝炭一般只是细小的透镜体或以不规则的薄层状出现;亮煤和暗煤虽然分层较厚,但常有互相过渡现象,分层界限往往不很明确。在了解煤层的岩石组成和性质时,如果以宏观煤岩成分为单位,不便于进行定量,也不易于了解煤层的全貌。鉴于上述原因,在实际工作中,就产生了更大级别的宏观划分方法。苏联煤岩工作者按"平均光泽"划分出光亮型煤、半亮型煤、半暗型煤和暗淡型煤(表10-1)。

表10-1 煤岩宏观分类表

类型	平均光泽强度	镜质组含量(%)	主要煤岩组分
光亮型	很强	>75	镜、亮煤
半亮型	较强	50~75	镜煤、亮煤为主,间火暗煤和丝炭
半暗型	暗淡	25~50	暗煤为主,间夹亮煤、镜煤
暗淡型	极暗	<25	暗煤为主

光亮型煤成分较均一,条带状结构不明显,具有贝壳状断口,内生裂隙发育,脆度较大,容易破碎。

半亮型煤条带状结构明显,内生裂隙较发育,并具有棱角状断口,或呈阶梯状。半亮型煤是最常见的煤岩类型,如华北晚石炭世煤层多是由半亮型煤组成。

半暗型煤的特点是:硬度、韧性较大,密度较大。

暗淡型煤常呈块状构造,致密,层理不显。煤质坚硬,韧性大,密度大,内生裂隙不发育。个别煤田如青海大通煤田有以丝炭为主组成的暗淡型煤。

第二节 煤的显微组分及其特征

煤的显微组分是在显微镜下可识别的有机成分,可与无机岩石中的矿物类比,但不同于矿物。煤的显微组分没有特征的晶体形式,其化学组成也不稳定。煤是一种不均一的固体有机岩石,含有微观可识别的各种有机显微成分。研究这些组分的形成、数量、性质及其在地质历史过程中的演变,属于煤岩学的范畴。

经过多年研究和经验的积累,国际煤学委员会(ICCP)1957年把有机显微成分按组划分为组分和亚组分等。这一分类方案不仅成为鉴定煤显微成分的基本依据,而且对沉积岩中分散有机质显微组分的鉴别和分类也起重要的促进作用。

一、镜质组

镜质组是大多数煤层中占绝对优势的显微组分,主要由植物遗体的根、茎、叶组织中木质纤维素物质经过不同程度的凝胶化作用和后来的煤化作用转变而成。在低变质烟煤中,镜质组分的光学性质介于稳定组和惰质组之间,化学性质则以富氧为特征。

1. 结构镜质体

系指镜质组中仍能分辨出植物组织细胞结构和结构壁物质。按细胞结构保存的完好程度分为两个亚组分:细胞壁微有膨胀,细胞腔较为清晰完好的称之为结构镜质体1,其细胞腔多为方形、圆形或椭圆形;细胞壁强列膨胀,细胞腔收缩成线状或密闭的叫做结构镜质体2。镜质体的细胞腔中常被胶质镜质体充填,有时也可充填树脂体、微粒体和黏土矿物,真正纯净的结构镜质体罕见。

2. 无结构镜质体

系指在普通反射光显微镜下不显示任何植物细胞结构的镜质组组分,是植物组织强烈凝胶化的产生物。依据形态和产状,无结构镜质体可划分为四种:① 均质镜质体,呈条带状产出,具有正常的反射率,通常将其作为测量镜质组反射率以确定煤级的标准组分;② 胶质镜质体,数量很少,充填于细胞腔、孢子腔、菌核空腔以及近于垂直于层理的裂隙之中,是一种真正的凝胶充填物,自身无固定的轮廓,随充填空间的轮廓而定,反射率略高于均质镜质体;③ 基质镜质体,是胶结其他组分的基质,其中可包含其他组分的碎片或碎屑,反射率略低于均质镜质体;④ 团块镜质体,是一种圆形、椭圆形或者稍具棱角的均一团块状物质,可以单独出现,也可以呈细胞充填物产出,其大小与细胞腔直径相连,最大者可达 $300\mu m$。

3. 碎屑镜质体

系指直径小于 $10\mu m$ 的镜质体碎屑。由于其常常被基质镜质体所胶结,二者的颜色、突起及反射率相近,故往往不易鉴别。若与碎屑镜质体相邻的是反射率不同的其他组分时,如黏土矿物、稳定组碎屑和惰质体碎屑,则较容易加以区分。碎屑镜质体是煤中较少见的一种显微组分。

近些年来,经荧光及化学研究,对镜质组组成和结构有了进一步的认识。据现代认识,腐殖煤中的镜质组基本上可以分为两个亚组。

1)富氢镜质体

基本特征是相对富氢、富沥青、无结构、低反射率、强黏性,常显示橙棕色荧光,并有荧光强度变化为正、光谱变化为负的光变特性。从结构的研究上发现,这种富氢镜质体的芳香结构上连接有较一般镜质体更多的富氢短脂肪链边缘基团的脂类化合物,因而在某种程度上具有类似稳定组组分的性质。

对富氢镜质体的研究日益受到重视,它可能是导致某些富氢镜质组的腐殖煤具有"异常"性质的根本原因。一般认为富氢镜质体可能是在碱性介质下和强还原环境下,由高等植物木质纤维素母质经受强烈生物降解和地球化学沥青作用转变形成的。

2)贫氢镜质体

与富氢镜质体相比,其特征是相对贫氢、贫沥青、有结构、高反射率、弱黏性,基本上不显示荧光或荧光极弱。芳香结构上可有短脂肪链基团,是正常(典型)的镜质组代表,是镜质组中最丰富的一种类型。

富氢镜质体的发现和两类镜质体的划分,是近些年来镜质组研究中一大突破,使镜质组仅能生气不能生油的传统观点受到了冲击。现在证明,丰富的富氢镜质体不仅会使低煤阶腐殖煤有较强的黏结性,而且有较高的产烃能力,特别是可以产生甚至有可能排出液态烃,形成煤层油气藏。

二、壳质组或稳定组

1935 年 Stopes 将起源于孢子花粉外壳的组分当作"壳质体",Jongmans(1935)将这个术语的意义扩展到煤化的角质层物质,后来壳质组分也包括了起源于藻类和树脂的显微组分。现在木栓质体、荧光质体及新生的组分渗出体等均归入壳质组中,壳质组一词已失去它原来的"外壳"。

壳质组或稳定组主要包括植物成因的孢子、角质、木栓、树脂、腊、脂肪和油等。其化学性质以富氢贫氧为特征。在成煤作用的生物化学阶段,它是相对比较稳定的组分,但是在成煤作用的热演化阶段则很不稳定,易分解转化为其他物质。在低煤化烟煤阶段,壳质组脱羧基并生成石油。在中煤化阶段(镜质组 $V_{daf}=29\%$)转变为气态烃。

1. 孢子体

孢子是孢子植物的繁殖器官。煤中的孢子体是孢子的细胞外壁,其内壁主要由纤维素组成,成煤过程中内壁和孢腔内的原生质一起被破坏。外壁主要由孢粉质组成,致密坚硬,容易保存下来。异孢植物的孢子有雌雄之分,雌性孢子个体大,称大孢子,雄性孢子个体小,称小孢子。同孢植物的孢子无雌雄之分。

大孢子的直径一般为 $0.1\sim3$ mm。在垂直层理的切面上,大孢子呈被压扁的扁平体,为封闭的长环状,转折处呈钝圆形。大孢子的外缘多半光滑,有时表面有瘤状、棒状、刺状等各种纹饰。它的孢壁有时可显示粒状结构,有时可分出外层和内层。

小孢子一般小于 0.1 mm,多呈扁环状,细短的线条状或蠕虫状,有时分散或聚集在一起成小孢子堆。花粉是种子植物的繁殖器官,其大小一般为 0.05 mm。小孢子有三射线裂缝痕,而花粉没有。

古生代的煤主要由孢子植物形成,煤中孢子很多。中—新生代成煤植物以裸子为主,煤中花粉较多,孢子减少。

从低煤阶到中煤阶,孢子体透光色由黄变为橙红色,红色、反光色从暗灰变为灰色。在低煤阶时,用荧光能很好地区别腐殖组与孢子体。

孢子体的折射率随煤阶增高而增大,韧性好,腐蚀硬度大,突起高,显微硬度随煤化程度加深而增高。

孢子体主要由孢粉质组成,孢粉质由类胡萝卜素和类胡萝卜素酯的氧化聚合物组成,化学式 $C_{90}H_{27}O_{12}(OH)_{15}$。随煤化程度增高,碳含量增高,氧和氢含量减少。

2. 角质体

角质体是覆盖在叶、种子、叶柄、细茎、桠枝上的一层透明的角质表皮层,不具细胞结构,抗化学反应的能力强,很难被细菌和真菌破坏,能防止水分蒸发,抵抗摩擦。在垂直煤层理的薄片或光片中角质体的光学性质与大孢子体比较相似,但形态有很大差别。薄壁或厚壁角质层的最大特点是内缘具有特殊的锯齿状构造,外缘比较平滑,长条形。比较完整的角质层长宽比很大,有时薄壁角质层可能出现不同形式的褶皱状构造或出现完整的角质层包围着凝胶化叶肉组织的构造。反射光下呈黑色,具黄色或黄褐色荧光,正荧光变化。在我国山西石炭—二叠系煤系地层及华南泥盆系中,常见一些呈叶片状富含有机质的油页岩或煤层,其有机质主要是角质体,俗称纸状煤。

3. 木栓质体

木栓质体由死亡植物的木栓组织转变而来,其主要出现在Ⅱ类烃源岩中,一般数量少。在我国南方二叠系某些煤层中木栓质体异常丰富,含量普遍可达 $10\%\sim25\%$,有时可超过 70% ,称树皮或残殖煤,是中国南方二叠系含煤岩系的典型特征。在这样的煤矿中常见大量油气显示。

木栓层分布特点是一般具有数层至十余层,扁平状长方形木栓细胞排列规则。在垂直切面中呈叠瓦状构造,在透射光下呈深黄—橘红色,色调不均匀,但往往由于凝胶化作用较强,栓状细胞结构不很明显。

4. 树脂体

树脂体主要由原始成煤植物中的树腊树脂以及部分树胶硬树脂、胶乳、芳香油、脂肪等转变而来的。其分布形态是多种多样的,但一般主要呈比较特殊的大小不等的椭圆形、卵圆形,零星分布在煤中,最大者直径可达数厘米,有时也密集分布,或呈细小的球粒状物质充填在某些结构镜质体的细胞空腔中。

在低变质牌号的煤中,树脂体在透射光下一般呈浅黄—黄褐色,在反光显微镜下为深灰—灰黑色。其结构均匀平坦,无突起,在荧光显微镜下往往具有很强的黄绿色荧光。

5. 沥青质体

沥青质体是藻类、细菌和动物蛋白质在厌氧环境下强烈分解的产物。有人认为一部分沥青质体就是强烈分解了的藻类,叫做藻类体 B(Hutton 等,1980)。沥青质体也常常构成某些暗煤和腐泥煤的基质。低演化阶段的沥青体在透光薄片中往往具有不很明显的粒状结构,在光片中由于很软,其磨光性较差;在荧光显微镜下具弱荧光,受紫外光激发后呈现出明显的光变增强。沥青质体是腐殖煤的组成特点,常含有水生生物的类脂组分,包含某些海相微体化石,有时与透镜状碳酸盐、矿物集合体等标志矿物共生。这类沥青形成于煤化作用第一次跃变之前。

6. 荧光质体

荧光质体在普通反射光下极易被误认为是煤中的黏土矿物、透镜体或条带,具最强的荧光性,呈浅黄色调的黄绿色荧光,透射光下完全透明。显微探针证明,其为纯有机质,成分可能是香油精。荧光质体受热演化几乎全部转变成烃类。在腐殖煤中,荧光质体呈不同形态的粒状集合体,按一定方式分布于角质体包围的镜质体中,具极强的绿色荧光负荧光变化。而出现在生油岩及油页岩中的荧光质体,呈一种无结构不定形的条带状,具极强的黄绿色荧光。Teichmiiller(1974)认为,这实际是一种植物油。Mukhopadhyay 等(1985)认为它是一种次生显微组分,形成于成油过程中。Robert(1980)则把其当作植物叶组织的分泌物。肖贤明(1990)认为荧光质体是一种原生显微组分,产生于叶镜质体中,在排列上呈现一定规则,它可能与叶片组织的某些分泌物有关,而产生于生油岩中的荧光质体,可能来源于植物中特别富氢的成分。

7. 渗出沥青质体

可简称渗出体,为煤化过程中稳定组和一部分镜质组的热解产物形成,充填于煤中裂缝及丝质体、半丝质体细胞腔和菌类体的空腔之中。有时还可见到裂隙中的渗出沥青质体,其母体角质体和树脂体等相连接,但其反射率和荧光强度分别高于和低于其原始稳定组分母体。在各国的富氢煤中常见渗出体,如我国华北太原组的富氢煤等。

Teichmiiller(1974)认为渗出体是亚烟煤和高挥发分烟煤阶段经沥青化作用,由稳定组分(包括荧光镜质体)形成的液态似石油沥青物质脱氢烃后的固化产物,或经过初次运移的石油型产物。但 M. Shibacka(1978)在研究奥大利亚、新几内亚、美国和日本古近—新近纪褐煤时发现,其中同样存在渗出体,源于树脂体,存在于相邻组分的内生裂隙和孢子体的胞腔中。

8. 碎屑稳定体

碎屑稳定体是一个集合术语,系指细小的、无法鉴定其归属的稳定组分碎屑,由孢子、花粉、角质层、树脂及藻类等原始物质的分解残余所组成。它们在显微镜下的颜色、反射率、荧光性等都呈现出具有壳质组的特征。在普通反射光下,碎屑稳定体一般难以与黏土矿物区分,但根据荧光性较强等特征可以在高倍荧光镜下加以鉴别。

9. 藻类体

煤中最常见的绿藻单细胞组成的群体,如葡萄藻(*Botryococcus*)、轮奇藻(*Reinschin*)等属。山西浑源二叠纪煤层中有由葡萄藻属形成的藻煤。除绿藻外,煤中还有其他藻类,如凌源震旦纪石煤中发现过褐藻,我国某地石煤和国外志留纪油页岩中都发现过蓝绿藻。

在煤片中,藻类群体多数为椭圆形,大小由几十至一二百微米,有达三四百微米的,单细胞仅几微米,呈放射状排列。藻类群体外缘不规则,表面呈蜂窝状或海绵状结构。有时因分解程度较深而结构模糊或完全不显结构。在高倍镜下可以看到群体中的黑色斑点,往往是细胞的内胞腔。透光下藻类透明,呈柠檬黄色、黄褐色或淡绿黄色。反射光下藻类呈深灰色,微突起。油浸光片中藻类颜色比孢子更暗一些,近于黑色,有内反射现象。在二碘甲烷浸液下藻类要亮一些,因此比浸油下更易识别。应用荧光时,在干物镜下,光片上的藻类群体呈绿色至黄褐色的荧光。有时藻类被黄铁矿、硅质和钙质所代替。

正常的腐殖煤中一般难以见到藻类体,它们仅出现在由湖沼盆地腐泥条件下形成的某些特种煤中,浮游藻类主要繁殖在湖沼远岸富氧的水面,死亡后才沉入水底贫氧还原地带。地质历史时期,各地石炭系煤中藻类体分布较其他时代的多。

三、惰质组

与镜质组一样,惰质组分也主要起源于植物遗体的根、茎叶中的木质纤维素组织,但这些组织在泥炭化阶段或煤化阶段中经历了各种方式的氧化作用,形成了不透明惰性物质。惰质组在腐殖煤中一般是比较常见的显微组分,往往保存有明显的植物细胞结构。在透射光下多为黑色不透明物质,在反光油浸下是煤中反射率最高的显微有机组分,并且反射色略带黄白色,在荧光显微镜下一般不发荧光。国际煤岩学分类方案通常把惰质组中煤岩组分划为六种组分:丝质体、半丝质体、粗粒体、微粒体、菌类体、碎屑惰质体。

1. 丝质体

煤中丝质体类似木炭状的物质,往往保存有植物的各种木质细胞结构,反射率很高,在薄片中细胞壁为黑色,细胞腔有时为空洞,有时充填矿物杂质。丝质体是煤中分布比较广的显微组分,常呈小透镜状平行层理分布,没有被矿物质充填的丝质体易脆和较软,丝炭细胞空腔被矿物充填后则成为硬度很高的矿化丝炭。

按成因可划分为四种亚组分。火焚丝质体源于"森林火灾",快速氧化作用下形成。其反射率在所有显微组分中最高,细胞结构保存完好,细胞壁薄,胞腔排列整齐,往往细胞壁上的"纹孔"及细胞之间的"胞间隙"仍清晰可辨。火焚丝质体受压破裂可形成"星状"和"弧状"等显微结构。氧化丝质体也叫做降解丝质体,是植物遗体碎片在泥炭沼泽中经受缓慢氧化作用(丝炭化作用)转变而成,与火焚丝质体相比,氧化丝质体的反射率相对较低,细胞结构保存的不是十分完好,细胞壁常有一定程度的分解膨胀。原生丝质体起源于富黑色素的植物物质,黑色素沉积在植物的细胞膜中。黑色素碳含量高,氢含量低,性质稳定。煤化丝质体也有人将其译为变质丝质体,Teichmiiller 等(1983)认为煤化丝质体是相对富氢的木质结构体 A 在煤化作用过程中转化而成的。

2. 半丝质体

1975 年国际煤岩学分类方案中把半丝质体作为一个显微组分,而苏联和我国的分类中把不同形态的半丝质体划归为一个组。不管组成组分的划分与归属如何,鉴别与划分半丝质体的原则是一致的,即主要根据它们在显微镜下的光学性质。半丝质体在光片中的反射率较丝质体低,但又远比镜质组高,硬度和突起也较丝质体低,较镜质体高,细胞结构往往不如丝质体完整。石炭—二叠纪烟煤中半丝质体分布较广。

3. 粗粒体

粗粒体具有惰质组反光能力,是多少有些致密的无结构显微组分,或呈基质出现,或单独产出。单独产出的粗粒体一般均一而致密,有团块状和条带状两种结构。以基质形式产出的粗粒体的结构类似基质镜质体。部分粗粒体是由强分解和凝胶化泥炭碎屑的次生氧化作用或再沉积作用转化而成,具氧化性质。部分粗粒体起源于真菌和细菌新陈代射作用产生的黑色素及也虫或蠕虫的粪球粒,具原生性质。某些粗粒体系由相对富类脂物的基质镜质体在煤化作用过程中转化而来,具"煤化"或"变质"成因,也存在着半粗粒体类型的显微组分。

4. 微粒体

微粒体在反光油浸下呈白色,是极其细小的颗粒,大小近于 $1\mu m$,往往充填在细胞腔中,也常与黏土矿物混杂在一起。

腐殖烟煤中的微粒体一般常与树脂体、孢子体等有一定的成因联系,Teichmiiller(1983)总结了微粒的形成规律:① 与类脂组有联系并且可能由它们所形成;② 通常最早出现在烟煤阶段;③ 微粒体出现在腐泥沉积物下面,属半腐泥相。

微粒体不仅具有圆粒特征,而且主要形成于烟煤阶段。它来源于类脂体或腐殖体的脂类组分,特别是树脂体、沥青体或基质镜质体等。另外有部分微粒体形成与真菌、第二细胞壁残余、植物中半透明的粒状物质等有关。

5. 菌类体

它是在煤中呈规则或不规则的圆形、椭圆形、纺锤形,粒径数十至数百纳米,单个或密集分布,切面内部具有双孔—多孔规则细胞孔腔结构或不规则的多孔状、裂纹状结构的团粒。在光片中反射率高,硬度大,突起显著,薄片中为黑色或棕黑色,不透明至半透明。分布在基质镜质体、腐殖体、腐殖凝胶体等显微组分中。

真菌往往呈暗黑色,反射率较高,黑色素可能是造成菌类体色深和反射率较高的主要原因。菌类体比较稳定,可以在某些条件下被选择富集。

6. 碎屑惰质体

碎屑惰质体为小于 $30\mu m$ 毛细胞结构的丝炭化物质碎屑,形状极不规则。

第三节　煤岩测试技术与应用

一、煤岩显微组成定量

煤岩显微定量是煤岩工作的重要内容之一,定量数据是评价烃源岩质量,解决各种地质问题和工业利用问题的基本依据。确定煤岩显微组成含量的方法有直线法、面积法、点计法三种,我国常用光片点计法进行定量分析。光片有两种类型:一种是粉煤光片,是将样品的粉碎煤粒用聚合树脂黏结成型,然后磨制抛光而成;另一种是块煤光片,是由原始煤样切割成大小合适的煤块经抛磨制成,抛光而通常垂直于层理面。

1. 原理及样品

将经缩分后得到的粉煤样制成粉煤光片及块煤光片,在油浸物镜下根据形态、灰度和相对反射能力鉴定组分和矿物,用点计法统计它们的相对含量。制样用的煤粉最大粒径不得超过1mm,但是粒径小于0.6mm的颗粒含量要求少于5%～10%。

2. 仪器

1)偏反光显微镜

油浸物镜放大倍数×25～×60,目镜×8～×12,总放大倍数为×400～×600。目镜中应配备十字丝和测微尺。

2)机械台

要求能够等步长地侧向推进样品,步长(点距)等于煤砖光片中最大颗粒粒径的1/2,即约为0.5～0.6mm,也应该能在纵向上进行相似的步进。步长(行距)应大于或等于点距。侧向移动可手动也可以利用自动颗粒计数器进行。

3)计数器

要求能够统计每一定量对象(显微组分组、显微组分或矿物)的点数和统计煤岩组成的总点数。

3. 定量步骤

1)准备工作

调节垂直照明器,架置光片,滴上浸油,检查显微镜光照范围。观察全片,鉴定显微组分和矿物,划分统计单元,确定点距和行距。统计布点要求均匀地分布在整个光片上。

2)组成统计

习惯上从光片的左上角开始,按事先确定好的点距接行逐点统计。当一行统计完毕后,按预定的行距在纵向上移动一步,继续进行另一行的统计。落在目镜十字丝交点上的组分或矿物(有效点)才参加统计。要求总有效点在500个点以上。

当十字丝交点落在胶结物、空洞或裂隙上时,该点作为无效点不予统计。如果目镜十字丝交点落在不同的显微组成成分交界线上时,则按下面的方法进行处理:用目镜十字丝将视域划分为四个象限,从第一象限开始,顺时针旋转,取最先占满一个象限角的那个组分或矿物作为有效点的统计对象参加统计;若四个象限中无一个组分能占满象限角,则作为无效点处理(图10-1)。

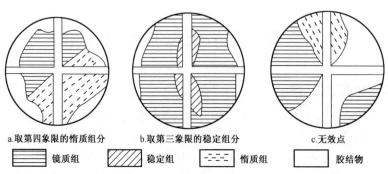

a.取第四象限的惰质组分   b.取第三象限的稳定组分   c.无效点

▤ 镜质组   ▨ 稳定组   ⊟ 惰质组   □ 胶结物

图10-1　边界点处理图

4. 结果表达

用每一统计单元(显微组分组、显微组分、矿物)的统计点数与总有效点数之比来表示它们的体积百分含量,以四舍五入法取整数给出统计结果。

结果应以下列三种基准报出:① 无矿物基,显微组分总含量为100%;② 统计含矿物基,显微组分总含量与矿物含量之和为100%;③ 计算含矿物基,显微组分总含量与矿物质含量之和亦为100%。

在第三种表达基准中,计算矿物的含量不考虑。镜下矿物点数的统计,根据工业分析中测定的样品灰分含量进行。采用一般公认的经验公式进行计算得出,ISO推荐公式为

$$矿物(体积百分比含量) = 0.61 灰分(干燥基)含量 - 0.21$$

$$矿物(体积百分比含量) = \frac{矿物重量百分比含量}{2.07 - 0.11 \times 矿物重量百分比含量}$$

式中,矿物重量百分比含量 $= 1.08 \times$ 灰分含量 $+ 0.55 \times$ 硫分含量;灰分和硫分均为干燥基百分比含量。

5. 精度要求

1)重复性

$$重复性 = (2\sqrt{2})\sigma_t$$

式中 σ_t——理论偏差。

$$\sigma_t = \sqrt{p(100 - p)/N}$$

基于500个有效统计点的数据,对一种统计单元体积百分比值变化范围计算出理论标准偏差、变异系数和重复性的值见表10-2。

表10-2 煤岩显微组分测定质量要求表

体积(%) p	标准偏差 σ_t	变异系数 $100\sigma_t/p$	重复性 $(2\sqrt{2})\sigma_t$
5	1.0	20	2.8
20	1.8	9	5.1
50	2.2	4.4	6.8
80	1.8	2.3	5.1
95	1.0	1.1	2.8

2)再现性

$$再现性 = (2\sqrt{2})\sigma_o$$

式中 σ_o——观察到的标准偏差,要求小于5%。

由于不同操作者对显微组分的误辨,所以观察到的标准偏差值一般都要超过表10-2中给出的理论标准偏差值,大约要超1.5~2.0倍,其大小取决于煤级和煤的均一性程度。

6. 分析报告

分析报告应该给出下列资料:① 所参考的分析标准;② 样品鉴定所必需的全部细节;

③ 统计点数;④ 结果表达基准,如果矿物参加计算的话,应给出所利用的经验公式;⑤ 获得的定量结果;⑥ 在样品分析中所观察到的,与成果利用有关的所有其他特征。

二、镜质组反射率测定

镜质组反射率对研究煤化作用、煤质评价和煤加工利用等方面有很重要的意义,更重要的是在油气勘探(包括煤成烃)中,研究生烃母质(包括煤)的成熟度及变化规律,很有价值。

在各国的有关标准中,均用镜质组反射率(R_o)作为确定煤化程度的最佳标准。腐殖组或镜质组反射率由 ICCP 推荐,确定煤级时测定反射率用的显微组分,为褐煤中的充分分解腐木质体或均匀凝胶体和硬煤中的均质镜质体或基质镜质体。

反射率(R_o)是指投射在磨光面上光线的反射能力,即煤(镜质组)光片表面的反射光强与入射光强的百分比值。

1. 测定原理

在显微镜下测定 R_o 使用的是垂直入射光,反射率是物质的折射指数、吸收指数以及测定介质的函数,它遵循 Fresnel – Beer 公式

$$R_o = \frac{(n - n_o)^2 + n^2 k^2}{(n + n_o)^2 + n^2 k^2} \qquad (10 - 1)$$

式中　R_o——镜质组反射率;

　　　n——样品折射率;

　　　n_o——浸油样品和物镜之间介质的折射率;

　　　k——样品的吸收率。

由于煤的 k 值不易测定,一般用是 $k = 0$ 的玻璃或人造标样来计算,获得标样的反射率,则

$$R = \frac{(n - n_o)^2}{(n + n_o)^2} \qquad (10 - 2)$$

式中　R——标样反射率;

　　　n——标样折射率;

　　　n_o——浸油介质的折射率。

利用光电效应原理,通过显微光度计,可直接把标样反射率与样品反射率对比,获得样品的反射率。

即

$$R_o = \frac{I_o}{I} R \qquad (10 - 3)$$

式中　R_o——煤样品的反射率;

　　　I_o——煤样品光电流强度;

　　　I——标样光电流强度。

2. 仪器——显微光度计

我国目前使用的反射率测试装置有光电倍增管显微光度计和硅光电池显微光度计两种类型。图 10 – 2 是常见光度计结构与光路示意。

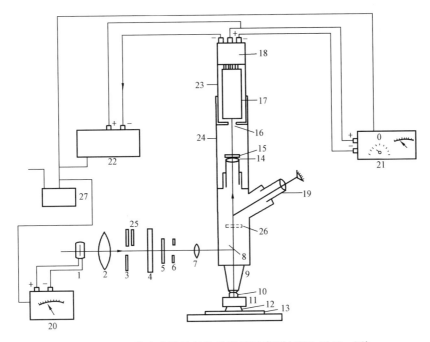

图 10 - 2　显微光度计的结构及光路示意图（GBQ 6948 - 86）

1—灯（光源）；2—集光透镜；3—孔径光圈；4—滤热片；5—起偏器；6—视域光圈；7—视域光圈聚焦透镜；8—反射器；9—物镜；10—浸油；11—试样；12—胶泥；13—载片；14—震测试目镜；15—干涉滤光片；16—测量光栏；17—光电倍增管；18—管座及分压器；19—观察目镜；20—光源稳压器；21—直流高压稳压电源；22—显示器；23—光电倍增管室；24—光度计接筒；25—半挡板；26—检偏器；27—交流稳压电源

3. 反射率测试方法

根据国标 GBQ 6948—86 反射率测试方法可归述如下。

1）准备工作

第一，调节光学系统。

第二，调节光电倍增管放大及显示系统。

第三，测试条件：① 测量光源 100W 钨卤灯；② 测量用单色光波长 546nm；③ 加前偏光镜并置于 45°角位置；④ 加装反射器；⑤ 物镜油浸 ×25 ~ ×60；⑥ 测量光栏，直径 10μm；⑦ 视域光栏，测量光栏一倍；⑧ 室温 23℃ ±1℃。

2）测量步骤

第一，用反射率标样标定光度计。

第二，放置光片，加滴浸油，观察全片。

第三，选择表面均匀的光滑无麻坑无擦痕的均质镜质体，基质镜质体或充分分解腐木质体、均匀凝胶体作为测定对象，将它们置于目镜十字丝的交点上，再次聚焦。

第四，打开测量光栏和视域光栏。

第五，起动测量开关，控制台读数。

第六，关样测量开关，去掉测量光栏和视域光栏，重复上述步骤进行下一个测点测量。

3）资料整理和结果表达

第一，计算样品的平均最大反射率（R_{omax}）、平均最小反射率（R_{omin}）及它们的标准偏差。

第二,按"阶"或"半阶"作反射率频率直方图。

第三,用表格报告形式报出测定结果。

近些年来,随着自动化扫描和图像分析等自动化测试分析技术的引入,使反射率测定的效率大为提高,这标志着煤岩学分析测试技术发展到了一个新水平。

目前,镜质组反射率主要用于:① 确定地质体中有机质的热演化程度,解决有关的地质构造问题;② 为研究沉积盆地的地质发展历史提供一方面的证据;③ 指导炼焦配煤中不同牌号的配比问题及其有关煤的工业利用问题。

三、反射荧光光度术的应用

当原子或分子受到较高的外来能量激发时,处于基态轨道的荧光载体就会吸收能量而跃迁到较高能级的轨道上。其中部分荧光载体在极短的瞬间(约 10^{-2} s)内在激发轨道上达到了热平衡,这些达到热平衡的荧光载体在继续走向其基态回复的过程中,其吸收的能量以可见光的形式释放出来。这部分可见光即为所谓的荧光,荧光分为原子荧光和分子荧光。前者是原子受激发发出的荧光,后者则是分子发出的荧光,有机质的荧光多属分子荧光。反射荧光光度术正是一种分析有机物质荧光特征的研究方法。通过分析它们的有关荧光性质,可以进而研究煤的演化历史及其成熟度并解决某些地质问题,为煤的工业利用及成烃史及成烃能力研究提供依据,并识别反射白光下识别不清的煤岩显微组分,判别煤的风化及氧化程度。

荧光显微镜采用具有高能和短波幅射量较大的高压汞灯或高压氙灯作为激发光源,其滤片系统包括激发滤片、热吸收滤片及阻挡滤片。与反射率测量一样,荧光测量也必须标定仪器,一般的荧光标样没有绝对强度,只能是一种相对的标准。物镜一般为 40～60 倍。

荧光测量主要包括单色荧光光度术和光谱荧光光度术。

1. 单色荧光光度术

单色荧光光度术是测量分析在某一特定波长处荧光强度的荧光分析技术,是一种定量方法,通常用蓝光做为激发光源。目前常用的荧光强度参数有如下几种。

I_{546}——指波长在 546nm 处的单色相对荧光强度,最适宜于稳定组分荧光强度的测量。

I_{max}——是荧光波谱最大波峰处的相对荧光强度,Teichmiiller(1983)用这个参数来度量腐殖组或镜质组的煤化趋势。

I_{650}——波长 650nm 处的单色相对荧光强度,用于腐殖组或镜质组荧光性强弱的度量。

荧光强度的大小受组分、煤阶以及煤的风化程度等因素的制约。在同煤级煤的三大组分组中,稳定组分的荧光性最强,其中又以树脂体、藻类体最强;镜质组或腐殖组分的次之;惰质组分则不具或微具荧光性。随煤化程度增高,稳定组分的荧光强度降低,而腐殖组或镜质组则呈谷峰式的起伏演化,这是由于第一次煤化跃变产生的沥青浸染了镜质组的结果,是原生荧光消失次生荧光产生的表现。

2. 光谱荧光光度术

强度随波长的变化而分布的曲线叫做波谱。光谱荧光光度术即是利用组分的荧光波谱的组成特征来研究煤的一种荧光研究方法。荧光波谱测量通常用紫外光作为激发光源,只有这样才能得到一条完整连续的荧光光谱。根据荧光光谱图可解析出三个参数(图 10-3)。

1)最大波峰处波长(λ_{max})

λ_{max}定量地表征了显微组分的荧光颜色,随煤化程度增高,各种荧光显微组分的λ_{max}均规律性地向较长波长方向移动。因为可见光中波长最长的区域是红光区域(630~760nm),所以这种移动规律称红移。

2)红绿商

红绿商又叫红绿比或者光谱商,系指波长分别为650nm和500nm处的相对荧光强度之比值。

$$Q = \frac{I_{650}}{I_{500}} \qquad (10-4)$$

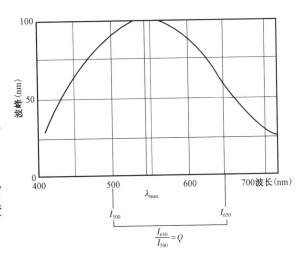

图10-3 荧光光谱参数λ_{max}和Q图版

式中 Q——组分荧光"红移"程度。

随着煤化程度增高,稳定组分和荧光腐殖组或镜质组在绿区的荧光强度减少,红区强度则相对增大,使得Q值逐渐增大。

3)最大商(Q_{max})

该参数由Teichmiiller(1983)指出,并用来表征腐殖组或镜质组的煤化作用趋势,其定义如下

$$Q_{max} = \frac{I_{max}}{I_{500}} \qquad (10-5)$$

从腐殖组或镜质组的Q_{max}与反射率的关系可以看出,在镜质组反射率R_o为0.5%处,红移有一个"中断"和"逆转"现象,这与第一次煤化作用跃变的前奏位置大致吻合,也与腐殖组或镜质组相对荧光强度的煤化趋势遥相呼应。

4)测量步骤

做好准备工作,有如下三点。

第一,标定检查仪器:① 检查单色仪和记录仪是否同步;② 检查光电倍增管及高压电源是否稳定;③ 检查目镜十字丝交点与光度计测量光栏中心是否重合;④ 根据测定对象的大小、形状和荧光性的强弱调整测量光栏的直径大小和形状;⑤ 调节汞灯,汞灯的影像聚焦对中。

第二,校正标定干涉滤片的波长。根据测试目的,检查所用的激发滤片与阻挡滤片的型号是否匹配,或者荧光垂直照明器的档次是否与测试的要求一致。

第三,调节视场光柱,并使其中心与测量光栏的中心重合。

测量步骤是:① 在反射白光下观察全片,用干物镜观察;② 用大小和荧光性均相当于待测对象的组分颗粒做试验性测定,由此确定合适的光电倍增管的放大倍数;③ 将待测对象置于视场光栏的中心,聚焦;④ 使用荧光,再次标定待测对象的位置,并聚焦,一定要使用阻挡滤片;⑤ 关掉光度计上的所有目镜,以尽可能的降低杂散光对测值的影响;⑥ 开动同步马达,驱动连续干涉滤片,然后可以在记录纸上得到一条显微组分的表观谱,也可以用手动连续干涉滤

法,并同步记录光度计的输出值;⑦ 做校正测量,选择无荧光的物质测量背景值,求取测量仪器校正值,用钨卤灯作为参考光源,用透射光进行测量,但是一定要去掉所有的吸收滤片、激发滤片和阻挡滤片,测之前要标定钨卤灯的使用说明书。

进行校正计算,将整个光谱波段分为 10nm 或 5nm 的间隔进行计算,计算相对光谱强度分布值(S_λ)和校正系数(C_λ)

$$C_\lambda = \lambda^5 \cdot e^{1438880/\lambda \cdot TC}$$

$$C_a = S_\lambda / X_\lambda$$

整理原始数据,报告结果:荧光技术不仅在生物、土壤和医学等方面已取得到广泛应用,更重要是地质学应用中,特别是对烃源岩的研究有着更大的作用。诸如:

第一,显微组分识别,用以识别反射白光下见不到或识别不清的组分。

第二,有机质的成熟度作用研究,研究有机质(包括煤)成烃演化史,判断有机质成气能力。

第三,煤的工艺性质评价,如结焦性、液化性能等。

第四,油气资源量评价。

四、煤岩的染色技术

染色技术最早由 Potonie(1924)从生物学引入煤岩学研究。经过多年的发展,这门技术已经从实验探索逐渐向实际应用与理论解释相结合。近年来蓬勃发展的有机岩石学面临着常规手段难以解决的一些重要实际评价问题。例如如何区分不同类型的壳质组,对于某些低成熟度烃源岩中类似黏土矿物的壳质组混为一体,古生代地层中镜质组与沥青难以分辨(肖贤明,1990),因此染色技术越来越受到重视。通过染色可改进观察效果,是对有机岩石学传统观察方法的重要补充。

烃源岩染色是指用不同种类的染料在一定的实验条件下对烃源岩进行浸泡,使其有机质或黏土矿物产生不同的颜色,以改进观察效果的目的。根据所用染料的性质,烃源岩染色可分为两类:即有机染色与无机染色。

苏丹红一般对角质体染色效果较好,染色作用与煤化程度有关。Gray(1976)等用番红 O 与 KOH 溶液对风化煤进行染色,发现氧化煤被染成绿色至暗的橄榄色,而未氧化煤不着色。

影响烃源岩染色的因素很多,如温度、时间、pH 值和染料浓度等,但主要取决于烃源岩成熟度及显微组分的特征。应用离子染料,染色的仅是腐殖组与低煤化程度的镜质组,而惰质组及壳质组均不着色。当镜质组反射率 R_o 大于 0.70%,亦不染色。

低煤化程度镜质组染色的机理是其分子结构中含有大量阴性含氧官能团(如 C－OH,C＝O,COOH,OCH$_3$),它们为阳性染料(如番红 O,亚甲基盐,罗丹明 B)提供了结合点,染料与显微组分发生化学反应而导致染色作用发生。随成熟度增加,镜质组不断脱出这些含氧基团,染料与显微组分的相互作用减弱,导致染色作用渐减,直至不染色。

应用苏丹红或其他类似的染料,可区别黏土矿物与似黏土矿物的壳质组。苏丹红可将黏土矿物染成红色,而对壳质组不染色。

染色技术具有很大的实用价值:如区分黏土矿物与似黏土矿物的壳质;使某些显微组分的结构与轮廓变得更加清晰;有益于研究生源,确定古植物种属,区分成熟与未成熟烃源岩。

金奎励成功地将三种阳性染料对泥质生油岩作了染色研究。结果表明,这种方法不仅对于鉴定分散在黏土矿物中非常细小的壳质组与藻类组具有良好效果,而且不影响壳质组荧光性,对镜质组反射率影响很小。

另外,Salehi(1986)应用无机染料对低演化及高演化煤,甚至焦炭均有效。赵长毅利用无机染料,将镜质组染成黄色、丝质体浅黄色、紫红色、天蓝色,壳质组未染色,而对其他参数测量毫不影响。

五、煤岩的其他显微测定技术

随着油气地质和煤综合应用的研究深入,一些功能齐全、放大倍数高、分辨力强的显微镜相继进入煤岩学领域。这里主要介绍透射电子显微镜、扫描电子显微镜和共聚焦激光扫描显微镜。

1. 透射电子显微镜

1944 年,Preston 将这门技术应用于煤的显微结构研究,其后 Mccartney(1949)、Alporn(1956)、Mackowsky(1954)发现煤显微组分在透射电子显微镜下,具有不同特征的孔隙状结构与颗粒状结构。Pregermain 等(1960)制出了"透明"的煤岩超微薄片。

超微薄片制备一般采用超薄切片法和离子轰击减薄法。前者切片方向一般垂直层理,可切至 400×10^{-10} m 以下,后者应用离子束将样品剥离,可将煤样剥至 50nm 左右。

这种技术主要用于进一步深化对显微组分成团与特征的认识,研究超显微组分、烃源岩的超微孔隙结构。这对研究煤成烃机理、烃类初次运移至关重要,并可以研究显微组分或干酪根有机分子结构。这对研究有机质类型,研究其热演化程度,估算油气生成潜力有重要意义。

2. 扫描电子显微镜

该技术目前是有机岩石学研究的一种常用辅助手段,放大倍数高,可获得三维图像。样品用量少,对样品制备要量不多,关键保证样品表面具有导电性。

该技术一般在光学显微镜研究基础上进行。它对于烃源岩,其一可深入研究显微组分的形态特征;其二可研究超微组分或微体生物化石,观察扫描图像。镜质组多呈板柱状,具棱角,表面光滑,均一结构。角质体常呈片状,树脂体呈椭球形,无表面结构。孢子体呈球形,并具各种纹饰。

3. 共聚焦激光扫描显微镜

目前该技术刚刚起步,该显微镜配备高功率计算机和大储存量光盘、库存图像及各种图像。共聚焦激光扫描显微镜可以排除杂散光影像,具有一定深度的穿透光,可进行分层扫描,获得立体图像。

该技术的初步利用,将大大促进煤岩学的成因研究及油气生成运移、孔隙结构、有机质赋存状态及有机包裹体研究。

第十一章　吸附等温线的测定

第一节　煤的吸附特征与吸附等温线类型

一、煤的吸附特性

吸附分为化学吸附和物理吸附,其主要差别是:化学吸附时吸附剂与吸附质之间发生电子转移,而物理吸附则不发生电子转移。这两种类型的吸附特征是:物理吸附的吸附热很低,最高达到凝聚热值,化学吸附热大,接近化学键的生成热;另外,物理吸附速度快、可逆、无选择性,相反,化学吸附的吸附速度慢、不可逆且有选择性。

许多研究表明,煤是具有巨大内表面积的多孔介质,像其他的吸附剂如硅胶、活性炭等一样,具有吸附气体的能力。煤层气主要以物理吸附方式赋存在煤中,其证据是:甲烷的吸附热比汽化热低2~3倍(Moffat 和 Weale,1955;Yang 和 Saunders,1985),氮气和氢气的吸附也与甲烷一样,这表明煤对气体的吸附是无选择性的。大量实验证明,煤对气体吸附是可逆的(Daines,1968;Mavor 等,1990)。

二、吸附等温线类型

气体以吸附形式存储在煤中,其吸附量与多种因素有关,这种关系可用下面的方法来确定:① 在恒压条件下测定不同温度时的吸附量(等压线);② 吸附物质的量或体积一定时,测定不同温度下的压力变化(等容线);③ 在恒温条件下测定不同压力时被吸附物质的数量(等温线)。

一种类型的曲线可以换算成另一种类型的曲线,所以只要讨论实践中最常用的等温线就足够了,等温线表示在恒定温度条件下,吸附量是游离气体压力的函数。

描述等温吸附的模型有三种,即吉布斯模型、势差理论模型和朗格缪尔模型。吉布斯模型以两维薄膜形式描述吸附过程,其特征由状态方程表示,现在已不再用吉布斯模型描述煤对气体的吸附。势差理论模型表示吸附是势场作用的结果,在气体接近固体表面时,势差会造成气体在固体表面的聚集,Rupple(1972,1974)用这种方法描述了煤对甲烷和乙烷的吸附。朗格缪尔模型是根据汽化和凝聚的动力学平衡原理建立的,该模型广泛用于煤和其他吸附剂对气体的吸附。

朗格缪尔模型又有三种形式——朗格缪尔型、弗雷德利希型和朗–弗综合型(Yang,1987)。

1. 朗格缪尔方程

朗格缪尔等温方程通常表示为

$$V = V_m \frac{bp}{1 + bp} \qquad (11-1)$$

式中　V——吸附量,cm^3/g;

V_m——朗格缪尔吸附常数,cm^3/g;

b——朗格缪尔压力常数,$1/MPa$;

p——气体压力,MPa。

吸附等温线如图 11-1 所示。

若压力非常低,式(11-1)演化为享利(Henry)公式

$$V = V_m b p \qquad (11-2)$$

由此可见,低压下吸附量与气体压力成简单的正比关系。

朗格缪尔方程能够很好地描述像煤一样的微孔吸附剂对气体的吸附。在压力非常大时,吸附气几乎充满所有微孔隙,吸附量达到最大值,该值即吸附常数 V_m。朗格缪尔压力常数的物理意义是:在压力非常低时,即享利

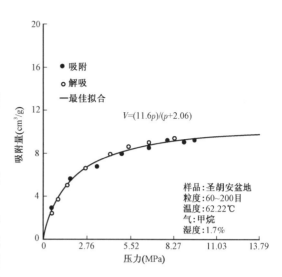

图 11-1 朗格缪尔吸附等温线图

定律适用范围内,它反应等温线的斜率,是等温线曲率的量度。压力常数越大,斜率越大,等温线越趋向于压力轴。理论上,吸附常数 V_m 不受温度的影响,所以,在任何温度条件下,极限吸附量都相同。而压力常数与温度有关,其关系可由 Vant Hoff 方程给出

$$b = b_0 \exp(-\Delta H/RT) \qquad (11-3)$$

式中　b_0——常数,$1/MPa$;

　　ΔH——吸附能,$cai/(S \cdot mol)$;

　　R——通用气体常数,$1.987cal/(g \cdot mol \cdot K)$;

　　T——绝对温度,K。

根据朗格缪尔吸附常数的物理意义,吸附数据必须包括从低压(享利定律适用范围)到高压(达到极限吸附量值)的吸附资料。煤对气体的吸附很少能达到这一点,在进行曲线拟合法求取常数时应使其具有物理意义。多数情况下,这些常数只不过是经验常数。然而,从以往的研究成果看,煤对甲烷的吸附,在低压时符合享利定律(Zwietering 和 Van Krevelen,1954),在高压时可以达到吸附饱和的极限值(Moffat 和 Weale,1955;Van der somnen 等,1955;Jolly 等,1968),因此,朗格缪尔方程能够很好地表示煤对气体的吸附。

等温吸附常数通常通过曲线拟合等温吸附实验数据来确定(图 11-2),此时,可将朗格缪尔方程改写为

$$\frac{p}{V} = \frac{p}{V_m} + \frac{1}{bV_m} \qquad (11-4)$$

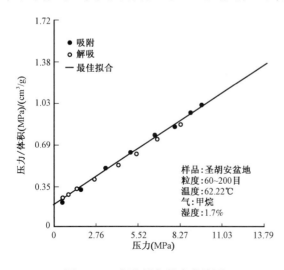

图 11-2 朗格缪尔拟合曲线图

用线性最小二乘法拟合 p/V 与 p,根据所得斜率和截距即可计算出吸附常数 V_m 和

压力常数 b 值。

在应用过程中,朗格缪尔等温方程通常写为如下形式

$$V = V_m \frac{p}{p_L + p} \qquad (11-5)$$

式中,$p_L = 1/b$,是吸附量达到极限吸附量的 50% 时的压力,即当 $p = p_L$ 时,$V = 0.5 V_m$(Bell 和 Rakop,1986;Maver 等,1990)。

2. 弗雷德利希方程

除了朗格缪尔等温方程外,常用的还有弗雷德利希方程,其方程为

$$V = K p^n \qquad (11-6)$$

式中,K 和 n 是常数,都与温度有关,K 还与吸附剂的比表面等有关,常数 n 表征所研究体系的性质,且其值总小于 1,对于不同的体系,其值通常为 0.2~1.0。

从方程(11-6)可以看出,吸附量随压力增加而增加,甚至无穷大(压力很大时)。而实际上,吸附量随着压力的增加,很快就达到饱和,此后,压力不再影响吸附量。因为物质吸附量与压力的分数指数成正比,所以在中等覆盖度时,弗雷德利希方程与朗格缪尔等温方程相似。但弗雷德利希方程可以用在较广的吸附区间,并且通常适用于那些不服从朗格缪尔等温方程的体系。

3. 朗－弗综合型

除此之外,还有朗－弗综合型等温吸附方程,方程式为

$$V = V_m \frac{K p^n}{1 + K p^n} \qquad (11-7)$$

事实上,因为它有三个可调参数,与实际资料符合更好,但实际应用中很少用此式。

第二节　吸附等温线影响因素

煤对气体的吸附能力受多种因素的影响,主要影响因素有压力、温度、矿物质含量、水分含量、煤阶、岩性、气体组分等。

一、压力

吸附是气体与固体表面之间未达热力学平衡时发生的,达到平衡是"吸附质"的气体分子在"吸附剂"的固体表面上积累实现的。吸附的结果,在固体表面上形成了由吸附质构成的所谓"吸附层"。由于范德华力的作用,在临界温度以下时所有气体都有吸附势,并会形成多层吸附,甚至产生凝结现象。在高于临界温度条件下,只会产生单层吸附,在地层条件下,煤对气体的吸附就是这种现象。随着压力的增加,吸附气量增加,覆盖度(表示表面被气体遮盖的部分)增加(图 11-3)。极限条件下,覆盖度为 1,即孔隙内表面已被气体分子完全覆盖,由于不会产生多层吸附,故在此时达到极限吸附量 V_m。

压力通常可用等效深度表示,它与煤层埋深和储层压力异常有关。在适中的煤阶、较好的储层物性、封盖性等条件下,压力愈大,煤层含气量愈大,选区条件愈优越。

二、温度

温度总是对脱附起活化作用,温度越高,游离气越多,吸附气越少。方程(11-3)描述了温度对吸附的影响,吸附是放热过程,故 ΔH 是负值,因此指数项为正值。所以,随着温度升高,压力常数 b 减少,吸附能力减小(图11-4)。

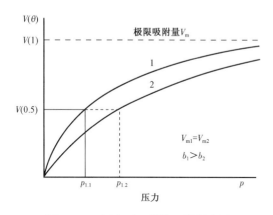

图11-3 压力对吸附等温线影响图

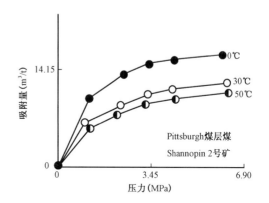

图11-4 吸附等温线随温度变化图
(据 Mathis 等,1989)

Ettinger 等(1966)建立了一个经验方程,如果已知煤在30℃时甲烷的吸附量,则在其他温度下的吸附量由下式得到

$$V_t = V_{30} e^{n_{30}}/e^{n_t} \tag{11-8}$$

式中,V_t 和 V_{30} 分别是温度为 t 和30℃时干煤样甲烷的吸附量,n_t 和 n_{30} 是在该温度下的温度系数指数。

对烟煤,当温度高于23℃时,气体的吸附体积以每度0.89%的比率下降。Killingley 等(1995)测定表明在5MPa时,温度每升高1℃,甲烷的吸附量下降0.12cm³/g。

煤层甲烷气藏勘探目的层一般比较浅,地层温度较低,因此,地温影响因素不突出。

三、矿物质

除了有机质外,煤中还含有无机成分,通常称其为矿物质。矿物质主要有组成植物的矿物质、碎屑和一些自生矿物,通常以颗粒状态分散于煤的基质中,或以夹层形式存在,煤层中一般都可发现这两种形式同时存在。Gunther(1965)指出,矿物质是不吸附气体的,只有有机物质或纯煤才吸附气体。由于它不吸附气体,却占据了煤的位置,因此降低了煤的吸附量,所以在计算吸附量时应扣除矿物质的影响。

矿物质的含量可用 Parr 公式(ASTM,1982)计算,公式为

$$Y_m = 1.08A + 0.55S \tag{11-9a}$$

式中,Y_m、A 和 S 分别为扣除水分后的矿物质含量、灰分含量和全硫含量(质量分数)。Given 和 Yarzab(1978)也给出了换算公式

$$Y_m = 1.13A + 0.47S + 0.5Cl \tag{11-9b}$$

式中　Cl——氯含量,%。

纯煤的质量分数为

$$Y_c = 1 - Y_m \qquad\qquad (11-10)$$

在许多情况下,都用灰分近似作为矿物质含量,其实它们之间是有差别的。利用 Parr 公式(11-9)即可用灰分含量和含硫量通过计算得到矿物质含量。

扣除矿物质影响可用公式(11-11)计算

$$V_n = V/Y_c \qquad\qquad (11-11)$$

式中　V_n——无矿物基煤的含气量,cm^3/g 或 m^3/t。

矿物质含量影响了煤的均质性,也影响了它的吸附量。由于矿物质不吸附气体,所以在扣除其含量后,同一地区邻近井的煤的吸附量都相同。如图 11-5 所示,为圣胡安盆地 Cedar Hill 煤田临近三口井煤样品的等温吸附测定结果。

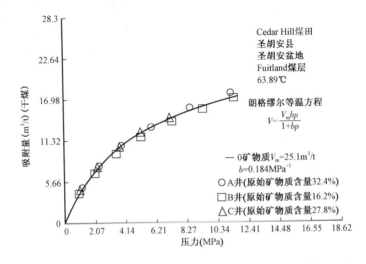

图 11-5　扣除矿物质含量影响的吸附等温线图(据 Yee 等,1991)

四、水分含量

甲烷如同水、油及其他组分一样,与煤之间具有相似的特性,所有这些组分与煤之间都不存在共价键,都是以较弱的范德华力吸附在煤中。水为极性分子,与甲烷相比,优先吸附于煤中,从而取代甲烷的位置。由于水的极性较强,其浓度要比甲烷高,尤其是在低煤阶的煤中。由此,水分在煤吸附过程中起着极其重要的作用,水的存在,降低了煤中甲烷吸附量。然而从宏观上认识,没有水封堵,也难以形成较大的煤层甲烷吸附气气藏。换言之,没有水的封堵,煤层吸附气扩散散失严重,致使煤层含气量很低。

Joubert 等(1973,1974)发现:只有在未达到临界水分含量时,它的增加使甲烷的吸附量降低,超过临界水分含量的部分只覆盖煤颗粒表面,不影响吸附过程,甲烷的吸附量不再减少。

图 11-6 为水分含量对吸附等温线的影响,在达到临界水分含量(2%)之前,煤层吸附甲烷的能力随水分的增加而减少。水分含量由 0 增加到 2%,煤层吸附气量从 $12.74cm^3/g$ 降到 $8.49cm^3/g(5.6MPa)$。

Ettinger 建立了甲烷吸附的经验方程,在水分含量(M)小于临界水分含量(M_c)时

$$V_d/V_w = C_oM + 1 \qquad\qquad (11-12)$$

式中　　V_d——干煤吸附甲烷体积,cm^3;

　　　　V_w——湿煤吸附甲烷体积,cm^3;

　　　　C_o——系数,烟煤该值为 0.31。

　　Killingley 等(1995)据 Bowen 盆地煤样测定 C_o 值为 0.39,Joubert 等(1974)测得 C_o 值为 0.23。

　　当煤的水分含量在临界值以上时,甲烷的吸附量可用下式表示

$$(1 - V_w/V_d)_{max} = C_1 X_o + C_2 \tag{11-13}$$

式中　　X_o——煤中氧的重量百分比(无水),%。

　　对于氧含量高的煤,因为其水分含量大,甲烷的吸附能力随水分含量的增加显著减小。Joubert 等还发现临界含水量与饱和吸水量是一致的,其测定饱和吸水量的方法与以往测定平衡水分含量的方法相同,很显然临界水分含量就是平衡水分含量。

　　平衡水分含水量的测定是将样品粉碎至 40～200 目,然后将其放入有饱和硫酸钾溶液和充满氮气的恒温箱中,温度定为 30℃,硫酸钾溶液使相对湿度保持在 96%～97%,48h 后煤样即被全部润湿,间隔一定时间称重一次,直到恒重为止。然后再将其放入 70℃ 的烘箱中烘干。样品失去的重量即为水量,除以煤样干重即得平衡水分含量。图 11-7 为伊利诺斯煤样的全水分与平衡水分的关系,两者相近。所以在测定吸附量时,应当在水分含量大于或等于平衡水分含量条件下进行。

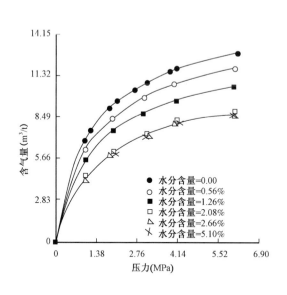

图 11-6　水分含量对等温线的影响图
（据 Sibbit 等,1985）

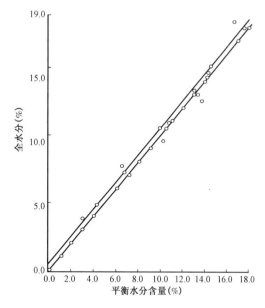

图 11-7　全水分与平衡水分关系图
（据 Rees 等,1989）

五、煤阶

　　气体吸附能力随煤阶的变化有两种趋势:一种趋势是甲烷的吸附量呈"U"字型发展,在高挥发分烟煤 A 或含碳量 85% 附近(气煤)出现最低值;另一种趋势是甲烷的吸附量随煤阶的升高而增加。

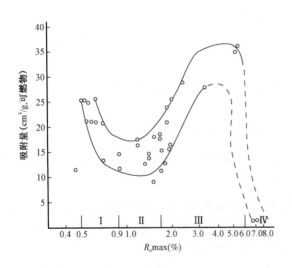

图 11 - 8 为西安矿业学院应用高压吸附试验装置测得压力为 5.00MPa 时的吸附量随煤阶的关系曲线(60 ~ 80 目, 30℃),吸附量呈 U 型趋势,该研究用的都是干煤样品。正如 Levine(1991)指出的那样,水分含量对吸附量的影响会改变这一趋势,因为低煤阶的煤具有很强的吸水能力,水分的存在降低了含气量, Kim 等(1977)在水分含量高于平衡水分含量条件下测定了煤对气体的吸附等温线,发现随着煤阶升高,煤的吸附能力增强。大量的岩心解吸资料也证明了这一点(Mcculloch 和 Diamomnd,1976)。

图 11 - 8　吸附量与变质程度关系图(据张新民等,1991)

$p = 50kgf/cm^2$,镜质组含量 > 60%

据各煤阶在 $T = 45℃$,$p = 80kgf/cm^2$ 状态下,测得肥煤的甲烷吸附量为 $11.66m^3/t$,焦煤为 $12.39m^3/t$,瘦煤为 $14.27m^3/t$,贫煤为 $16.45m^3/t$,无烟煤三号为 $22.92m^3/t$。在样品测试中,同时测出煤层游离气含量,肥煤为 $2.54m^3/t$,焦煤为 $2.50m^3/t$,瘦煤为 $3.08m^3/t$,贫煤为 $3.17m^3/t$,无烟煤三号为 $3.27m^3/t$。

六、煤岩的显微组分

煤对甲烷的吸附能力除与煤阶有关外,还与煤的组成有关,煤主要由三种有机组分组成:镜质组、壳质组和惰质组。张新民等(1991)研究了各种成分煤的吸附能力,在分析中,又将惰质组分为惰质组Ⅰ、Ⅱ、Ⅲ。惰质组Ⅰ指无结构丝质体,包括镜丝质体、碎屑丝质体、基质丝质体、粗粒体、微粒体和丝质浑圆体。惰质组Ⅱ指具有胞腔结构而无充填物的丝质体,包括丝质体、本镜质体。惰质组Ⅲ指有胞腔结构并被有机质或矿物质充填。通过研究发现:① 在惰质组含量不高时,吸附量随镜质组的增多而增大;② 惰质组Ⅱ的含量越高,吸附量越大。

在长烟煤到瘦煤阶段,煤对气体的吸附能力顺序为:

惰质组Ⅱ > 镜质组 > 惰质组Ⅰ > 惰质组Ⅲ > 壳质组

原因是惰质组Ⅱ中微孔发育,具有大量的吸附空间,故其吸附能力强。在无烟煤三号变质阶段中吸附能力的顺序是镜质组大于惰质组。对于镜质组在变质过程中,挥发分的逸出使之微孔不断增加,但其比表面小于惰质组Ⅱ,而在高变质程度时,其比表面大于惰质组,故在无烟煤三号的吸附能力反而大于惰质组。胞腔被充填的惰质组Ⅲ和惰质组Ⅰ,由于碳化程度高,缺少微孔且胞腔被充填而吸附能力较低。而丝质组就没有胞腔或微孔,由于降解而产生的微孔也很小,故其吸附量最小。Ettinger(1966)也得出相似的结论,在中等煤阶中富含惰质组的煤比富含镜质组的煤吸附甲烷量多,在高煤阶中吸附量相当,而在各煤阶中煤对二氧化碳的吸附量都相当。Levine 等(1993)测定表明亮煤的吸附量要高于暗煤(图 11 - 9)。

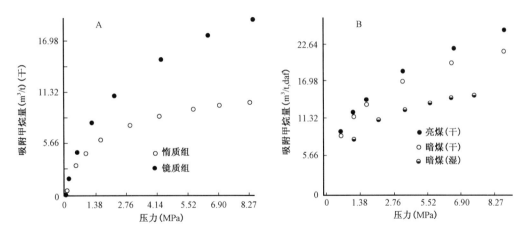

图 11 - 9　不同类型组分煤岩吸附等温线图(据 Levine 等,1993)

七、不同气体的吸附能力

不同气体组分的吸附能力不同,主要是由于气体分子和煤之间作用力的不同引起的。这种作用力与 1atm 下各种吸附质的沸点有关,沸点高,则吸附能力强(表 11 - 1)。由此各种常见气体的相对吸附能力增长的趋势是 $N_2 < CH_4 < C_2H_6 < CO_2 < C_3H_8$。因此,甲烷的吸附能力大于氮气,但小于二氧化碳(图 11 - 10),吸附力较弱,这就使得甲烷更易于从煤中解吸出来,有利于开采,相比之下,重烃化合物的吸附能力较强,不容易开采。

表 11 - 1　不同气体组分吸附能力与沸点温度关系表

气 体 成 分		沸点(℃)	吸附能力
氮气	N_2	-195.8	
甲烷	CH_4	-164.0	小
乙烷	C_2H_6	-88.6	↓
二氧化碳	CO_2	-78.5	大
丙烷	C_3H_8	-42.1	

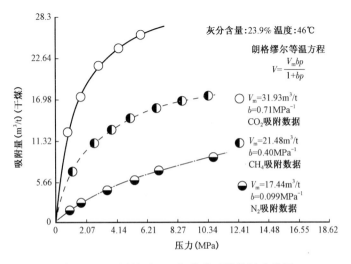

图 11 - 10　甲烷、氮、二氧化碳吸附等温曲线图

八、多组分吸附

煤层气并不只是由甲烷组成,其中还含有一定量的氮气、二氧化碳及重烃化合物。而不同气体的吸附能力是不同的,因此需要研究煤对多组分的吸附。

1. 广义朗格缪尔方程

可用广义朗格缪尔方程描述多组分吸附。当多种气体同时存在时,各种气体不是独立吸附,而是竞争吸附。由于争占吸附位置,每一组分的吸附量都比单组分吸附时的吸附量小。Ruthven(1984)和 Yang(1987)用广义朗格缪尔等温吸附方程描述了各组分的吸附。假设有 n 种组分,广义朗格缪尔方程表达如下

$$V_i = (V_m)_i b_i p_i / (1 + \sum_{j=1}^{n} b_j p_j) \tag{11-14}$$

式中　$(V_m)_i$——纯组分气体 i 的吸附常数,cm^3/g;

　　　b_i——纯组分气体 i 的压力常数,$1/MPa$;

　　　p_i——气体的分压,MPa。

由理想气体关系式得气体分压与总压的关系为

$$p_i = p Y_i \tag{11-15}$$

式中　p——气体压力,MPa;

　　　Y_i——i 组分的百分含量,%。

不需要进行多组分气体吸附实验,只要知道每种组分的吸附常数就可计算出每种组分的吸附量,从而求得总吸附量。

广义朗格缪尔方程是根据热动力学原理得来的,各种气体的朗格缪尔吸附常数(V_m),与单组分吸附时的吸附常数一定相等。通过试验证实,广义朗格缪尔方程可以看作是一个相关关系,在试验范围之外应用时应谨慎。

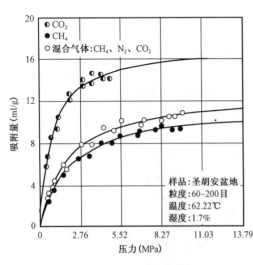

图 11-11　甲烷、二氧化碳混合气朗格缪尔吸附等温线对比图(据 Harplani 等,1993)

图 11-11 是 Harpdani 和 Pariti 使用纯甲烷、纯二氧化碳和多组分气体混合物进行的等温吸附试验结果。

纯甲烷的吸附常数为

$$\begin{cases} p_L = 2.06MPa \\ V_L = 11.6cm^3/g \end{cases}$$

纯二氧化碳的吸附常数为

$$\begin{cases} p_L = 0.80MPa \\ V_L = 17.1cm^3/g \end{cases}$$

很明显,二氧化碳的吸附量比甲烷大,其朗格缪尔体积为 $17.1cm^3/g$,比甲烷大 47%,吸附速度也快。其朗格缪尔压力常数为 0.80MPa,比甲烷的 2.06MPa 小得多。

用93%甲烷、5%二氧化碳和2%氮气组成的混合气的试验结果为

$$\begin{cases} p_L = 1.96MPa \\ V_L = 12.8cm^3/g \end{cases}$$

其结果位于纯甲烷和纯二氧化碳两条等温线之间，因试验中氮气组分浓度（2%）不变，不进行计算，故甲烷和二氧化碳归一化后，混合气的组分浓度为：甲烷94.9%，二氧化碳为5.1%。

根据广义朗格缪尔方程，应用纯甲烷和二氧化碳的吸附常数，即可求出每一压力点各组分的吸附量及其总吸附量，再根据总吸附量和压力的关系求得混合气的朗格缪尔吸附常数为

$$\begin{cases} p_L = 1.91MPa \\ V_L = 12.3cm^3/g \end{cases}$$

2. 数值法

可用数值法描述多组分吸附。Harpdani 和 Pariti(1993)建立了数值法，由纯甲烷和二氧化碳吸附试验数据即可计算出每一压力段的气体成分，具体步骤如下：

第一，根据纯组分气体的吸附数据，分别用朗格缪尔方程计算每一压力区间甲烷和二氧化碳的吸附体积。

第二，用计算出的甲烷吸附体积乘以其所占百分比，然后用原有甲烷体积减去该值即为甲烷的减少量，同样计算二氧化碳的减少量，两者之和即为总减少量，由甲烷的减少量除以总减少量即得该区间甲烷组分的百分比，同理可得二氧化碳的组分百分比。图11-12是解吸过程中甲烷和二氧化碳组分变化情况，可见随着压力下降，二氧化碳浓度升高，甲烷浓度下降。

第三，两组分归一后的吸附体积之和即为吸附总体积，与对应的压力即可拟合出朗格缪尔吸附常数

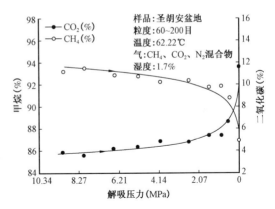

图11-12　解吸过程中气体成分变化图
（据 Harplani 等,1993）

$$\begin{cases} p_L = 1.88MPa \\ V_L = 11.8cm^3/g \end{cases}$$

理论方法与实测结果对比见表11-2。

表11-2　不同方法吸附常数对比表

吸附常数	试验结果	数值法	广义朗格缪尔
朗格缪尔压力 误差	1.96	1.88 -4%	1.91 -3%
朗格缪尔体积 误差	12.8	11.8 -8%	12.3 -4%

通过对比可知,可以用广义朗格缪尔方程预测多组分的吸附等温线及其开采过程中气体组分的变化。

九、吸附相体积

所有的试验数据实际上都表示吉布斯吸附,又叫测量吸附、显式吸附或差异吸附。吉布斯吸附根据氦气测定的空隙体积计算。但是在发生吸附后,由于吸附相的存在,空隙体积实际上是减少的。因此必须校正吸附相体积以确定绝对或真实的吸附量。

在高压条件下测得的吸附量,通常需要校正吸附相体积。对于煤,Moffat 和 Weale (1955),Van der Sommen 等(1955)的研究中做了校正。最近 Ruppel 等(1974)发现校正后并不能使资料更符合朗格缪尔等温线。尽管从他们所做研究中得到的数据并不全是对的。然而他们确信使用的绝对吸附量是正确的,尤其是等温线,如朗格缪尔等温线,确实是由绝对吸附量推导出来的。除了这些文献,最近关于煤对气体的吸附资料很少提到吸附相的体积校正。

由 Van der Sommen(1955)和 Menon(1968)推导出的校正表达式为

$$V_{绝对} = \frac{V_{吉布斯}}{1 + \rho_{自由气}/\rho_{吸附}} \qquad (11-16a)$$

式中　$V_{绝对}$——绝对吸附量,cm^3/g;

　　　$V_{吉布斯}$——吉布斯吸附量,cm^3/g;

　　　$\rho_{自由气}$——自由气密度,由真实气体定律确定,$g \cdot mol/cm^3$;

　　　$\rho_{吸附}$——吸附气体密度,$g \cdot mol/cm^3$。

吸附气的密度通常用两种方法估计(Menon,1968):第一,假设为在常压沸点下给定液体的密度,这种情况下,甲烷的密度为 $0.0262g \cdot mol/cm^3$;第二,当温度高于临界温度,在饱和状态下时,使用范德华状态方程的相关体积常数计算。这种情况下,甲烷的密度是 $0.0234g \cdot mol/cm^3$。可以看出,两种方法差别不大。一些研究中测定了吸附相的密度(Haydel 和 Kobayashi,1967),使用范德华相关体积常数与甲烷和丙烷的测定结果非常接近。

在高压下用方程(11-16a)进行校正非常必要。甲烷吸附时吸附相密度为 $0.0262g \cdot mol/cm^3$。在 26.7℃、2.76MPa 下,校正值为 4%,但是在 46℃、10.34MPa 时增长到 15%。不经校正,高压下的测量值会有一极大值,之后,吉布斯吸附实际上随着压力升高开始下降(Moffat 和 Weale,1955;Van der Sommen 等,1955;Menon,1968 和 1969)。Menon(1968)指出对任何吸附剂都可以算出这一最大值。

对于多组分吸附,吸附气的密度由平均摩尔量给出

$$\frac{1}{\rho_{混合}} = \sum \frac{X_i}{\rho_i} \qquad (11-16b)$$

式中　$\rho_{混合}$——混合气的密度,$g \cdot mol/cm^3$;

　　　X_i——i 组分的摩尔质量,$g \cdot mol$;

　　　ρ_i——i 组分的密度,$g \cdot mol/cm^3$。

总之,煤对气体的吸附受多种因素的影响,在吸附等温线测定和应用过程中都应充分考虑各种因素的影响程度,针对主要影响因素进行分析评价,以解决生产实际问题。

第三节　吸附等温线测量

有三种测量吸附等温线的方法,包括体积法或PVT(压力—体积—温度)法、重量法和气相色谱法。测量纯组分或多组分气体吸附的这些方法可以在Menon(1968,1969)和Yang(1987)的研究中找到。

体积法最常用,将煤样放在密封样品缸中,吸附气量为注入样品缸中气量与存在的自由气量之差。缸的空隙体用不被吸附的氦气确定,通过测定样品缸的压力来确定是否达到平衡。测定煤样吸附的这种方法由Bell和Rakop(1986)及Mavor(1990)给出。

重量法实际上测量煤样由于吸附而引起的重量变化。Gunther(1965)和Daines(1968)都使用改进的重量方法测定煤样的吸附等温线。

气相色谱法是指使用装填吸附剂的色谱柱来分离流动的气体。色谱技术也可以用来测定吸附等温线。对于纯气体,样品质量平衡足以估算吸附等温线。对于混合气,确定吸附等温线必须在柱出口端使用超前、洗提、波动色谱法。气相色谱技术主要用于商业吸附剂(Ruthven,1984;Yang,1987),还未用于煤。

因此,这里主要介绍体积法和重量法,包括仪器设备、样品制备、操作步骤及数据处理等,对色谱法不进行论述。

一、体积法

1. 国外方法

1)实验仪器

测量设备是一台改进了的波义耳定律孔隙度测定仪,它安装在恒温水浴或油浴中。Ruppel等(1972)详述了该设备的原始设计。

图11-13给出了Terra Tek公司使用的实验仪器示意图。该仪器由容量一般为80cm³的不锈钢基准缸和容量为160cm³的不锈钢样品缸组成,容器、管线和阀门的压力值必须大于实验时所预料的最高压力值,所有缸和管线的容积必须精确地标定。基准缸和实验缸设在恒温器中,其温度误差控制在±0.2℃(T_1)以内,基准缸和实验缸的压力(分别是p_1和p_2)使用高精密压力传感器单独监控,精度为3.51kPa。实验缸内的温度(T_1)在实验期间要确保稳定。

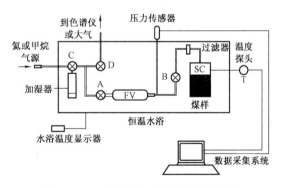

图11-13　吸附或解吸试验测试装置图

不同时间的温度和压力数据均由计算机收集,数据采集使用高速16位模拟数字转换器完成。在前60s以每秒100个点的速率来采集数据,随后的数据以每秒10个点的速率采集,可以同时进行8个等温实验缸的数据采集。

2)样品的制备

煤样的选择和制备在实验程序中是一重要的步骤,其程序可归纳为:① 样品的选择;

② 样品的制备;③ 工业分析;④ 样品平衡到实验室的水分条件。

等温吸附实验用的样品既可用岩屑,也可用岩心。岩屑样品的缺点是不能确切知道其原始深度,其结果是所选样品可能不代表整个生产层段的储层性质。通常根据深度和灰分含量来选择样品,为了使非煤物质对实验结果的影响减至最小程度,尽可能选择灰分含量少的样品。

在进行等温吸附实验以前,首先进行样品的工业分析,以测定煤的水分、灰分、挥发分和固定碳含量。工业分析的目的是准确测定样品中煤的质量。通常,如果可以选择的话,最好是选择灰分含量为10%或更少的样品,以避免非煤物质对扩散性质的影响。目前,非煤物质的影响还不能确切地知道,最好是把这种潜在的复杂性减至最小程度。

为了鉴定储层的平均特征,时常制备混合样。混合样用不同煤层或者不同灰分含量的煤制成,以便得到合乎要求的样品。如果灰分高于要求,可采用浮选法从部分粉碎的煤样(8目的颗粒)中除去。对非煤物质,这种浮选分离可选用密度合乎要求的聚氯乙烯($1.6g/cm^3$, 25℃)、二溴甲烷($2.48g/cm^3$,25℃)混合液,采用顶部浮选煤样的方法来完成。一般使用的混合液密度是 $1.75g/cm^3$。

为了进行工业分析,将样品进一步破碎到全部样品都通过60目(2.5mm)的筛子,这也是等温吸附试验样品的推荐粒度。碎样之后,就应进行筛分分析,以确定样品的粒径分布。笔者建议为各种测试所制备的破碎样品最小重量为300g。常常会提出一个问题,即有关煤样破碎对实验结果有什么影响。通常使气体分子扩散穿过煤体的距离减至最小,使用碎样以缩短实验的时间。一般来说,100g烟煤(大部分煤层甲烷储层是在烟煤中找到的)的内表面积为75000~220000cm^2(Jones等,1988);直径2.5mm(60目)的100g球形煤粒密度为 $1.25g/cm^3$,外表面积为244cm^2。煤样破碎的结果,使气体吸附的表面积增加0.3%到0.1%,这不会影响气体吸附容量测定的精度。

气体吸附容量测定的最大误差来源是试验条件,他们不能代表储层的条件。吸附量受样品温度和水分含量的影响,由于储层的温度是已知的,所以最大的误差来自水分含量。

美国材料试验协会(ASTM)的方法称之为平衡水分含量测定,是所推荐的用于再现储层条件的水分含量的方法。该方法要求将煤岩样品粉碎到通过16目(1.18mm)的筛子。对于等温吸附实验的样品来说,粒径应为60目。样品粒径的变化对最后平衡水分含量会有影响。关于评价样品粒径的重要性问题,应作进一步的研究。

平衡水分含量的确定方法:首先将样品称重,精确到0.2mg,把预湿煤样或干燥煤样放进装有过饱和 K_2SO_4 溶液的真空干燥器中,该溶液可以使相对湿度保持在96%~97%。干燥器内真空度为30mm汞柱,并浸在30℃水浴内或对流烘箱中放置48h,然后把样品拿出,再称重。水分含量用1减去干煤重与平衡煤重的比值来确定。

预湿样品的方法是把煤浸入近期煮沸、冷却的蒸馏水中30min,用机械方法摇动这种混合物,再将其放在30℃温度下保持3h,在潮湿期结束时,过量的水从样品中渗滤出来。通过实验发现,预湿样品和干燥样品的最后平衡水分含量相近。但对烟煤来说,预湿样品达到平衡的时间可能要大大增加。因此,建议要避免预湿,一般地说,要达到平衡48h是不够的,时间还需要延长。采用每天重复测量直到水分含量的变化小于0.2%时,才能确定水分达到了平衡。

3)气体吸附容量测定过程

等温吸附实验是一个比较简单的过程,它包括如下阶段:① 校准仪器以确定实验缸的空隙容积;② 使基准缸充气的压力大于现时等温阶段实验缸要求的最终压力;③ 打开基准缸和实验缸之间的阀门，使其压力相等，并关闭该阀门；④ 监测实验缸的压力，以确定现阶段何时达到压力稳定，即达到吸附或脱附平衡；⑤ 重复作阶段②到阶段④直至达到实验最终压力为止；⑥ 如有要求，可进行等温解吸测量。

在把煤放进仪器以前，先把体积已知的钢坯放进实验缸，之后根据波义耳定律，用氦气确定基准缸和实验缸的总容积。在实验室温度下重复三次作初始校准，以便把实验误差降至最低。总容积测量的精度一般是 ±0.03cm³。

一旦煤样在所期望的水分含量上达到平衡，就把 80～150g 的样品密封在实验缸内。用氦清洗缸体，用氦标定的过程要重复进行四次，以确定实验缸的空隙容积和煤的密度，空隙容积测量误差一般在 ±0.03cm³ 以内。在标定期间，必须估算相应温度和压力时氦的气体偏差系数，这种估算值可从氦的气体真实偏差系数表中获得。

实验过程中首先用高纯甲烷清洗基准缸，然后充气使基准缸的压力大于这个阶段估算的稳定压力。打开两个缸之间的阀门，使其压力相等。记录整个阶段内不同时间的压力。在压力阶段早期，以 0.01s 的间隔收集数据，而在该阶段晚期，则以 0.1min 的间隔收集。这个阶段是连续的，直到 30min 内压力变化小于 0.7kPa 为止。逐渐加压直至最终压力，以确定从 1atm 到大于储层压力范围内的吸附等温线。

等温吸附实验(增加压力阶段)结束时，有可能进行等温解吸实验(降低压力阶段)，从解吸资料获得的朗格缪尔等温线与用吸附实验得到的结果是相同的，从而可以得出结论，即在实验室条件下这个过程是可逆的。有时观测到吸附资料和解吸资料之间存在滞后现象，这是由于实验误差造成的，一般是由煤中水分含量的变化引起的。

由于吸附实验期间使用的甲烷不含有水蒸气，解吸过程中气体会从缸内带出一部分水分，所以必须计算每一解吸阶段水蒸气的分压，以便校正解吸实验数据。

进行实验时，在校准阶段要重复进行三次，以测定由于微小水分变化而造成的空隙容积变化。此外，试验结束后对煤样进行再次称重，以测定水分含量的变化。

如果吸附阶段和解吸阶段完成的很恰当，则会观测到吸附过程是可逆的。因此，建议只有当要求对吸附数据进行验证时，才进行解吸实验。

4) 实验特性模式

对实验资料，可以从考虑每一压力阶段的终点或每一压力阶段内的实验与时间有关特性的角度来评价。本节介绍两种评价类型的数学模式。

确定每一压力阶段终点的气体储存容量变化的关系式如下

$$\Delta V_i = \frac{V_r}{m_e}(B_{gr2}^{-1} - B_{gr1}^{-1}) - \frac{V_{tv}}{m_e}(B_{grv2}^{-1} - B_{gtv1}^{-1}) \tag{11-17}$$

式中　ΔV_i——阶段 i 压力下气体吸附容量的变化，cm³/g；

　　　V_r——基准缸总体积，cm³；

　　　V_{tv}——实验缸空隙体积，cm³；

　　　m_e——煤的质量，g；

　　　B_g——气体体积系数，cm³/cm³。

气体体积系数(B_g)通常用下式计算

$$B_g = \frac{p_{sc}ZT}{Z_{sc}T_{sc}p} \tag{11-18}$$

式中　p_{sc}——标准状态压力，MPa；

　　　Z——气体压缩因子；

　　　T——绝对温度，K；

　　　Z_{sc}——标准状态下气体压缩因子；

　　　p——压力，MPa。

真实气体偏差系数是利用 Storer(1985) 的相关关系根据气体成分来计算的。当气体储存容量的变化为零时，氦的标定也应用公式(11 – 17)、(11 – 18)就可解方程求出实验缸的空隙容积。

实验缸中煤的密度根据实验缸的总容积和空隙容积计算

$$\rho_c = \frac{m_e}{V_{tt} - V_{tv}} \tag{11 – 19}$$

式中　ρ_c——煤的密度，g/m³；

　　　V_{tt}——实验缸总体积，cm³。

公式(11 –17)可对实验的每一压力阶段进行评价。累加每一阶段气体吸附容量即可确定总的气体储存容量。

实验过程与时间有关的特性是基于球面几何学菲克扩散定律的解。起初，假定球体初始浓度为 C_o。在时间零点处边界浓度变为 C_b，球体的平均浓度 (C_a) 作为时间 t 的函数，由 C_o 变为 C_b，Carslaw 等(1959)给出扩散方程的解如下

$$C_{Da} = 1 - \frac{6}{\pi^2} \sum_{i=1}^{\infty} \exp \frac{i^2 \pi^2 t_D}{\gamma_s^2} \tag{11 – 20}$$

且

$$C_{Da} = \frac{C_a - C_o}{C_b - C_o} \tag{11 – 21}$$

$$t_D = \frac{D}{r_s^2} t \tag{11 – 22}$$

式中　C_{Da}——无因次平均浓度；

　　　t_D——无因次时间；

　　　C_a——平均浓度，g/cm³；

　　　C_o——初始时刻浓度，g/cm³；

　　　C_b——边界浓度，g/cm³；

　　　r_s——颗粒半径，cm。

如时间较短，t_D 大致小于 0.01，式(11 –20)则可简化为如下形式

$$C_{Da} = 3.3851 t_D^{0.5} \tag{11 – 23}$$

与等温实验资料拟合，公式(11 –23)的导数可用如下形式

$$\frac{\partial C_{Da}}{\partial t_D} = 1.6926 t_D^{-0.5} \tag{11 – 24}$$

公式(11 –23)、(11 –24)的功能是，作为时间函数的浓度变化曲线绘制在双对数坐标中时，曲线斜率应为 0.5，浓度变化的导数的斜率为 – 0.5。这些结论在等温资料分析中的应用

将在下面论证。

在一次吸附实验期间,实验缸中的压力将随时间而降低,直至达到稳定,所以等温实验与上述模型的边界条件不是严格匹配的。在有些情况下,需要对边界压力的改变和由此引起的边界浓度的变化进行计算。

依据朗格缪尔等温线方程,压力可转换为浓度,等温线从等温实验的每一阶段的终点(稳定压力条件)获得。在一次吸附实验期间,实验缸压力大于本压力阶段的最终稳定压力。该等温阶段和下一个等温阶段的终点假定符合朗格缪尔关系式,即可把压力转换为边界浓度(表11-3)。在实际工作中,用插值法计算与边界压力相对应的气体含量。

表11-3 压力—浓度转换关系表

p	p/v
p_i	p_i/v

边界压力是在本压力阶段和下一个压力阶段的终点 p_i 和 p_{i+1} 之间,根据表11-3确定 p/v,而由它估算 V_b(边界条件下的气体储存容量)。在最后阶段,朗格缪尔关系式外推到实测点之外。当最后阶段的实验缸压力与最后的稳定压力相差不大时,这种外推被证明是正确的。通过使用下面的关系式可把气体储存容量转变成浓度

$$C = 3.6692(10^{-5} r_g \rho_c V) \tag{11-25}$$

式中 C——浓度,g/cm^3;

   r_g——气体密度,无因次;

   V——气量,$0.279 cm^3/g$。

一旦已知边界浓度,进行模式的叠加则可计算作为时间函数的平均浓度,它是由边界条件引起的。对这个问题,叠加函数定义如下

$$C_a - C_o = \sum_{i=1}^{n} \frac{(C_{bi} - C_{bi-1})}{(C_{a1} - C_0)} C_{Da}(t_D - t_{Di-1}) \tag{11-26}$$

式中 C_{bi}——i 时刻边界浓度,g/cm^3;

   C_{bi-1}——$i-1$ 时刻边界浓度,g/cm^3;

   t_{Di-1}——$i-1$ 时刻无因次时间;

   C_{a1}——第1阶段末平均浓度,g/cm^3。

这个关系式对于解释等温实验、估算气体储存容量和作为压力函数的扩散系数是足够的。

5)实验压力特性分析

通过在实验期间收集到的压力资料分析,可以估算作为压力函数的气体吸附容量和实验时的有效扩散系数。为了预测煤层甲烷储层在长期生产中气体释放的速率,要求测定扩散系数。气体吸附容量的测定是基于应用前面介绍的终点方程式。通过把气体含量变化与作为时间函数的气体含量变化的导数作历史匹配,可以测定扩散系数。也可绘制一张特殊的曲线图,由它估算扩散系数。

表11-4包括有吸附实验期间收集的基本资料,用这些资料说明由两个基本阶段组成的分析过程。

第一,计算每一压力阶段终点的等温吸附线,确定作为压力函数的吸附容量。

第二，解释每一阶段的压力特性，确定每一阶段的有效扩散系数。

表 11 - 4　确定气体吸附容量的实例（据 Mavor 等,1990）

实验基本参数						
实验缸总容积 （cm³）	实验缸空隙容积 （cm³）	基准缸容积 （cm³）	实验缸重量 （g）	平均颗粒直径 （cm）	煤灰分 （%）	煤水分 （%）
151.10	82.11	85.63	107.38	0.015	0.03	0.185

实 验 压 力						
等温阶段 编号	开始阶段 消失时间 （s）	结束阶段 消失时间 （s）	实验缸开始 阶段压力 （MPa）	实验缸结束 阶段压力 （MPa）	基准缸开始 阶段压力 （MPa）	基准缸结束 阶段压力 （MPa）
1	0	7414.396	0.085	0.86	1.96	1.12
2	7414.396	14451.972	0.86	1.51	2.39	1.70
3	14451.972	20539.492	1.51	2.98	4.66	4.46
4	20539.492	27757.716	2.98	5.50	8.34	5.98
5	27757.716	34917.076	5.50	8.40	11.48	8.73
6	34917.076		8.40	13.69	19.94	14.16

35℃相应的甲烷体积系数				
等温阶段编号	实验缸开始阶段 B_{gtv1}	实验缸结束阶段 B_{gtv1}	基准缸开始阶段 B_{gr1}	基准缸结束阶段 B_{gr1}
1	1.27614	0.12463	0.05359	0.09484
2	0.12463	0.06976	0.04352	0.06200
3	0.06976	0.03452	0.02152	0.03205
4	0.03452	0.01799	0.01138	0.01641
5	0.01799	0.01128	0.00799	0.01081
6	0.01128	0.00660	0.00455	0.00637

计算的等温线数据				
等温阶段编号	阶段持续时间 （h）	实验缸结束阶段压力 （MPa）	开始阶段气体含量 （cm³/g）	结束阶段气体含量 （cm³/g）
1	2.0596	0.86	0	0.85
2	1.9549	1.51	0.85	1.42
3	1.6910	2.98	1.42	2.32
4	2.0051	5.50	2.32	3.37
5	1.9887	8.40	3.37	4.09
6	1.5861	13.69	4.09	5.83

表 11 - 4 实验例子由压力范围为 0.1 ~ 13.69MPa 的 6 个压力阶段所组成，上部列出了煤的体积、缸的大小以及每一压力阶段的起始和结束时的压力值。纯甲烷的体积系数是在实验条件下应用方程式（11 - 18）计算得出的。终点的气体含量是直接用方程式（11 - 17）计算的。这些数据列在表 11 - 4 的下部。

等温线表现形式包括终点时的实验缸压力值和相应终点时的气体含量估算值。这项实验的朗格缪尔系数是用转换成方程式(11-5)形式的资料,线性回归计算的。这个例子朗格缪尔压力和体积分别为 8.78MPa 和 9.46cm³/g(干燥无灰基)。

为了估算一个压力阶段的有效扩散系数,可绘制该阶段气体含量变化和相对于持续时间的气体含量变化导数的诊断曲线图。图11-14是说明这个实验例子的第6压力阶段的曲线图。使用双对数坐标保持了两条曲线的形状,用方程式(11-17)把压力转换成气体含量。由扩散模型计算的浓度用方程式(11-25)转换成气体含量。实测资料用离散点表示。

可以发现,气体含量变化和导数两者的特征是具有球形扩散特点的半斜率,分割为 +27°和-27°。气体含量变化的斜率变平,最终在吸附实验结束变为常数,相对应地,导

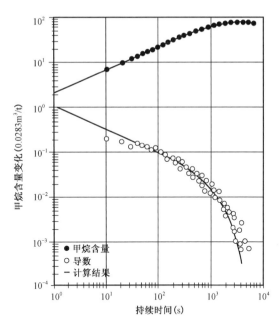

图11-14　吸附诊断曲线图(据 Mavor 等,1990)

数变得很陡,最终趋于零。图中的实线是使用前面讨论的球形扩散模型的叠加形式计算得出的,与实测资料拟合极好。

扩散系数的估算值由资料的历史匹配获得。在这个例子中,对于平均球形颗粒半径为 0.0075cm 来说,扩散系数估算为 $1.24 \times 10^{-9} \mathrm{cm}^2/\mathrm{s}$。虽然没有用图说明,但与实验第5阶段所获得的匹配是相同的。

这一阶段气体含量的变化与该阶段持续时间的平方根的关系曲线,可用于估算扩散系数。这个估算所用的资料应在诊断曲线图中斜率为 0.5 的时间范围内,它与非限定作用特性相当。曲线图形的分析是基于方程式(11-23)、(11-25)。在半斜率期间,该模式如下

$$V_\mathrm{a} - V_{i-1} = 3.3581(V_\mathrm{a} - V_{i-1}) \cdot \left[\frac{D}{r_\mathrm{s}^2}\Delta t\right]^{0.5} \tag{11-27}$$

式中　V_a——吸附量,0.279cm³/g;

　　　V_{i-1}——第1阶段末吸附量,0.279cm³/g;

　　　Δt——时间间隔,s。

对于该图来说,时间零点的截距为零。扩散系数是根据下列关系式由该曲线的斜率估算的

$$D = \left[\frac{br_\mathrm{s}}{3.3851(V_\mathrm{a} - V_{i-1})}\right]^2 \tag{11-28}$$

式中　b——斜率,cm³ · cm²/(g · s⁰·⁵)。

图11-15说明了对曲线图形的分析。直线的斜率是 0.027cm³ · cm²/(g · s⁰·⁵),由它得出的扩散系数估算值为 $1.19 \times 10^{-9} \mathrm{cm}^2/\mathrm{s}$,大致等于由资料历史匹配获得的估算值。

把这些技术应用到实际资料中还有一些问题。在目前,单向扩散系数模式更适用于等温

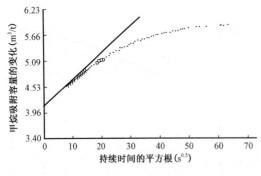

图 11 - 15　专门的球形扩散分析图
(据 Mavor 等,1990)

吸附的高压阶段,而不是所有的阶段。为了完成分析,可能需要应用双向扩散系数模式,如在 Ruckenstein 等(1971)的文章中介绍过的,或者可利用一种把扩散系数看作浓度函数的模式。这些将是未来研究的课题。

试验中遇到的另外一个主要问题是压力资料的质量问题,需要使用高精度的、线性响应的压力转换器,并且在整个实验中极迅速地收集资料。没有高质量的资料,就不能观测球形扩散特性。

2. 国内方法

国内使用的体积法与前述有所不同,主要是仪器的结构不同,由此在数据处理上存在一些差异。下面进行简要介绍。

1)仪器设备

吸附等温线测定装置主要包括:吸附罐、充气罐、测量瓶(容积为 $100 \sim 200 \mathrm{cm}^3$,精度为 $\pm 0.2 \mathrm{cm}^3$)、平衡瓶、超级恒温器(精度 $\pm 0.2 \mathrm{℃}$)、真空泵等(图 11 - 16)。

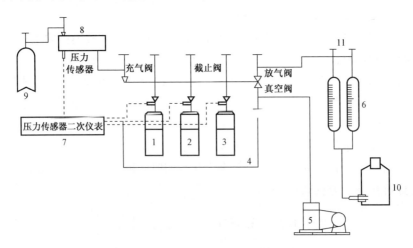

图 11 - 16　高压容量法轻烃吸附流程图
1,2,3—吸附罐;4—恒温水槽;5—真空泵;6—测量瓶;7—压力传感器;
8—充气罐;9—甲烷钢瓶;10—平衡瓶;11——玻璃旋塞

2)样品制备

选取样品 $300 \sim 500 \mathrm{g}$,将其粉碎,用标准筛筛分,称取粒径为 $0.18 \sim 0.28 \mathrm{mm}$ 的样品 $100 \mathrm{g}$ 左右。

将样品放入干燥箱里,在 $105 \mathrm{℃}$ 条件下烘干,取出后放入干燥器内冷却至室温。

3)实验步骤

(1)试漏。将样品放入吸附罐后,首先充气,压力加至最高试验压力 2MPa 以上,检查有无渗漏现象,无渗漏后放出气体。

(2)自由空间体积测定。

第一,自由空间体积是指吸附罐装满样品之后,样品颗粒间空隙体积、吸附罐残余空间体积及连接管路的体积总和。

第二,将吸附罐与真空系统连接进行抽空,真空度达到4Pa后,断开真空泵。

第三,将氦气充进充气罐,压力为 p_1,然后打开吸附罐截止阀,使充气罐内气体进入吸附罐,10min 后记录充气罐的平衡压力 p_2,根据波义耳定律计算出自由空间体积。

$$V_s = \left(\frac{p_1}{p_2} - 1\right) V_d \qquad (11-29)$$

式中　V_s——自由空间体积,cm^3;

　　　p_1,p_2——分别为充气前后充气罐内氦气的压力,MPa;

　　　V_d——充气罐及管路的体积,cm^3。

(3)脱气。将吸附罐与真空系统连接进行真空脱气,脱气温度 $60 \sim 95℃$,当真空度达到 4Pa 后,关闭吸附罐截止阀,断开真空泵及超级恒温器。

(4)吸附等温线测定。

第一,将超级恒温器设定为试验温度,在此温度下恒定 2h 以上。

第二,接通甲烷气源,向充气罐内充入气体,当实验压力达到 2MPa 以上时,关闭气源 10min 后记录充气罐内甲烷压力 p_1。缓慢打开吸附罐截止阀,当吸附罐内压力达到预定试验压力时,关闭吸附罐截止阀,10min 后再次记录充气罐内甲烷压力 p_2,同时记录室内温度 t_0。

第三,使气体充分吸附,1h 内吸附罐内压力变化不超过 0.02MPa,此时的压力即为吸附平衡压力 p_3。

第四,计算充入吸附罐内的甲烷气量为

$$V_t = \left(\frac{p_1}{Z_1} - \frac{p_2}{Z_2}\right) \times \frac{273.2 \times V_d}{(273.2 + t_0) \times 0.101325} \qquad (11-30)$$

式中　V_t——充入吸附罐内气体换算为标准状态下气体的体积,cm^3;

　　　p_1,p_2——分别为充气前后充气罐内甲烷压力,MPa;

　　　Z_1,Z_2——分别为 p_1、p_2 压力下室温 t_0 时甲烷的压缩因子,1/MPa;

　　　t_0——室内温度,℃。

吸附罐内游离气量为

$$V_f = \frac{273.2 \times V_s \times p_3}{0.101325 \times Z_3 \times (273.2 + t_1)} \qquad (11-31)$$

式中　V_f——吸附罐内自由空间的游离气体换算为标准状态下气体的体积,cm^3;

　　　p_3——吸附平衡压力,MPa;

　　　Z_3——压力为 p_3、温度为 t_1 时甲烷的压缩因子,1/MPa;

　　　t_1——吸附平衡温度,℃。

压力间隔内被吸附的气体体积为

$$\Delta V_a = V_t - V_f \qquad (11-32)$$

式中　ΔV_a——压力间隔内被吸附的气体体积,cm^3。

第五,在试验压力范围内应至少均匀选取 6 个试验点,依次增高试验压力,测定不同压力时吸附量。

第六,对应于各平衡压力下单位质量样品的吸附量为

$$V_a = \sum \Delta V_a / m \tag{11-33}$$

式中　V_a——平衡压力 p_3 下单位质量样品的吸附量,cm^3/s;

　　　m——煤的干燥无灰基质量,g。

第七,由 V_a 对平衡压力绘图,即可得到吸附等温线。

(5)脱附等温线测定。

第一,当吸附法甲烷吸附测定结束后,将测量瓶内充满饱和食盐水,调整平衡瓶,并记录测量瓶内水面初始体积 V_1。

第二,慢慢打开吸附罐截止阀,放出一部分气体到测量瓶内(以放出气量不超过测量瓶最大容积为准),关闭吸附罐截止阀,调整平衡瓶,10min 后记录测量水面体积 V_2,同时记录室内温度 t_0 及大气压力 p_0。

第三,当 1h 内压力变化不超过 0.02MPa,即吸附罐内重新达到吸附平衡,记录吸附罐内甲烷吸附平衡压力 p_3。

第四,计算吸附罐内放出气量,换算为标准状态下其体积为

$$V_t = \frac{273.2 \times p_0 \times (V_2 - V_1)}{(273.2 + t_0) \times 0.101325} \tag{11-34}$$

式中　V_1——测量瓶内初始水面体积,cm^3;

　　　V_2——充气后测量瓶内水面体积,cm^3,

　　　p_0——室内大气压力,MPa。

吸附罐内释放出的游离气量为

$$V_f = \left(\frac{p_2}{Z_2} - \frac{p_1}{Z_1}\right) \times \frac{273.2 \times V_s}{0.101325 \times (273.2 + T)} \tag{11-35}$$

平衡压力下脱附的气体体积为

$$\Delta V_a = V_t - V_f \tag{11-36}$$

第五,依次降压,直到吸附罐内甲烷压力接近于吸附法时第一点的平衡压力,在试验压力范围内应至少均匀选取 7 个试验点,从而得到各压力点的脱附气量。

4)数据处理

实验结果按朗格缪尔方程(11-1)处理,计算朗格缪尔吸附常数及朗格缪尔压力常数。

三、重量法

1. 仪器设备

阿拉巴马大学(UA)使用的设备主要包括一台 Cahn2000 型微量天平,最大容量为 100mg,感量为 $0.1\mu g$,天平放在高压室中,其最大耐压 84MPa(图 11-17)。样品放在一个铝盘中,铝盘挂在天平的一臂上,并放在一个不锈钢杯中。其中可以装干燥剂(如无水硫酸钙),也可以放盐水,以保持相对湿度,如饱和硫酸钾溶液。

天平的量程可以选择,在测定氦气浮力时选用 $100\mu g$,在进行甲烷或二氧化碳吸附试验时经常使用 1mg 的量程。压力传感器精度为 0.7kPa,其精度可以不十分准确,其主要作用是用

以求得气体的密度,对很小的压力变化不敏感。

在进行甲烷吸附测定时,样品的重量变化一般为几毫克,是吸附气体和所受浮力的综合影响。

2. 吸附量和浮力的计算

重量法测定的是煤样重量随压力的变化,其重量变化受两个因素的影响:① 样品吸附或解吸气体所引起的重量改变;② 不同压力条件下气体浮力的影响。

为计算浮力,每次必须计算密度,其中样品密度为

$$d_i = W_i / V_i \qquad (11-37)$$

式中　W_i——煤样的实际重量,g;
　　　V_i——煤样体积,cm^3;
　　　d_i——煤样密度,g/cm^3。

吸附气体密度为

$$d_s = W_s / V_s \qquad (11-38)$$

式中　W_s——吸附气重量,g;
　　　V_s——吸附体积,cm^3。

在重新达到平衡后,煤的体积为

$$V_f = V_i + V_s \qquad (11-39)$$

煤的重量为

$$W_f = W_i + W_s \qquad (11-40)$$

则煤受的浮力为

$$B_c = d_g(V_i + V_s) \qquad (11-41)$$

式中　d_g——气体的密度,g/cm^3。

天平系统(样品盘、天平臂、托盘连线和样品等重量为 V_{mb})所受浮力为

$$B_{mb} = d_g V_{mb} \qquad (11-42)$$

则实测样品重量等于

$$W_m = W_f - B_c - B_{mb} \qquad (11-43)$$

由此,可以联立以上方程求得吸附气体重量

$$W_s = \frac{[W_m + W_i(d_g/d_i - 1) + d_g \cdot V_{mb}]}{[1 - d_g/d_s]} \qquad (11-44)$$

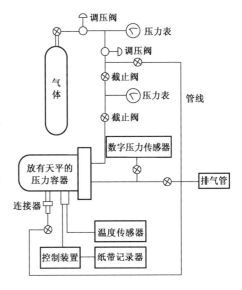

图 11-17　重量法吸附等温线测定装置图

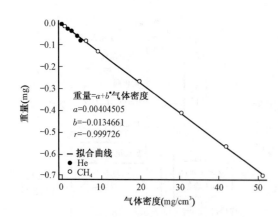

图 11-18　重量法吸附等温线测定校正曲线图
（据 Levine 等,1993）

重量=$a+b$·气体密度
a=0.00404505
b=-0.0134661
r=-0.999726
— 拟合曲线
● He
○ CH₄

为确定天平系统所受浮力,不放样品,用氦气和甲烷进行 V_{mb} 校正。测定结果与气体密度绘在图 11-18 中,直线的斜率 b 即为天平的有效体积,该值为负表明样品一端体积较大,应将其绝对值加在测量样品重量上。该值乘以气体密度即为天平校正后的浮力。

每一压力条件下的气体密度用真实气体定律计算

$$d_g = \frac{pMW}{ZRT} \qquad (11-45)$$

对于氦和甲烷,在 21℃ 和 0.007~82MPa 条件下,气体的压缩因子可用 Hall-Yarborugh 关系式计算。

甲烷

$$Z = 1.41909 - 0.634472e^{\{[-(145.04p-2509.56)/3897.22]^2\}} \qquad (11-46)$$

氦

$$Z = 1.38034 - 0.563595e^{\{[-(145.04p-6709.91)/10706.4]^2\}} \qquad (11-47)$$

式中　p——气体压力,MPa。

Berkowitz(1979)给出煤的密度公式为

$$d_i = \frac{d_{af} \cdot d_a}{d_a + A_{sh}(d_{af} - d_a)} \qquad (11-48)$$

式中　d_{af}——干燥无灰基煤的密度,g/cm³;

　　　d_a——灰分密度,g/cm³;

　　　A_{sh}——灰分含量,%。

另外,更精确地计算煤的密度时,应测定样品在氦中由于浮力作用而减少的重量。氦是不吸附的,故重量与气体密度直线中斜率即为样品的体积。

吸附甲烷的密度可用经验公式估算(McCain,1990)

$$d_s = 0.002 + 0.455d_i \qquad (11-49)$$

3. 试验过程

将煤样粉碎并筛取小于 60 目的样品 1g 进行试验。一块样品一般需几天到几个星期的试验时间,主要过程为:① 确定样品在氦气中排开氦的体积;② 测量重量随吸附压力的变化;③ 数据处理。

在试验过程中,必须保证样品的纯度,否则由于杂质的影响,就会影响密度的计算及最终的结果。

当气体进入后,由于浮力的增加,重量立刻下降,随着气体向样品中扩散,重量逐渐增加,一般需要 1~8h 重新达到平衡。

试验数据用朗格缪尔等温模型拟合并给出吸附常数。

三、方法对比

体积法是目前描述吸附特性较好的方法,也是煤层气工业普遍采用的方法。但仍有一定的局限性,那就是需要样品量较大,一般需要100g左右,才能保证测量结果的准确性(Mavor,1990)。其结果给出的是样品中各组分的"平均值",难于反映不同煤岩组分的不同特性。

微量天平法选用样品量少,可以分析井壁取心、钻井岩屑、煤岩、油页岩或浓缩物的吸附特征,是研究高压条件下吸附特性的一种有效方法。

煤炭科学研究院抚顺分院建立了重量法,使用的是德国沙特里斯 M25D – P 型微量电子天平。重量法等温线的相关性很高,计量准确,但测定结果较容量法偏小。

两种方法各国均有应用,各有优点,测定结果也不尽相同,对于数据的准确性难以校验。

我国使用的方法主要是体积法,测定甲烷在干燥煤样中的吸附容量。为适应我国日益发展的煤层气开发储层评价的需要,应尽快开展在模拟地层条件下含气量的测定,一是模拟地层含水条件,进行湿样吸附容量的测定;二是模拟地层气体组成,开展多组分吸附容量的测定,以便更好地为我国煤层气开发服务。

第四节　吸附等温线的应用

对于煤层甲烷气藏,测定吸附等温线的主要用途有:① 估算煤层含气量;② 确定煤层的"临界解吸压力";③ 预测在生产过程中降压解吸的可采气量;④ 等温吸附参数是煤层气藏产量预测和数值模拟的重要参数之一。

一、估算煤层含气量

假设煤层中煤对气体的吸附处于饱和状态,就可以用吸附等温线估算煤层的含气量。吸附量是地层压力和温度的函数,而这二者又是煤层埋藏深度的函数,因此,吸附量是埋深的函数。只要知道煤层的埋藏深度,就可以由此估算煤层的含气量。该方法是确定含气量的间接方法,可称为"估算含气量",它只表示煤层中可能吸附的最大气量,并不等于这些气体就实际存在于煤层中,还必须通过取心测定来确定煤层的实际含气量。

如果实际含气量高于估算含气量,则表明除了吸附气之外,还存在相当数量的游离气,这种气藏称为过饱和气藏。如果实际含气量等于估算含气量,则称为饱和煤层气气藏。如果实际含气量低于估算含气量,则称为未饱和气藏或欠饱和气藏(图 11 – 19)。换言之,实际含气量落在吸附等温线上方则为过饱和气藏,在吸附等温线之上则为饱和气藏,落在吸附等温线下方则为未饱和气藏。需要注意的是:在进行对比时,含气量和吸附等温线都要校正到干燥无灰基。

二、确定煤层的"临界解吸压力"

由于煤层气主要以吸附状态赋存在煤层中,只有压力下降后气体才能解吸出来,对于过饱和及饱和煤层气藏,只要压力下降气体就能解吸出来向井底运移,地层压力就是"临界解吸压力"。对于未饱和煤层气藏,只有压力下降到含气量落在吸附等温线上后,气体才开始解吸,该压力即为"临界解吸压力"(图 11 – 19)。临界解吸压力按下式计算

$$p_{cd} = V_{me}/(V_m b - V_{me} b) \qquad (11 – 50)$$

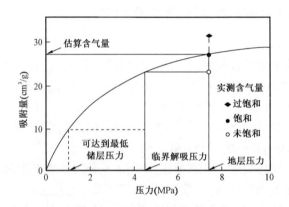

图 11 - 19　吸附等温线应用示意图

式中　p_{cd}——临界解吸压力,MPa;

　　　V_{me}——实际含气量,g/cm^3。

可以看出,临界解吸压力与地层压力越接近,需要降低的压力越小,因此也就越有利于气体解吸及煤层气的开发。

三、估算最大可采量

根据井深结构所能达到的最低储层压力,即煤层气井的枯竭压力,可通过吸附等温线估算出残余气量,与实际含气量结合起来即可估算出最大可采量。理论上最大采收率为

$$\eta = 1 - \frac{p_{ad}(1 + bp_{cd})}{p_{cd}(1 + bp_{ad})} \tag{11 - 51}$$

式中　η——理论上最大采收率,小数;

　　　p_{ad}——可达到的最低储层压力,MPa。

除上述用途外,吸附参数还是煤层气藏产能预测和数值模拟的重要参数之一,具体应用参见第五至第八章。

第十二章　煤层含气量的测定

含气量是确定煤层气藏资源量必不可少的参数,与储层压力和吸附等温线结合起来使用,就可预测产气能力,确定钻井分布和开采方式。值得注意的是,并不是每个含煤地区、每个煤层都有大量的煤层气可供开采,由此必须预先测定其含气量。最有效的测定方法是压力取心法,但通常是利用常规岩心或岩屑测定含气量。通过这种方法测定的含气量包括三部分:① 逸散气量,就是钻遇煤层后到样品被装入样品解吸罐密封之前从煤样中释放出的气体量,也称损失气量或散失气量;② 实测气量,就是在大气压力条件下将煤样放入样品解吸罐中密封之后从煤样中自然解吸出来的气体量,亦称解吸气量,实际上只是解吸气的一部分,加上逸散气量才是总解吸气量;③ 余气量,经过自然解吸仍残留在样品中的那部分气体量。

实测气量是模拟地层条件下用解吸法直接测定的,通过记录解吸气体体积和相应时刻的温度及大气压力数据,经换算得到标准条件下的解吸气量。终止解吸试验的标准建议为:在一周内每克样品的解吸量小于 $0.05cm^3/d$,或在一周内每个煤样的解吸气量小于 $10cm^3/d$。但是逸散气量是无法直接测定的,只能使用数学模型来估算,估算逸散气量的主要方法有直接法和史密斯—威廉斯法及 Yee 等(1992)提出的曲线拟合法等。

严格地讲,从煤中解吸出来的气体在煤中并不是完全以气态形式存在,绝大部分只是从煤中扩散出来以后才成为气态。由于扩散作用,从煤中解吸出来气体的组分和气体量取决于解吸试验的试验条件,并有很大的随机性。一般情况下,解吸试验都是在室温条件下进行的,平衡压力为大气压,这些条件只是比较方便,完全不同于地层条件。在地层温度条件下,气体解吸速度快而且解吸量大,并会有较多的重烃解吸出来。

由于吸附作用减慢了扩散进程,解吸试验一般需要几个月才能完成。即使解吸几周或几个月的时间,仍有一部分气体被圈闭在煤的微孔隙内成为“残余气”。曾经有一个样品,属于高挥发性烟煤 A,几年后还有甲烷析出。通过将样品加热(50~120℃)或用球磨机将煤样粉碎以加速气体的解吸,粉碎后测得“残余气”,所占的比例与煤样本身的性质和试验条件有关,有的甚至多达 50%,一般煤层残余气量所占的比例都较少。由此,十分准确地测定含气量是比较困难的。另外,煤层气中游离气的含量有时也需专门测算(孙粉锦等,2012)。本章将对各种测定方法作一概述。

第一节　USBM 直接法

由美国矿物局(USBM)提出的直接法(Kissel 等,1973;McCulloch 等,1975;Diamond 等,1981)被认为是测定煤层含气量的工业标准。该方法最早是由 Bertard 建立的,目的是为了帮助确定煤矿排放瓦斯设备而发展起来的。

一、原理

直接法假设煤中气体解吸的理想模式为气体从圆柱型颗粒中扩散出来,可以用扩散方程来描述,初始浓度为常数,表面浓度为零,其数值解表明在初始时刻累积解吸气量与时间的平方根成正比。由此在解吸气量与时间的平方根图中,反向延长到计时起点(气体开始解吸的时间），即可估算出逸散气量。

直接法的计时起点与取心液类型有关，对于气相或雾相取心，假设取心筒穿透煤层即开始解吸，损失时间计为取心时间、起钻时间和样品到达地面后密封在解吸罐中之前时间的总和。对于清水取心，假设当岩心提到距井口一半时开始解吸，这种情况下，损失时间为起钻时间的一半加上地面装罐之前的时间。

逸散气量与取心至样品封在解吸罐中所需时间有关，取心、装罐所需时间越短，则计算的逸散气量越准确。当损失气量不超过总含气量的20%时，直接法所测的含气量比较准确。

二、解吸气量的测定

1. 倒刻度管法

1）仪器设备

直接法测定解吸气量装置如图12-1所示，主要由解吸罐、压力表和计量管组成。

将煤心取出后，保持自然状态装入解吸罐中，由倒置在水盆中的刻度管计量解吸气量。

国内目前测定含气量的方法与之相同，测量装置如图12-2所示，具体组成如下：① 解

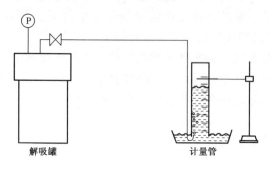

图12-1　常规解吸试验测定仪图

吸罐：内径7cm，可装样400g，在1.50MPa条件保持气密性；② 量管：体积800ml，最小刻度4ml；③ 温度计、气压计、秒表等。

2）操作步骤

第一，将测定装置安放在气温较稳定的地方，水槽中充满水，打开螺旋夹3，用吸气球将水吸至量管零刻度处，检查气密性。

第二，将样品保持自然状态放入密封罐内，尽可能减少装样时间，然后装好罐盖。接好排气管9。

第三，打开弹簧夹8，则从煤中解吸出来的气体进入计量管，打开水槽的排水管，用排水集气法计量解吸气量。

第四，间隔一定时间记录量管读数，同时记录水柱高度、气温、水温及大气压力。

第五，量管体积不足时，可用弹簧夹夹紧排气管，用吸气球将水吸至量管零刻度处，同时向水槽内补足清水，打开弹簧夹继续测试。

3）数据处理

解吸气量的计算

$$V_s = \frac{273.2}{101.3(273.2 + t_w)}(p - 0.0745h_w - W)V \qquad (12-1)$$

式中　V_s——换算为标准条件下的气体体积，cm^3；

　　　V——量管内气体体积读数，cm^3；

　　　p——大气压，kPa；

　　　t_w——量管内水温，℃；

　　　h_w——量管内水柱高度，cm；

　　　W——t_w下水的饱和蒸气压，kPa。

由式(12-1)即可计算出不同时刻的解吸气量,将每个时间间隔的解吸量累加即得累积解吸气量。

煤样总的解吸时间是装罐前解吸时间 t_L 与装罐后解吸时间 t_i 的和,$t_d = t_L + t_i$。

在解吸初期,由于解吸气量和解吸时间的平方根成正比关系,即可确定损失气量

$$V_s(t_i) = I + S\sqrt{t_d} \qquad (12-2)$$

式中,I、S 为待定常数,由最小二乘法求解式(12-2)即可得到 I、S 值。当 $t_d = 0$ 时,$V_s = |I|$,即为所求损失气量。

同理,也可以通过作图法求解,以 $V_s(t_d)$ 与 $\sqrt{t_d}$ 作图,使用最初几个呈直线关系的点连线,将其延长与纵坐标相交,在纵坐标上的截距即为所求损失气量。

2. 气压法

1)仪器设备

"气压法"测定的气体体积比倒刻度量管法的测定结果更精确,测量装置组成如下:① 解吸罐:长 36cm,铝罐或塑料罐,内径 10cm,顶部有法兰,底部有一固定底座,承受压力 0.35MPa;② 玻璃量筒:500ml;③ 带孔的长颈瓶和长颈管头;④ 气压计、温度计和秒表。

连接方式如图 12-3 所示,长颈瓶管头与量筒底部连接,另一支管子一端与长颈瓶的另一口连接,另一端沿量筒的底到顶固定,称为观察管,向大气敞开。第三支管子连接量筒的顶部和解吸罐,这段管子可长一些,以便在连接解吸罐不需要移动整个解吸装置。

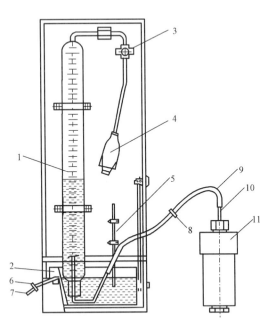

图 12-2 瓦斯解吸测定装置图

1—量管;2—水槽;3—螺旋夹;4—吸气球;5—温度计;

6—弹簧夹;7—排水管;8—弹簧夹;9—排气管;

10—16 号胸骨穿刺针头;11—密封罐

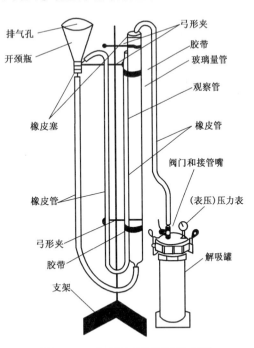

图 12-3 气压法解吸测试设备图

2）操作步骤

解吸罐中积聚起来的气体定期排入到量筒中,通过在大气温度和压力条件下测定所排出水的体积确定解吸气量。

第一,将气体排到量筒中,直到水面稳定。

第二,松开夹子,移动长颈瓶使量筒中的新月形水面和观察管中的一致,并缓慢地沿量筒的长度方向垂直上下移长颈瓶组合,直到量筒和观察管中的液面完全相同并稳定为止。解吸仪的水中可加一些颜料,有助于测定过程中确定新月面的位臂。

第三,关闭解吸罐阀门,通过记录量筒中新月面读数来测定解吸气体体积,同时记录大气温度和压力。

第四,每个解吸数据的测定应在10s内完成。

3）数据处理

根据状态方程,计算每个解吸点的解吸气量

$$V_s = V \frac{p}{101.3} \times \frac{273.2}{(273.2 + t_0)} \qquad (12-3)$$

式中　p——大气压力,kPa;

　　　t_0——大气温度,℃。

将每个换算到标准状态下的解吸气量累加即得实测气体的总体积。

三、损失气量估算方法

1. 数据关系

表 12-1 是通过气压法测定的解吸气量数据表(据 Terra Tek,1989)。使用该方法测定时,每间隔一定时间测定一次解吸量,间隔时间依解吸罐压力而定,主要是使罐内压力不至于抑制气体的解吸,初始时刻取的点较密。随着解吸量的减少,时间逐渐加长,一般前 1h 内每隔5~10min 取样一次,24h 以内间隔 0.5~1.5h 取样一次,以后 4~5h 取样一次,最后可 1d 取样一次。

表 12-1　气体解吸数据表

日期 (年/月/日)	时间 (h,min)	持续时间 (h)	大气压 (kPa)	温度 (℃)	气体体积(cm³)		计量体积 (cm³)	累积体积 (cm³)	校正后 累积体积 (cm³)
					初始	终止			
1989/11/27	23:1	0.00			0.0	0.0	0	0	0
1989/11/27	23:17	0.283	80.61	10.0	0.0	700.0	700	700	588
1989/11/27	23:27	0.450	80.61	12.5	0.0	470.0	470	1170	946
1989/11/27	23:37	0.617	80.61	16.5	0.0	595.0	595	1765	1419
1989/11/27	23:50	0.833	80.61	19.5	0.0	780.0	780	2545	2031
1989/11/28	00:09	1.150	80.61	22.5	0.0	755.0	755	3300	2618
1989/11/28	00:19	1.317	80.61	27.0	0.0	820.0	820	4120	3246
1989/11/28	00:35	1.583	80.61	31.5	0.0	810.0	810	4930	3857
1989/11/28	00:57	1.950	80.61	35.0	0.0	995.0	995	5925	4600

日期 （年/月/日）	时间 （h,min）	持续时间 （h）	大气压 （kPa）	温度 （℃）	气体体积（cm³）		计量体积 （cm³）	累积体积 （cm³）	校正后 累积体积 （cm³）
					初始	终止			
1989/11/28	01:17	2.283	80.61	35.5	0.0	1100.0	1100	7025	5419
1989/11/28	01:27	2.450	80.61	36.0	0.0	1000.0	1000	8025	6162
1989/11/28	01:41	2.683	80.61	35.0	0.0	905.0	905	8930	6837
1989/11/28	05:30	6.500	81.30	37.0	0.0	2995.0	2995	11925	9078
1989/11/28	05:50	6.833	81.30	36.0	0.0	950.0	950	12875	9788
1989/11/28	08:03	9.050	81.30	33.0	0.0	900.0	900	13775	10470
1989/11/28	11:15	12.250	81.30	33.5	0.0	815.0	815	14590	11086
1989/11/28	15:41	16.683	81.30	22.0	0.0	450.0	450	15040	11439
1989/11/28	23:46	24.767	81.30	23.5	0.0	710.0	710	15750	11994
1989/11/29	08:15	33.250	81.30	22.0	0.0	960.0	960	16710	12748
1989/11/29	13:42	38.700	81.30	23.0	0.0	600.0	600	17310	13218
1989/11/30	15:39	64.650	84.75	34.5	0.0	500.0	500	17810	13611
1989/12/01	12:01	85.017	86.81	35.0	0.0	507.0	507	18317	14018
1989/12/03	09:10	130.167	86.81	32.5	0.0	165.0	165	18482	14152
1989/12/04	15:28	160.467	86.81	36.0	0.0	255.0	255	18737	14356
1989/12/11	11:55	324.917	86.81	34.0	0.0	170.0	170	18907	14493
1989/12/12	14:21	351.350	86.81	31.0	0.0	76.0	76	18983	14555
1989/12/13	11:00	372.00	86.13	25.0	0.0	72.0	72	19055	14614
1989/12/14	09:16	394.267	86.33	23.0	0.0	19.0	19	19074	14630
1989/12/15	09:32	418.533	85.99	24.0	0.0	66.0	66	19140	14684
1989/12/19	09:36	514.600	86.06	26.0	0.0	98.0	98	19238	14765
1989/12/20	09:45	538.750	84.88	33.0	0.0	151.0	151	19389	14884
1989/12/21	09:12	562.200	86.40	31.0	0.0	64.0	64	19453	14936
1989/12/22	10:46	587.767	87.02	34.0	0.0	77.0	77	19530	14998
1989/12/26	10:31	683.517	86.81	32.0	0.0	48.0	48	19578	15037
1989/12/28	15:11	736.183	85.44	32.5	0.0	63.0	63	19641	15087
1989/12/30	10:07	779.117	86.13	32.0	0.0	−5.0	−5	19636	15083
1990/01/02	10:34	851.567	84.75	35.0	0.0	46.0	46	19682	15119
1990/01/03	15:19	880.317	86.13	35.0	0.0	5.0	5	19687	15123

　　每次取样时记录取样时间及计量管读数,为进行体积校正,应同时记录大气压力和温度。由取样时间计算出试验持续时间,可以使用小时、分或秒。本例中以小时计,由测量管读数求出间隔解吸气体体积及累积气体体积,然后再根据大气压力和温度进行体积校正,换算为标准状态下气体体积,换算按方程(12 −3)。

2. 损失时间确定

损失时间根据钻遇煤层时间和岩心密封时间等确定,对于清水取心或泥浆取心,损失时间为地面暴露时间加井下时间的一半

$$t_L = (D - C) + (C - B)/2$$

$$= (23:00 - 21:10) + (21:10 - 19:10)/2$$

$$= 2.83(h)$$

对于气雾取心,损失时间为岩心密封时间减钻遇煤层时间

$$t_L = D - A$$

$$= 23:00 - 18:02$$

$$= 4.79(h)$$

式中　t_L——损失时间,h、min 或 s;

　　A——钻遇煤层时间;

　　B——起钻时间;

　　C——岩心到达地面时间;

　　D——岩心装入解吸罐密封时间。

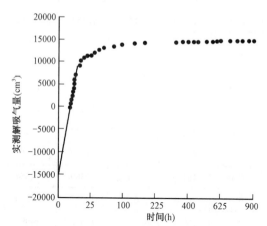

图 12 - 4　USBM 法估算损失气量分析图

3. 损失气量确定

在本例中使用清水取心,采用损失时间为2.83h,然后将损失时间与测试解吸气量的持续时间相加。再求其平方根,将其与标准状态下解吸气量作图,如图 12 - 4 所示,在解吸初始时,解吸气量与时间的平方根呈直线关系,反向延长该直线,在解吸气量坐标轴上截距的绝对值即为损失气量(图 12 - 4、表 12 - 2)。直线方程为

$$V_s = 9539.2\sqrt{t_d} - 16241$$

式中　t_d——解吸时间,h。

则由 USBM 法估算的损失气量为16242cm³,选用点数为8点,相关系数为0.9968,故总解吸量为31365(15123 + 16242)cm³。

表 12 - 2　USBM 法计算损失气量表

钻井数据	日期	时间
钻遇煤层时间 A	1989.11.27	18:02
起钻时间 B	1989.11.27	19:10
岩心到达地面时间 C	1989.11.27	21:10
岩心装入解吸缸密封时间 D	1989.11.27	23:00

损失气量计算

持续时间 （h）	时间平方根 （h^0.5）	实测解吸体积 （cm³）	拟合累积解吸气量 （cm³）
	0.0000		-16242
0.000	1.6833	000	-185
0.283	1.7654	588	598
0.450	1.8120	946	1042
0.617	1.8574	1419	1476
0.833	1.9149	2013	2024
1.150	1.9958	2618	2796
1.317	2.0372	3246	3190
1.583	2.1016	3857	3805
1.950	2.1871	4600	4620
2.283	2.2620	5419	5335
2.450	2.2986	6162	5684
2.683	2.3488	6837	6163
6.500	3.0551	9076	12900
8.833	3.1091	9788	13416
9.050	3.4472	10470	16641

回归结果

直线截距 I	-16242
标准差	0.1077
直线斜率 S	9539.2
标准差	0.1907
观察点数	10
选用点数	8
相关系数	0.9968

回归方程：$V_s = S\sqrt{t_d} + I$

第二节　改进的直接法（MDM）

一、方法与原理

改进的直接法能够更精确地确定含气量较低岩样的含气量（Ulery 等，1991）。在试验过程中，要定时记录密封样品罐的压力、环境温度和大气压，同时还要采集解吸出的气样进行成分分析。当压力高于外界大气压时，放出部分气体，直至罐内压力稍高于大气压，然后记录最终压力。

利用这些数据，就可以计算出罐内释放出的各种气体的体积。根据最近的测量结果，从现有读数时的初始解吸体积中减去原先读数时残留在密封罐内的各种气体的最终体积,就可确定该种解吸气体的总体积,然后将这一差值加到该种气体总的累积体积之上。由于煤与气体之间的吸附或氧化反应,该差值可能为负值。

二、仪器设备

在对煤样进行试验时,MDM 解吸装置由密封罐与 3 个压力计连接,开关方便。压力计标度为 0~50cm 水柱压力、0~250cm 水柱压力,以及 0~1.72kPa。最终可以确定压力计本身和有关气路系统中的自由空间,在低压读数中可能有一些误差。目前,为减小自由空间体积带来的误差,使用配备有压力转换器的数字式电子应变压力计。气路系统如图 12-5 所示。

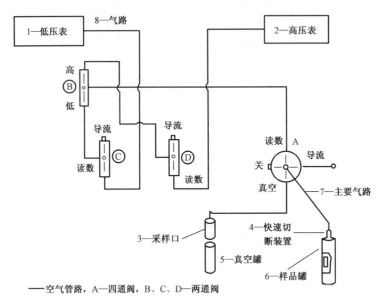

——空气管路,A—四通阀,B、C、D—两通阀

图 12-5　MDM 装置气路系统原理图

用来确定气体含量的实验设备在下述限制范畴内使用:① 气压计,±0.3~20.26kPa;② 温度计,±0.5~1.0℃;③ 微分压力表,全刻度值的 ±1%~2%;④ 真空罐及气成分分析,分析值的 ±1%~2%;⑤ 样品罐的自由空间体积,总体积的 ±1%~2%。

煤样解吸时间的长短可以有变化,这取决于煤岩的性质以及送样单位的要求。残余气的确定与最近所描述的过程类似,只稍作改进。现在,为测定残余气,不再用球磨器,而是把样品放在一个改进的 Siebetek 岩石破碎器中粉碎,3min 可粉碎 200~300g 煤样,而球磨器则需要近 1h。振动的破碎器用一个钢制的容器,它包括一个钢圈和钢筒。这种容器的盖子经过改进,可以安装压力表和气样采集装置。

三、操作步骤

第一,为了取得一个解吸读数,将图 12-5 中的样品罐通过一个快速切换装置与四通阀门 A 连接,该阀门允许来自样品罐的气体从四个方向中的任一个通过。将阀门 A 置于"关"的状态,来自样品罐的气体被完全切断,这就使得系统中的其他阀门和管线完全不影响样品。

第二,当阀门 A 转向"读数"位置时,来自样品罐的气体由两通阀门 B 控制流向高压表或低压表。例如,当阀门 B 处于"低"的位置,气体流向另一个两通阀门 C,此时该阀门应置于"读数"状态。这样气体就到达低压表,并给出一个压力读数值(即初始读数)。

第三，阀门 A 按逆时针方向转向"VAC"位置，于是来自样品罐的气体直接流向采样口，用注射器接上真空罐就可得到用于成分分析的气体样品。

第四，然后将阀门 A 转向"关"，将阀门 C 转向"导流"位置。在这种状态下，阀门 C 通大气，使阀门 A 与压力表之间的线路被清洗。

第五，然后，使阀门 C 像阀门 A 那样转向"读数"位置，于是就得到一个中间压力的读数值；如果这个压力十分低，该读数也就是最终读数，并将阀门 A 转向"关"，于是样品罐被切断。

第六，如果中间压力值作为最终读数显得过高的话，可将阀门 A 转向"导流"位置，该"导流"位置是一个开放口，允许样品罐排气减压。在样品罐导流的同时，阀门 C 可用来清洗阀门 A 与阀门 C 之间的气路，注意要将阀门 C 转向"读数"位置。在样品罐的压力大大减小之后，将阀门 A 转向"读数"位置，并得到最希望的读数值。

第七，将阀门 A 转向"关"的位置，切断样品罐。如果样品的气体含量很高，就用阀门 B 的"高"位置和阀门 D 的"读数"位置来取得初始读数。

为了计算密封罐中的气体 X 在时间间隔 j 内标准状态下的体积(V_{xj})，可以用下列公式（该公式是根据理想气体定律推导的）

$$V_{xj} = \left[(p_{atmj} + dp) V_g / (T_{gj} p) \right] T \times B_j \qquad (12-4)$$

式中　p_{atmj}——时间 j 时的大气压力，MPa；

　　　dp——罐内气体压力与大气压力的差值，MPa；

　　　T_{gj}——在时间 j 时罐内气体的温度，K；

　　　V_g——气体在样品罐中所占的自由空间，cm^3；

　　　T——标准温度(273K)；

　　　p——标准压力(101.3kPa)；

　　　B_j——罐内某种气体的体积系数。

另外，如果样品是在地下密封解吸罐中的，或者读数是在地下取得的，地面气压 p_{atm} 必须加上附加井下通风压力 p_{vent} 因子($p_{vent} + p_{atm} + dp$)。当然，根据具体要求，也可以选择不同的标准条件。

为了确定任一种气体 X 在给定时刻 j 的总解吸气量，从罐中的气体 X 在前一测量时间($j-1$)的最终体积（超压释放后）中，减去该气体在时间 j 的初始体积（超压释放前）。将这一差值加在气体 X 在时间($j-1$)的累积体积上，即为该气体在时间 j 的累积体积。

当解吸气的体积增量达到极小值后，解吸过程就要结束，将样品粉碎以测定残余气。终止解吸过程的标准建议为：在一周内每克样品的解吸气量小于 $0.05cm^3/d$，或者在一周内每个煤样的解吸气量小于 $10cm^3/d$。

第八，在样品完成解吸试验后，可确定自由空间体积(V_g)。打开样品罐，测量充满装有样品的样品罐所需水的体积；然后将样品取出，在空气中风干 4～6d，再称煤样的最后重量。样品罐的体积也可以通过测量水的体积来确定。将样品罐的体积减去自由空间体积，即可确定煤样的体积。煤样的体积用来确定煤样的密度，密度资料以后用于残余气计算。

第九，值得指出的是，煤样变湿对残余气的确定有不利影响，已提出一个替代方法，即用压缩空气或氮、氩等惰性气体。在这个过程中，一个已知容积和压力的压力容器与样品罐相接，打开容器间的阀门，测定平衡后的第二压力。于是应用公式

$$(p_1 V_1) / T_1 = (p_2 V_2) / T_2 \qquad (12-5)$$

$V_2 - V_1$ 就是样品罐内的自由空间体积。

为计算解吸气和散失气所需要资料的实例数据表如表 12 – 3 所示。下边将说明计算解吸气、散失气和残余气的过程。

表 12 – 3　实例煤层解吸数据表

读数编号	日期	时间	温度（K）	大气压力（kPa）	初始压力（kPa）	最终压力（kPa）	气样	O_2（%）	N_2（%）	Ar（%）	CO_2（%）	H_2（%）	CH_4（%）	C_{2+}
0	1989.09.27	13:55	288	99.98	—	—	—	21	78	0.94	0.04	0	0	0
1	1989.09.27	14:10	288	99.98	16.93	1.49	A	17.67	65.77	0.79	0.28	0	15.48	0.01
2	1989.09.27	14:25	288	98.98	10.96	1.49	B	15.80	58.86	0.70	0.41	0	24.19	0.02
3	1989.09.27	14:40	288	99.98	10.96	1.49	C	14.81	54.02	0.65	0.49	0	29.99	0.02
4	1989.09.29	11:00	289	98.51	181.76	1.32	D	3.90	18.25	0.22	0.69	0	76.84	0.04
5	1989.10.17	16:08	297	97.84	194.8	2.19	E	0.03	6.41	0.08	0.76	0	92.54	0.11
6	1989.11.08	16:20	295	96.91	78.49	5.16	F	0.13	4.42	0.05	0.84	0	94.45	0.11
7	1989.12.01	11:40	295	98.78	37.87	3.51	G	0.17	3.56	0.04	0.94	0	95.17	0.12
8	1990.01.11	14:08	298	96.38	32.07	2.96	H	0.13	3.14	0.04	1.01	0	95.55	0.14
9	1990.02.09	14:20	297	97.58	15.29	1.09	I	0.07	2.71	0.03	1.14	0	95.90	0.16
10	1990.03.09	10:40	296	98.79	6.82	0.83	J	0.13	2.83	0.03	1.15	0.22	95.48	0.16
11	1990.04.03	13:15	293	97.58	2.61	0.69	K	0.08	2.60	0.03	1.06	0.07	95.99	0.16

见煤时间:13:30
煤心开始提升:13:48
煤心到达地面:13:52
煤心装入样品罐:13:55

钻进介质:水
样品重量:2133g
自由空间体积:3607cm³

样品体积:1527cm³
样品罐体积:5134cm³

四、数据处理

1. 解吸气计算方法

在确定给定时间 j 时的气体 X 的累积解吸体积时,从时间 j 所解吸出的气体 X 的初始体积中减去在时间 $j-1$ 时该气体仍留在样品罐中的最终体积,并将该差值加在 $j-1$ 时气体 X 的累积体积上。换句话说,即为

$$_{cum}V_{xj} = \left[_iV_{xj} - _fV_{x(j-1)} \right] + _{cum}V_{x(j-1)} \qquad (12-6)$$

下边是利用表 12 – 3 的数据,计算解吸出的甲烷体积的过程。

在读数 0 时,只有空气与煤样一起密封在罐中,因而这一时刻甲烷的初始体积和最终体积应该为 0。

在读数 1 时,以相应的值代入方程(12 – 4)计算解吸出的甲烷体积。于是甲烷的初始体积为

$$_iV_{1CH_4} = \left[\frac{(99.98 + 16.93) \times 3607}{288 \times 101.3} \right] \times 273 \times 0.1548$$

$$= 610.8(cm^3)$$

— 226 —

压力释放后保留在样品罐中的甲烷体积为

$$_fV_{1CH_4} = \left[\frac{(99.98 + 1.49) \times 3607}{288 \times 101.3} \right] \times 273 \times 0.1548$$

$$= 530.1(cm^3)$$

这时甲烷的累积体积为

$$_{cum}V_{1CH_4} = (610.8 - 0.0) + 0.0 = 610.8(cm^3)$$

在读数 2 时,甲烷解吸的初始体积$_iV_{2CH_4}$可以按类似的方法确定

$$_iV_{2CH_4} = \left[\frac{(99.98 + 10.96) \times 3607}{288 \times 101.3} \right] \times 273 \times 0.2419 = 905.6(cm^3)$$

在这一时间所释放出的甲烷的累积体积等于这一时刻甲烷的初始体积减去前一时刻的最终体积,再加上前一时刻的累积体积

$$_{cum}V_{2CH_4} = (905.6 - 530.1) + 610.8 = 986.3(cm^3)$$

压力释放后,在读数 2 时保留在罐内的甲烷的最终体积为

$$_fV_{2CH_4} = \left[\frac{99.98 + 1.49 \times 3607}{288 \times 101.3} \right] \times 273 \times 0.2419 = 828.4(cm^3)$$

将上述步骤重复应用于所有的读数,直到最后一个读数,在最后一点只需计算初始体积和累积体积。所有读数的甲烷体积都综合在表 12 - 4 中。将总的累积甲烷体积除以样品重量,即可得出总的解吸甲烷含量,即

$$\frac{18827.7}{2133} = 8.8(cm^3/g)$$

表 12 - 4　煤层解吸甲烷实例表

读数编号	$_iV_{CH_4}$ (cm^3)	$_fV_{CH_4}$ (cm^3)	$_{cum}V_{CH_4}$ (cm^3)
0	0	0	0
1	610.8	530.1	610.8
2	905.6	828.4	986.3
3	1107.7	1027.0	1265.7
4	7243.4	2579.9	7482.0
5	8864.2	3029.4	13766.3
6	5458.4	3176.4	16195.3
7	4284.9	3207.3	17303.8
8	4003.4	3095.9	18099.7
9	3542.3	3096.8	18546.1
10	3310.9	3122.9	18760.2
11	3190.4	－	18827.7

其他气体的解吸体积也用类似方法计算。该实例样品的二氧化碳含量为 $0.1\mathrm{cm}^3/\mathrm{g}$。

USBM 法将本书提到的差异体积 $\mathrm{d}V$ 当作直接法的近似结果。$\mathrm{d}V$ 是从读数 0 开始对样品罐中各种气体的总体积变化简单地进行向前累加的结果。换句话说,在读数 0 时,罐中的自由空间被一定体积的空气所占据。在读数 1 时,累计的 $\mathrm{d}V$ 是从 1 这一点上的各种气体总的初始体积中减去在 0 点上各种气体的总体积。在读数 2 时,累计的差异体积是从 2 点上各种气体的初始体积中减去 1 点上各种气体的最终体积;然后将这一差值加到 1 点的累计差异体积上。这可以表达为

$$_{cum}\mathrm{d}V_j = \left[_i V_j - _f V_{j-1} \right] + _{cum}\mathrm{d}V_{jn-1}$$

这一公式反复应用于各个读数点。

2. 散失气量计算

散失气量是用一个数学回归方程来计算的,该回归方程是依据如下的相关关系,即对最初几小时而言,所释放的甲烷量与总的解吸时间的平方根成比例。表 12 - 4 所示的实例中用水作为钻井液,所以散失气时间为 $\left[(13:55 - 13:52) + \dfrac{13:52 - 13:48}{2} \right]$ 或 $(3\mathrm{min} + 4/2\mathrm{min})$,即 $5\mathrm{min}$。确定散失甲烷所需要的数据综合在表 12 - 5 中。由于数据可表示成线性形式,所以可以用一个线性回归方程来确定纵轴负方向上的截距,即为散失甲烷。计算的截距为 $-575.5\mathrm{cm}^3$,所以散失甲烷量为

$$575\mathrm{cm}^3/22133\mathrm{g} \approx 0.026\mathrm{cm}^3/\mathrm{g}$$

线性回归的相关系数 r^2 等于 0.99,相关性良好。可用同样的原理确定初始解吸测量时其他气体的散失量。

表 12 - 5　煤层的散失气数据实例表

读数编号	时间	散失气时间 (min)	实验解吸时间 (min)	$\sqrt{E+F}$	累积甲烷体积 (cm³)
0	13:55	5	5	2.23	0
1	14:10	15	20	4.47	610.8
2	14:25	15	35	4.91	986.4
3	14:40	15	50	7.07	1265.7

3. 残余气量的测定

按照前面所描述的,将密封罐内的部分煤样粉碎,用以确定残余气量。所需的数据和计算基本上与上述散失甲烷和解吸甲烷体积的计算相同。由于粉碎罐只能容纳 $200 \sim 300\mathrm{g}$ 样品,加之测量体积时重复湿润样品会阻碍对煤样进行破碎,所以用煤的密度来确定密封罐中煤的体积。因为样品的体积和重量是在解吸试验完成后确定的,所以样品的密度等于样品的总重量(剔除所有非煤物质)除以样品体积。使用表 12 - 3 中的数据,样品密度为 $2133\mathrm{g}/1527\mathrm{cm}^3$ $\approx 1.39\mathrm{g}/\mathrm{cm}^3$。用被粉碎样品的重量除以密度求出密封罐中样品的体积,在本例中为 $245\mathrm{g} \div 1.39\mathrm{g}/\mathrm{cm}^3 \approx 176.26\mathrm{cm}^3$(表 12 - 6)。

表 12 - 6 煤层的散失气数据实例表

基础数据	残余气成分分析
样品重量:245g	O_2:18.55
样品密度:1.39g/cm³	N_2:70.56
样品体积:176cm³	A_r:0.84
样品罐体积:1010cm³	CO_2:0.13
自由空间体积:834cm³	H_2:0
dp(压差):11.1kPa	CH_4:9.77
大气压力:90.9kPa	C_{2+}:0.07
温度 t:294K	

用公式(12 - 4)确定粉碎前和粉碎后罐内各种气体的体积,粉碎后的全部正差值被假定为粉碎期间所释放的残余气。表 12 - 7 综合了粉碎前后的气体体积以及残余气量。

表 12 - 7 煤层的散失气数据实例表

气体种类	粉碎前体积 (cm³)	粉碎后体积 (cm³)	体积差 (cm³)	残余气量 (cm³/g)
O_2	158.8	156.1	- 2.7	—
A_r	6.8	6.7	- 0.1	—
N_2	589.6	593.7	+ 4.1	0.02
CO_2	0.8	1.1	+ 0.3	—
H_2	0	0	0	—
CO	0	0	0	—
CH_4	0	82.2	- 82.2	0.34
C_{2+}	0	0.6	+ 0.6	—
残余气总量				0.36

4. 含气量计算

为了确定样品的总气体含量,将所有散失气、解吸气和残余气相加。首先,将各种散失气和解吸气的总体积分别相加,为解吸气总量。其次,将各种残余气的体积相加确定全部残余气含量。最后,将全部解吸气和全部残余气含量相加,以确定煤样总气体含量。表 12 - 8 列出了实例样品气体含量的综合情况。

表 12 - 8 样品的总气体含量实例表

气体种类	CH_4 (cm³/g)	C_{2+} (cm³/g)	CO_2 (cm³/g)	H_2 (cm³/g)	总计 (cm³/g)
散失气	0.3	0	0.01	0	0.31
解吸气	8.8	0.01	0.10	0	8.91
解吸气总量	9.1	0.01	0.11	0	9.22
残余气	0.34	0	0	0	0.34
总气体含量	9.44	0.01	0.11	0	9.56

在煤层甲烷勘探的资源评价中,往往利用甲烷散失量和解吸量总和作为吨煤含气量。

五、MDM 与 USBM 直接法的对比

1. 体积校正

USBM 直接法的难点一般集中于将现场条件下的读数校正为标准温压条件(STP)下的读数,这种校正太费事、太复杂,以致于认为原来的直接法所包含的校正方法是不正确的。在一个实例研究中,压力、温度校正可以引起 4% ~ 7% 的体积变化。

2. 分压降低

与煤样一起密封到解吸罐中的大部分氧可以与煤发生反应,因而降低了罐内气体的分压,这实际上抵消了相应数量的解吸煤层气。这种现象通常出现在含气量低和(或)解吸慢的煤层样品中,在煤样能快速释放出大量甲烷时,许多被密封到罐中的氧很可能在初期测量时,在它们与煤发生反应之前即被排出。MDM 试验表明,在一些低含气量的煤层中,当煤样装入罐内时会留下大量自由空间体积,氧化作用有时可以使原先的直接法结果产生 100% 或更大的误差。出现 50% ~ 100% 的误差可能是经常的,而 10% ~ 50% 的误差则是普通的。

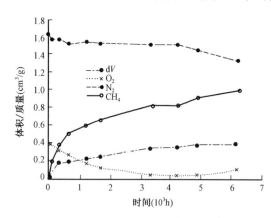

图 12 - 6　解吸气体成分随时间变化
曲线图(据 Ulery,1991)

比较 MDM 试验结果和计算出的直接法试验结果,就可以说明这一现象。如图 12 - 6 所示,采自宾夕法尼亚州西南部韦恩斯堡 A 煤层的一个煤样,在 MDM 法解吸气体积与直接法估算的体积之间相差达 100%。标有 dV 的线(差异体积或上面所提到的计算体积)代表计算的 STP 条件下的直接法气体含量 $(0.4cm^3/g)$,而 CH_4 线代表 MDM 试验测量的实际释出的总甲烷含量 $(0.8cm^3/g)$。

通常,低含气量样品计算的直接法试验结果有 10% ~ 30% 的误差,含气量类似的或稍高一些的样品,如果样品罐内的自由空间体积小,其误差往往小于 5%。

3. 误差

误差的大小好象与气体含量无关,而似乎同解吸气总体积与样品罐自由空间体积之间的比值有关,当这一比值大于 2:1 时,误差小于 10% ;在 2:1 与 1:1 之间时,误差为 10% ~ 30%,而比值小于 1:1 时,引起的误差通常会大于 30%。这一点表明,在使用 USBM 直接法时,应尽可能将罐装满,特别是对低含气量的煤层更应如此。

计算出的直接法试验(dV)结果和 MDM 试验结果之间的主要差别一般是由于新鲜煤同一起密封在罐中的氧发生吸附或氧化反应造成的。通常将用 MDM 检测到的氧气消耗量加上所释出的差异体积,使差异体积在计算体积的 10% 之内。

4. 隐含假设

直接法试验的另一个不足之处是它隐含着一个假设,即从煤样中解吸出来的气体全部为甲烷。许多煤样的 MDM 试验已经证明,在一些情况下,解吸出的气体可能有 15% 的其他气

体,而可能有相当数量的乙烷、二氧化碳和氮。有这样的可能性,在一些情况下,这些非甲烷气体的体积可能改变矿井瓦斯发生爆炸的界线,需调整通风。在某些煤层的解吸气中,发现有大量乙烷和重烃,可达7%。在解吸作用的后期阶段,解吸气中往往富含乙烷和重烃。此外,在试验的一些煤层样品中,乙烷和重烃占残余气的30% ~ 50%。这些观测结果表明,有些煤层中可生成大量的乙烷和重烃,同时在这种情况下,它们从煤层解吸出来比较缓慢,这可能与乙烷的分子较大有关。随着煤层解吸出甲烷和脱水,可能使渗透率有些增加,从而使乙烷分子较容易流动。

第三节　史密斯—威廉斯法与曲线拟合法

一、史密斯—威廉斯法

史密斯—威廉斯法简称为史威法。

1. 原理与方法

计算逸散气量的直接法以单峰分布为前提,即假设所有孔隙大小都是相同的。1972 年以来,对煤层中甲烷扩散作用的研究表明,煤的孔隙结构为"双峰型"。测定逸散气量的吏威法正是把这种双峰分布的孔隙结构作为前提,通过实验对比表明,双峰分布的孔隙扩散模型成功地说明了解吸特征。

史威法是吏密斯(Smith)和威廉斯(Williams)(1981)建立的,可以使用钻井岩屑测定含气量。在井口收集钻屑装入解吸罐中,解吸方法同直接法相同。该方法假设岩屑在井筒上升过程中压力线性下降,直至岩屑到达地面。通过求解扩散方程,将其解写成两个无因次时间的形式。

$$STR = \frac{D - C}{D - B} \qquad (12 - 7)$$

$$LTR = \frac{D - A}{D - A + t_{25\%}} \qquad (12 - 8)$$

式中　STR——地面时间比,无因次;

　　　LTR——损失时间比,无因次;

　　　$t_{25\%}$——实测气体体积(STD)的25%解吸出来的时间。

由两个无因次时间比得到校正因子(表12 - 9、图12 - 7),用校正因子乘以解吸气量即得到总含气量。

表 12 - 9　史威法体积系数校正因子表

校正因子 地面时间比 / 损失时间比	0.000	0.050	0.100	0.150	0.200	0.250	0.300	0.350	0.400	0.450	0.500	0.550	0.600	0.650	0.700	0.750	0.800
0.010	1.019	1.019	1.019	1.020	1.020	1.020	1.020	1.021	1.021	1.09.1	1.022	1.022	1.022	1.023	1.023	1.024	1.024
0.050	1.048	1.050	1.051	1.053	1.056	1.057	1.059	1.060	1.062	1.064	1.065	1.066	1.068	1.069	1.071	1.072	1.073
0.100	1.075	1.076	1.082	1.085	1.088	1.091	1.094	1.097	1.100	1.102	1.105	1.107	1.110	1.112	1.114	1.117	1.119
0.150	1.100	1.106	1.111	1.115	1.120	1.124	1.128	1.132	1.136	1.139	1.143	1.147	1.150	1.154	1.157	1.161	1.164

校正因子　损失时间比　＼　地面时间比	0.000	0.050	0.100	0.150	0.200	0.250	0.300	0.350	0.400	0.450	0.500	0.550	0.600	0.650	0.700	0.750	0.800
0.200	1.126	1.134	1.140	1.146	1.152	1.158	1.163	1.168	1.174	1.179	1.183	1.188	1.193	1.198	1.203	1.207	1.212
0.250	1.155	1.165	1.171	1.179	1.187	1.194	1.201	1.208	1.214	1.221	1.227	1.234	1.240	1.246	1.252	1.258	1.264
0.300	1.163	1.195	1.206	1.215	1.225	1.234	1.243	1.252	1.260	1.268	1.277	1.285	1.293	1.300	1.308	1.316	1.324
0.350	1.215	1.231	1.244	1.256	1.268	1.279	1.291	1.301	1.312	1.322	1.333	1.343	1.355	1.363	1.375	1.382	1.392
0.400	1.252	1.271	1.288	1.303	1.318	1.332	1.346	1.359	1.372	1.385	1.390	1.411	1.424	1.436	1.448	1.461	1.473
0.450	1.295	1.310	1.339	1.356	1.376	1.393	1.411	1.427	1.444	1.460	1.476	1.492	1.508	1.524	1.539	1.554	1.570
0.500	1.345	1.374	1.399	1.423	1.446	1.468	1.489	1.510	1.531	1.551	1.572	1.592	1.611	1.631	1.651	1.670	1.689
0.550	1.405	1.442	1.474	1.503	1.532	1.560	1.587	1.613	1.649	1.665	1.691	1.716	1.741	1.766	1.791	1.816	1.841
0.600	1.489	1.526	1.567	1.605	1.641	1.677	1.712	1.744	1.779	1.813	1.846	1.876	1.911	1.943	1.975	2.007	2.0139
0.650	1.575	1.636	1.688	1.730	1.786	1.832	1.878	1.922	1.967	2.011	2.054	2.097	2.149	2.183	2.226	2.269	2.312
0.700	1.702	1.763	1.854	1.921	1.986	2.049	2.110	2.171	2.232	2.292	2.351	2.411	2.470	2.529	2.588	2.648	2.787
0.750	1.880	1.996	2.096	2.189	2.282	2.372	2.460	2.547	2.634	2.721	2.808	2.894	2.981	3.068	3.155	3.243	3.331
0.800	2.151	2.327	2.498	2.625	2.766	2.985	3.043	3.181	3.316	3.456	3.595	3.735	3.875	4.018	4.164	4.309	4.457

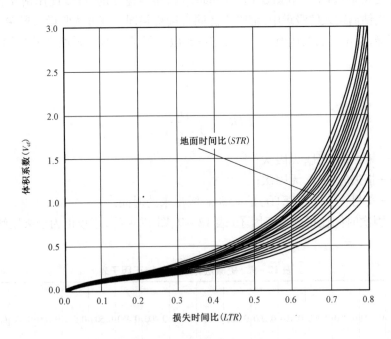

图 12 - 7　史威法体积系数图版

地面时间比由下向上为 0.0 ~ 0.8, 间隔 0.05

在逸散吸气量小于 50% 时, 史威法是准确的, 即校正因子最大值为 2。

另外, 虽然史威法是根据钻井岩屑解吸建立的, 但也适用于取心样品含气量的确定。

2. 估算损失气量方法

1）无因次时间比计算

为进行对比，使用资料与 USBM 直接法估算损失气量所使用的相同，首先根据钻时记录计算两个无因次时间比。地面时间比为

$$STR = \frac{D - C}{D - B} = \frac{23:00 - 21:10}{23:00 - 18:02} = 0.476$$

在计算损失时间比之前应先计算解吸量为 25% 的解吸时间，25% 的解吸气量为

$$V_{25} = V_d \times 0.25 = 15123 \times 0.25 = 3781 (\text{cm}^3)$$

V_{25} 介于 3246cm^3 和 3857cm^3 之间，相应持续时间为 1.317h 和 1.583h，应用插值法求出所需相应的解吸时间。

$$T_{25} = 1.317 + \frac{1.583 - 1.317}{3857 - 3246}(3781 - 3246)$$

$$= 1.550(\text{h})$$

由此损失时间比为

$$LTR = \frac{D - A}{D - A + T_{25}}$$

$$= \frac{23:00 - 18:02}{23:00 - 18:02 + 1.550}$$

$$= 0.713$$

2）损失气量的计算

根据两个无因次时间比，查表 12-9 或图 12-7 得体积校正因子 V_{CF} 为 2.410，因此，用史威法估算的总的解吸量为

$$V_t = V_d V_{CF}$$

$$= 15123 \times 2.41$$

$$= 36447(\text{cm}^3)$$

则由史威法估算的损失气量为 21324(36447 - 15123)cm^3。

可以看出，史威法较 USBM 直接法计算数值大。实际上该实例中损失时间较长，损失气量较大。USBM 法估算逸散气量占解吸气量的 52%，已超过 20% 的界线，史威法求得的体积校正因子达 2.41，也已超过 2.0 的界线，两种方法估算都存在一定的误差。文中只作为实例说明数据处理的方法，实际测定过程中一定要减少损失时间，以便减小试验误差。

二、曲线拟合法

1. 原理与方法

USBM 直接法和史威法都是只使用解吸初始时刻的几个点估算逸散气量，更准确地估算煤层含气量应通过将所有的解吸数据与扩散方程的解拟合的方法求得。在曲线拟合过程中将

逸散气量看作是第三个参数,而不是被确定的解。这种方法是由 Yee 等(1992)建立的,对于特定岩心或钻屑的实际边界条件可以给出相应的解,由不同的边界条件而得到的解都具有相同的特征,解吸气体体积可以表述为随时间指数递减的无穷级数,当假定表面浓度为零的情况下,其解可以表示为

$$V_D = V_{LD}\left[1 - \frac{6}{\pi^2}\exp\left(-\pi^2\frac{D}{r_p^2}t \right) \right] - V_L \tag{12-9}$$

式中　V_D——解吸气体体积,cm^3;

　　　V_{LD}——逸散气量和解吸气量之和,cm^3;

　　　V_L——逸散气量,cm^3;

　　　t——时间,min;

　　　D/r^2——扩散能力,min^{-1};

　　　D——扩散系数,cm^2/s;

　　　r_p——扩散半径,cm。

式(12-9)变形后得

$$\ln(V_{Dt} - V_D) = \left(\ln\frac{6}{\pi^2} - \ln V_{LD} \right) - \frac{\pi^2 D}{r_p^2}t \tag{12-10}$$

式中　V_{Dt}——实测总解吸气量,cm^3。

对式(12-10)用最小二乘法拟合,即可求出 V_{LD} 和 D/r_p^2,则损失气量为 $V_{LD} - V_{Dt}$,D/r_p^2 表征了煤的扩散能力。

曲线拟合法不仅能给出含气量,而且还可以提供解吸快慢的信息。在煤层甲烷开发过程中,通常只需要给出扩散能力的参数,而不需要具体求解扩散系数。扩散能力与煤层甲烷模型中(Sawyer 等,1987)的特征吸附时间有关

$$D/r_p^2 = \frac{1.1052 \times 10^{-9}}{\tau} \tag{12-11}$$

式中　τ——特征吸附时间,d。

Sevenster 研究了在煤中的扩散,使用 Unipore 扩散模型得到扩散系数。该模型假设孔隙为圆形,由具有一定孔径的圆柱形喉道连接,并假设吸附由扩散控制,且表面浓度为常数,则任意时刻的吸附气所占的比例为

$$\frac{V_D}{V_{Dt}} = 1 - \frac{6}{\pi^2}\sum_{n=1}^{\infty}\frac{1}{n^2}\exp\left(\frac{Dn^2\pi^2 t}{r_p^2} \right) \tag{12-12}$$

在时间较小时,式(12-12)变形为

$$\frac{V_D}{V_{Dt}} = \frac{6}{\sqrt{\pi}}\sqrt{\frac{Dt}{r_p^2}} - \frac{3Dt}{r_p^2} + 12\sqrt{\frac{Dt}{r_p^2}}\sum_{n=1}^{\infty}\mathrm{iepf}\left(n/\sqrt{\frac{Dt}{r_p^2}} \right) \tag{12-13}$$

当 $V/V_t < 0.5$ 时近似为

$$\frac{V_D}{V_{Dt}} \approx \frac{6}{\sqrt{\pi}}\sqrt{\frac{Dt}{r_p^2}} \tag{12-14}$$

由解吸气量对$\sqrt{t}$作图,根据斜率则可求出扩散能力。斜率为

$$\text{slop} = \frac{6}{\sqrt{\pi}}\sqrt{\frac{Dt}{r_p^2}}$$

则煤样中气体的扩散能力为

$$D/r_p^2 = \left[\text{slop}/(6\sqrt{\pi})\right]^2 \tag{12-15}$$

2. 扩散参数求解

根据现场解吸数据(表12-1),可以估算扩散参数,下面就应用单孔隙(Unipore)模型估算扩散参数。

解吸初始阶段,解吸量与时间的平方根成直线关系。由 USBM 法求出,直线的斜率为 $9539.2\text{cm}^3 \cdot \text{h}^{-0.5}$,则根据方程(12-15)得

$$\frac{\text{slop}}{V_d\sqrt{D/r_p^2}} = \frac{6}{\sqrt{\pi}} = 3.4$$

$$D/r_p^2 = \frac{\text{slop}}{V_d \times 3.4} = \frac{9539.2}{15123 \times 3.4} = 9.5 \times 10^{-6}(\text{s}^{-1})$$

根据圆柱模型中特征时间与扩散参数的关系,则

$$\tau = r_p^2/8D = 1/(8 \times 9.5 \times 10^{-6}) = 1.22(\text{d})$$

第四节　压力取心解吸法

一、目的及意义

直接法和史威法并没有充分考虑岩心取出井筒时的温度、压力变化,煤的整个解吸过程只用扩散说明是不够的。此外,煤的几何形状对解吸状况也有影响,上述模型也不能解决这些问题,因此,更准确地确定煤层含气量还需要密闭取心,且还需要建立起新的模型替代这两种逸散气估算模型。

压力取心解吸法是直接测量储存在煤中全部气体的唯一方法。压力取心比较复杂,当煤心被切下来后,其储存的气体被钻井液封住。取心后,机械阀在井底关闭,气体和煤在密闭的压力取心筒中被提升到地面。在裂缝和大孔隙中可能有一部分游离气损失掉,但这只占煤层中总含气量的一小部分,因为气体主要是以吸附状态存在于煤中。因此,压力取心又是密闭取心。压力取心的优点是:资料充分,煤心可用于其他分析,在进行灰分校正后,就可以作为基准判断不同方法或不同样品测定的含气量的准确性及可靠性。

由此可以看出,压力取心的主要用途就是可以更准确、更可靠地确定煤层地层条件下的含气量,特殊用途还有:① 评价常规解吸法估算含气量的准确性;② 用以确定未饱和煤层;③ 模拟煤层气藏在开发过程中气体产量递减情况。

压力取心解吸法可用于评价各种其他解吸方法的准确性。如前所述,估算样品在提升过程中的逸散气量普遍偏低,对于具有高扩散能力的煤样,由于散失速度快,很难准确估算逸散气量。同样,对于埋藏较深的煤,一般常规取心时间很长,估算的逸散气量偏低,此时可以选用

压力取心。

利用压力取心解吸结果和吸附等温线进行对比可以判别煤层是饱和气藏还是未饱和气藏。地质作用可能影响煤层的饱和程度。如黑勇士盆地的未饱和煤层是由于风化剥蚀和干旱缺水引起的。又如英格兰的 Midlands 煤田的煤层是处于角度不整合上,由于造山运动,使煤层暴露在陆地上剥蚀引起热成因气损失。据 Leel(1990)报导,怀俄明州绿河盆地含气量很低,是由于静水压力导致自然解吸的缘故。

最后,可以利用压力取心法准确评价煤层气藏的采收率,如果准确地测定出原始含气量、吸附量、残余气量,就可以以此估计开发区的最终可采储量。

二、层位标定

压力取心筒可以采出 2m、4m、5m 或 6m 长的岩心。除 Wyman(1984)和 Mavor 等(1990)报导的压力取心外,一般对煤层压力取心时用 3m 长的取心筒。这些较短的取心筒需要精确地确定取心位置,以便成功地采取煤层气藏样品。选择取心位置的人员应当懂得每个取心条件下地层可能变化的范围,准确记录钻进速度和钻点上下岩性,使用高分辨电缆测井探测可以重新划分取心层位,确定实际岩心收获率。另外高分辨率地层分析可以精确地进行测井取心校正。如果压力取心含气量数据与电缆测井解释结合在一起计算气体资源量和储量,就必须进行取心校正。

三、含气量的测定

含气量测定一般分为两步:取心筒解吸及常规取心解吸。如果取心筒中保持地层压力,也未充入惰性气体,则其解吸步骤比较简单,只需用压力取心筒就可完成解吸。然而有些煤需要几天的时间解吸,并且在脱气过程中,取心筒出口经常被钻井液或煤粉末堵塞。

图 12 – 8 为用于取心筒解吸测量的装置。除了需要常规解吸试验用的解吸罐外,现场需要的设备很少。湿式气体流量计可测量解吸过程中的气体体积。当气流量非常低时,打开取心筒,将岩心转移到解吸罐中。转移过程要尽可能地快,以减少损失气量。在整个取心筒解吸和解吸罐解吸过程中,记录环境温度和大气压力,须用这些数据将解吸气体体积校正到标准状态。

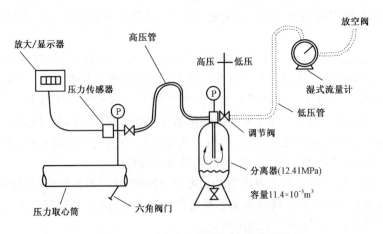

图 12 – 8 压力取心解吸气计量装置图

如前面提到的,煤的含气量通常是解吸气、损失气和残余气之和,都需校正到标准状态。计算压力取心的含气量根据每一次压力取心取出煤样的总重量和每一次压力取心的解吸气量计算。Wyman(1984)和 Mavor 等(1990)用每个解吸罐中的取心样品计算压力取心的含气量,将取心筒解吸的部分气体分配给每个解吸罐中。如果必要,收集资料以便估计每个解吸罐中取心样品的含气量。然而将脱气体积分配给每个解吸罐又会引入另外的误差。

四、实例分析

作为压力取心含气量分析实例,资料来源于位于圣胡安盆地北部的一口煤层气井(Yee 等,1991)。表12 – 10给出了该井两次压力取心的资料。总的含气量是取心筒解吸气量和解吸罐中解吸气量之和,包括从压力取心筒转移到解吸罐过程中的损失气量。

表12 – 10 压力取心结果数据表

项　目	第一次取心	第二次取心
取心层段(m)	3.05	3.02
岩心收获(m)	2.19	2.83
取心筒解吸时间(min)	117	135
取心筒解吸气量(cm³/g)	5.95	7.96
解吸气量(cm³/g)	4.22	4.25
损失气量(cm³/g)	2.04	0.45
总含气量[①](cm³/g)	12.20	12.66
矿物质含量[②](%)	38.6	45.1
总含气量[③](cm³/g)	19.85	23.08

① 根据总质量求得;② 应用 Parr 公司计算的无水矿物质含量;③ 扣除矿物影响的含气量。

解吸罐中样品解吸数据进行质量平均,然后加上单位质量的解吸量,即

$$V = \frac{V_{BD}}{m_t} + \frac{\sum \left[(V_D)_i + (V_L)_i + (V_R)_i \right]}{m_t} \qquad (12 - 16)$$

式中　V——含气量,cm³/g;

V_{BD}——取心筒解吸气体体积,cm³;

m_t——全部解吸罐内煤的总质量,g;

V_D——解吸气体体积,cm³;

V_L——损失气体体积,cm³;

V_R——残余气体体积,cm³;

i——下标指解吸罐;

$\sum$——对 N 个解吸罐进行加和。

总的含气量见表12 – 10。为了确定地下含气量或气体资源量,将压力取心含气量按电缆测井曲线得到的煤层厚度(等厚图)进行积分,取得岩心与测井深度和测井响应值的关系非常重要。根据测井曲线标定的煤层,可能含有部分碳质页岩和其他岩类。尽管它们不是煤,也许含有少量气体或不含气体。如果煤层厚度(等厚图)含有它,则在计算含气量时也应将它包含进去。

从不同岩心、不同类型样品或不同地区得到的含气量,应用工业分析资料对每一样品进行归一化到无矿物基后都可以进行比较。用 Parr 公式(ASTM,1982)计算矿物质含量,或反过来,用方程(11 – 9)和(11 – 11)给出纯净干煤的含量。将每个解吸罐中样品重新归位,得到连

续全部长度的样品,选取有代表性的物质进行工业分析。矿物质平均质量分数由下式确定

$$Y_m = \frac{\sum m_i (Y_m) i}{m_t} \qquad (12-17)$$

式中 m_i——第 i 个解吸罐内煤样重量,mg。

表 12-10 给出了两次压力取心的矿物质含量和扣除矿物质的煤层含气量。为了对比,在气藏压力下吸附等温线预测值为 21.18cm³/g,与压力取心结果相符。结论是在地层条件下该煤层被气体饱和并且吸附等温线值非常准确。

第五节 直接钻孔法

一、直接钻孔法(DHM)

用直接钻孔法及其相应的各种方法测试有效煤层甲烷含量时,在采煤工作面上,从煤层中钻取 3~6m 长的煤心,在第 3m、4m 或 5m 的末端 0.2m 处取粒径为 1~2mm 煤样 100g 装入带有压力表的密封罐中。从每个钻孔最后 0.2m 钻取样品开始,必须在 2min 内将样品装入样品罐,再过 2min 后记录相应压力,两个样品测试的压力值应大致相等。

与此同时,从上述相同的钻孔中取 3g 粒径 0.5~1mm 的煤样进行解吸试验。进而确定煤层和排出气体的温度、矿井压力和气体成分。

在试验室,将第一个样品放入球磨机的样品罐中,用钢球粉碎 120min。粉碎后,将样品罐与真空脱气系统相接,通过真空脱气系统进行负压脱气,并分析从样品中脱出气体的组分及其体积。解吸气体积用 J. Muzyczuk 等(1977)建立的方程计算

$$V_s = \frac{(p_2 - p_1) T_0}{p_0 T_2} V_{V_0} - V_0 \qquad (12-18)$$

式中 V_s——解吸气体体积,m³;

V_0——样品罐内空气体积,m³;

p_0——标准压力,101.32kPa;

p_1——初始压力,kPa;

p_2——最终压力,kPa;

T_0——标准温度,273K;

T_2——系统最终温度,K;

V_{V_0}——系统体积,cm³。

甲烷、乙烷、丙烷和丁烷等气体成分由气相色谱测得。然后,将脱气后的样品称重,分析煤的水分、灰分及煤阶。

根据试验结果计算出解吸气量 V_P。

为确定甲烷总含量 V_t,必须估算取样时损失的气体体积,并将其加到 V_P 上

$$V_t = V_P + V_L \qquad (12-19)$$

式中 V_t——损失甲烷量,cm³/g。

可以根据累积气量和时间平方根的关系估算损失甲烷量(即直接法),但在波兰实践中通常应用一些较简单的方法。

第一,D. Kandora 用以下经验公式计算

$$V_L = 0.509\Delta p_2 + 0.000051pe^{0.000018p} \qquad (12-20)$$

式中　Δp_2——DM 法解吸比,kPa;

　　　p——DM 法甲烷分压,kPa。

第二,根据 J. Borowski(1975)方程计算损失甲烷量

$$V_L' = 3.07V_C \qquad (12-21)$$

式中　V_C——第 2min 和第 4min 之间解吸出的甲烷气体的体积,cm^3。

然后将 V_L' 转化为 V_L。

第三,简单地乘以因子 1.33 计算 V_t 值,其公式为

$$V_t = 1.33V_P \qquad (12-22)$$

二、DM 解吸法

DM 解吸法即可以测量解吸比,也可以通过对比煤矿和试验室解吸试验结果估算任何煤层的气体压力。同时,许多研究表明,DHM 方法和 DM 方法的结果相符,即使不十分准确,也可以用 DM 法的资料估算甲烷含量。

解吸比是用 DMC – 2 型解吸仪(图 12 – 9)测定的。解吸仪由 U 形玻璃管、厘米刻度尺、样品室及 U 形管和样品室的密封堵头组成。如前所述,必须在 2min 内完成切样,在下一个 2min 内读取 U 形管中有色水的液面变化,该变化值即为玻璃瓶内压力的增加。当取净煤重为 3g 并在地层温度条件下测试时,该压力(Δp_2)称为解吸比。

为了估算煤层内气体压力,将解吸仪中的样品送到试验室进行分析。在试验室不同压力条件下使样品饱和,饱和时间不得少于 24h,然后同上述方法一样在解吸仪中脱气,由试验数据可以绘制解吸比和压力的关系曲线,称为"准确化曲线"。如图 12 – 10 所示,将现场测量的解吸曲线和标准化曲线对比即可以估算煤层的气体压力。

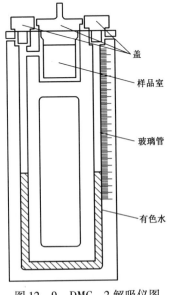

图 12 – 9　DMC – 2 解吸仪图

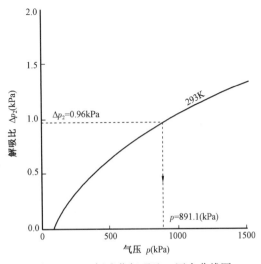

图 12 – 10　标准化解吸比—压力曲线图

用上述方法即可估算压力,也可估算甲烷含量。

含气量和解吸比测量值具有很好的相关性,回归方程如下

$$V_t = a_0 + a_1 \Delta p_2^x \qquad (12-23)$$

式中　a_i——方程系数,$i = 0,1$;

　　　x——指数。

只要知道解吸比,就可以估算甲烷含量。对单一煤样不一定十分准确,但对于大面积沉积的煤层,该方法可以比较准确地给出含气量的平均值。

第六节　其他含气量确定方法概述

一、直接法

确定煤层气含气量的其他方法还有 Airey(1968)法。这是用英国软煤进行解吸试验的经验方法。煤中解吸气量与时间的三次方根呈指数衰减。试验用直径为 12.7mm 的块煤。

Chase(1979)根据递减曲线提出预测煤样长期解吸特性的方法,用 USBM 直接法初期资料估算损失气量,用以后的资料拟合下降曲线确定样品总的可解吸量。应用该方法时需要确定极限气体解吸速率,并根据选择的递减速率计算含气量。使用的递减速率为 $0.007cm^3/(mg \cdot week)$。Chase 应用递减曲线法和 USBM 直接法测定 20 个烟煤样品发现,递减曲线法一般比直接法预测的含气量大。

Lama 等(1983)报导了用重量法确定含气量。净煤样放在密封罐中记录重量随时间的变化。当气体逸出量低于 $0.1cm^3/mg$ 时取样重新加压并使其达到平衡。在降压过程中,测量逸出气量且该数据符合 Airey 方程。Airey 方程的经验常数确定后,就可以计算出在装样前的损失气量。

Creedy 和 Pritchard(1983)及 Creedy(1986)建立了类似 Airey 方程的方程。由对 UK 煤矿样品的解吸资料来确定满足煤矿通风要求的气体含量。这两种方法使用的样品较小,一般为40g,并且包括很长的损失气量时间,约 15h。这些方法都没有广泛地应用于煤层甲烷气工业。

Nguyen(1989)提出联立费克扩散定律与达西流动定律建立一个确定含气量的模型,建立了有限差分方程,使用 Fortran 语言并用一组解吸资料进行测算。样品渗透率为 49×10^{-3} μm^2,为煤基质渗透率,没有足够的资料不能使用这些方法计算含气量,因此不能进行对比。Banerjee(1988)还提出了利用解吸速率与割理的关系确定含气量的方法,但实际发现不能。

二、间接法

含气量可以用间接法来确定,这些方法不是直接测量煤层或样品中存储的气量,相反,含气量由吸附等温线推出。在这方面,间接法通常是确定气体吸附能力而不是给出这些气量是否实际存在的表示,同样,它就像我们已经知道常规天然气藏的孔隙度并且假设在气藏条件下孔隙完全被气体充满。

Kim(1977)进行了研究,为评价煤矿排风设备而设计,提出了用吸附等温线来确定含气量的技术。该技术假设煤样具有代表性且具有可以利用的工业分析资料。该项研究主要是使用工业分析方法确定的煤阶资料获取吸附等温线。用 USBM 测得的等温线数据拟合弗雷德利希等温方程,等温常数与工业分析资料有关,用水分、温度、压力和灰分含量对吸附能力进行校正,含气量表示为干样扣除灰分的量。Kim 将预测结果和用 USBM 直接法测定的煤心解吸结果进行对比表明:与 USBM 直接法相比,Kim 法的准确性为 ±30%。

Eddy 等(1982)进行了相似对比,尽管具有更多的岩心解吸资料,他们只用总含气量的损失气量和解吸气量部分,虽然发现了差异,但是没有给出相差的程度。然而,他们指出,对于烟煤和中低挥发分烟煤,Kim 方法估算值偏低,对高挥发分烟煤,Kim 方法估算值偏高,但这可能是由于残余气未排干的缘故。因为等温线代表了总的吸附能力。在对比过程中,损失气量、解吸气量和残余气量都应该考虑。

在有代表整个煤层工业分析资料的地区,Kim 方法非常适用于矿井,但在煤层气勘探开发中,受到取心的限制,但仍可用间接方法,只是重点略有不同。除了得到近似等温线外,还要确定煤质或均质程度,煤质或均质程度非常重要。前面提及气体只吸附在纯煤和有机质上,煤中其他组分,特别是矿物质起着充释剂的作用,所以知道纯煤的质量分数,就可以用扣除矿物质影响的等温线确定煤层含气量。关系如下

$$V_s = Y_C \times V_n \qquad (12-24)$$

式中　Y_C——纯煤的质量分数;

　　　V_n——扣除矿物质影响的含气量。

扣除矿物质影响的含气量由方程(11-4)给出的朗格缪尔方程确定。除了吸附常数 V_m 受矿物质影响外,压力常数 b 在转化时不受影响。

获得纯煤质量分数的最简便方法是用地球物理测井方法。Yee 等(1991)提出体积密度测井法。假设煤层由基质和裂缝组成,建立一个简单的质量和体积平衡体系。基质由纯煤、矿物质、吸附气和吸附水组成,而裂缝充满了水。该方法要估算纯煤和矿物质的密度和平衡水分含量,这些值可以用几个岩样或钻井岩屑在实验室测试确定。因为这些值是实验确定的,该方法称为体积密度相关法,纯煤质量分数最终结果表达式以体积密度形式表示。以圣胡安盆地 CederHill 煤田底部水果地煤样为实例,校正体积密度为

$$Y_C = \frac{2.316}{\rho_b} \qquad (12-25)$$

扣除矿物质的含气量,对于饱和煤层在压力为 10MPa 时,含气量为 12.5cm³/g,给出含气量为

$$Y_s = 12.5\left(\frac{2.316}{\rho_b} - 0.9524\right) \qquad (12-26)$$

图 12-11 和图 12-12 所示为 Ceder Hill 煤矿两口井岩心解吸法与测井法对比。结果表明压力取心解吸含气量与体积密度校正法预测值相似,说明煤被气饱和。

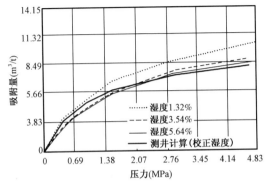

图 12-11　岩心测量与测井计算等温线
对比图(据 Olszewski 等,1993)

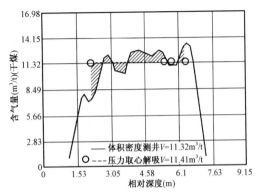

图 12-12　测井解释与压力取心测定含气量结果
对比图(据 Yee 等,1992)

还有其他测井分析方法可以同体积密度校正法一样确定纯煤的质量分数。这些方法包括：① 用 Norris 和 Thomas(1980)绘制的交会图直接用测井响应值校正岩心特性参数；② 需要两个或多个测井响应和 Kowalski(1975)提出的联立方程组的解的岩性评价技术。这两种方法可以很好地评价煤质或均质程度。

因为可以用于定量测量煤质量，这些测井解释技术也可以估算由岩心或钻井岩屑解吸技术确定的含气量值，这就可以用有限的数据准确评价均质煤层的含气量。

应该指出，通过近 20 年的勘探开发，中国在煤层气测井方面已经有了不少积累，并且有了初步规律性认识(表 12-11)，这些都是今后判识煤层含气性时必须考虑的。

表 12-11　中国煤层气测井显示的特征："三高两低"

煤阶	电阻率(双侧向)(Ω·m)	补偿中子(%)	声波时差(m/s)	体积密度(g/cm³)	自然伽马(AIP)	应用井号
低煤阶	5.6～15.6	64～66	395～420	1.14～1.27	6.85～16	霍试1、沙试1、沙试2、沙试3、沙试4
中煤阶	336～1996	60～75	400～425	1.28～1.35	25～35	吉试1、吉试5、武试1、武试5、韩试1
高煤阶	3547～13399	48～65	415～450	1.29～1.45	30～40	晋试1、晋试3、晋试4、晋试5、晋试6
特征	三高			两低		

煤层(煤层气)测井响应特征受控于煤的演化程度(煤阶)和煤质、含气性。不同地区，测井响应特征不同，总的变化趋势"三高两低"是一致的。

第七节　结论与建议

含气量的确定主要有直接法和间接法两种，各种方法对比情况见表 12-12，其中最准确的含气量测定方法就是压力取心解吸法，但该方法需要较高的投入。主要用于评价常规解吸测定方法的准确性和深井及未饱和煤层含气量的测试，目前国内外普遍使用的方法为 USBM 直接法，其仪器设备简单，操作方便。以往国内使用该方法主要为矿井安全及瓦斯抽放服务，因此，自然解吸时间只规定为 2h，剩余气量(包括残余气)通过加热、真空脱气方法测定，测定含气量结果可以满足矿井安全及瓦斯抽放需要。但得不到特征解吸时间等特征参数，为满足煤层气开发的需要，应延长解吸测试时间，在一周内平均每天每克样品的解吸气量应小于 0.05cm³ 时才可结束试验，此时的解吸数据亦可用史威法处理，这样就可以进行两种方法的对比。

表 12-12　含气量主要测定方法一览表

类别	序号	方法	要求及条件	备注
直接法	1	USBM	取心测试	损失气量小于20%时比较准确
	2	改进的直接法	取心测试	每次均需测定解吸气体成分，更准确地测定含气量较低的岩样，如泥岩的含气量
	3	史密斯—威廉斯法	煤心或煤屑	损失气量小于50%时比较准确
	4	压力取心解吸法	密闭取心	测定含气量最准确的方法，特别是对于未饱和煤层及深煤层，或解吸速率慢的样品

类别	序号	方法	要求及条件	备注
直接法	5	直接钻孔法	煤矿矿井取心	可获得解吸量及估算地层压力
	6	Airry 法	取心	比改进的直接法预测含气量偏大
	7	重量法	矿井取心	用于矿井通风需要,未用于煤层气开采
间接法	8	吸附等温线	煤样	适用于饱和煤层含气量的估算
	9	Kim 法	要求有工业分析资料	对烟煤和中低挥发分烟煤偏高,对高挥发分烟偏低
	10	测井法	测井与工业分析资交会求出吸附等温线,再据等温线估算含气量	应有体积密度测井资料及煤的工业分析资料,适用于饱和煤层含气量的估算

实际上,除压力取心解吸法外,其他方法在含气量的估算上都存在一定误差。直接测定法的误差取决于损失时间的长短及样品充满解吸罐的程度。损失时间越短,估算的损失气量越准确,样品装得越满则罐内自由空间越少,剩余空气越少,样品与氧气接触的机会越少,引起的误差越小。另一方面,样品量越大,解吸气量也越大,也会减少相对误差。在测试过程中应尽可能缩短损失时间,并将样品尽可能装满样品罐以减少测定误差。

间接法对于饱和煤层适用,很难用于非饱和煤层含气量的估算。用于估算含气量的吸附等温线应尽可能模拟地层条件,如实验温度、压力及水分含量等。

总之,准确测定含气量比较困难,实际应用过程中应考虑测试过程中出现的各种异常情况,采用多种方法进行综合评价才能取得比较理想的结果。

第十三章　煤岩物性参数测定

第一节　概　　述

一、煤的孔渗特性

对于煤层甲烷气的开发,煤层储层物性是极其重要的参数,它主要包括孔隙度、渗透率、气—水相对渗透率及孔隙结构。在早期的煤岩物性测定中,由 Pittsburgh 学院的研究小组(1974)发表了关于煤的气—水相对渗透率的测定,1985 年 Terra Tek 公司报导了实验室测定煤的气—水相对渗透率的结果。这些研究结果都存在同样的问题,那就是:① 煤样放在烘箱中烘干,以便测定气体的有效渗透率和孔隙度;② 使用直径 2.5～3.8cm 的小柱样,而没有使用全直径岩心。

Pittsburgh 学院的研究人员在 80℃真空条件下将样品干燥 24h,Terra Tek 公司的研究人员在 40℃条件下使样品完全干燥,更重要的是,没有采取使煤与空气隔离的措施。

Puri 等(1993)测试结果表明,如果煤暴露在空气中并进行干燥处理,会对煤的割理系统及形状造成不可逆转的改变,煤的氧化和失水使煤的脆性及物理结构发生变化。因此,要想准确测定煤岩的物性参数,必须避免样品接触空气或遭受外界应力的影响。另外,以前在模拟煤层甲烷气藏开发和工程研究中所用的孔隙度是煤的总孔隙度,然而在煤层甲烷气藏开采中起主要作用的是割理孔隙度,煤的渗透率主要由割理系统提供。由于小柱样(2.5～3.8cm)采样的局限性,没有足够的割理系统,不能反映实际煤层的割理发育特点,因此不能代表煤层的实际情况。测定煤岩的物性参数,最好使用全直径岩心(6.2～8.5cm)。

在煤中,微孔占据了绝大部分孔隙,虽然割理孔隙占的比例很小,但却是流体的主要流动通道,为流体流向井底提供了疏通条件。已经发现煤中割理孔隙都被水所饱和,很少存在游离气。煤层甲烷气主要以吸附状态储存在基质微孔隙内,当压力下降、煤层脱水时,甲烷从煤的基质表面解吸出来,通过基质孔隙扩散到割理网络中,再通过割理系统流向井底。煤基质微孔中的水是不可动的,称为束缚水。割理中的水和气体的流动符合达西定律,从煤中采出的水和气体的流量主要受割理孔隙度、渗透率、气—水相对渗透率及孔隙结构的控制,而煤的基质孔隙对流体的流动特性影响很小。因此,实验室主要测定与割理系统有关的孔隙度、渗透率、气—水相对渗透率及孔隙结构,用于分析煤层储层物性。

二、煤样的取心要求

煤不同于常规岩心,它的机械特性是脆性大、宜于破碎,通常的取心方法会伤害样品,因此,取心过程中应该:

第一,使用既不会改变煤体结构,又不会改变其矿物含量的非活性钻井液,pH 值为 5.5～7.5,如使用氯化钾溶液做钻井液。腐蚀性介质及许多有机质都会改变煤的结构,故不能用作钻井液。

第二,采用低钻速或可控钻速,以防止取心钻头穿过煤与隔层页岩互层层序时穿透速度不稳定而引起煤心破碎。

第三，为了尽量提高煤心收获率，需使用厚的、带孔的、由聚氯乙烯(PVC)、铝或玻璃纤维制成的取心筒。取心筒不易过长，以满足含煤层段取心长度为宜。

第四，为达到测试样品的真实性，煤心直径尽可能大，最好 7.5 ~ 10cm。大直径岩心不仅含有足够的割理，更具有代表性，而且对用流体驱替试验确定最小有效割理孔隙体积来说也是必要的。

三、样品处理

煤心处理过程也要采取相应的措施，避免错误处理和使岩心暴露在空气中。Amoco 公司用于测试煤岩物性的煤心处理程序是：

第一，使用铝制取心筒钻切全直径岩心，取心筒一提到地面，立即选取 90cm (或更长)的岩心，两端用橡胶堵头密封。并在一个橡胶堵头上打孔以便释放出解吸出来的甲烷气体，细心地将岩心样品运送到实验室。

第二，将铝制取心筒放在大水池中，打开端盖将岩心推出。经验表明如果铝制取心筒和煤样在到达地面后始终处于水平放置，就会减少煤心的破碎。

第三，用水清洗岩心之后，仔细检查煤样，记录煤的品质和割理密度。结合测井资料校正煤心深度，并描述煤心的地质特征。必须注意，要让煤样始终处于湿润状态。含灰、页岩少的煤岩部分重量轻，且一般割理发育，选择质量好、割理发育的煤进一步做扫描测试。

第四，将所选择的煤样照相并记录尺寸、重量、视体积和密度。用环氧树脂将煤表面小的碎裂部分填平，用聚四氟乙烯缠好，放进热收缩套筒中。这种技术在岩心的处理中可以减少煤的解集作用，切下样品放在适当的放有水的筒中，最好是地层水。建议用于实验室测试岩心，其长度与直径的比值最小为1.0。

第五，一般使用线性 X 射线进行剖面扫描或 CAT 扫描得到煤心断面图像，以便进行割理发育状况的研究。应当剔除掉割理不发育或含有泥、页岩夹层的煤样。

第二节　割理孔隙度测定

绝对孔隙度是介质中孔隙的体积与介质总体积的比值，有效孔隙度是连通孔隙所占的体积与总体积的比。孔隙度是煤的固有特性，而有效孔隙度是在实验中由流动方向上与进出口连通的孔隙所占的比例，代表了可流动液、气体的储集空间及性能。

煤是双孔隙介质，含有基质孔隙和割理孔隙。其绝对孔隙度大约在 4.1% ~ 23.2% 之间，有效割理孔隙度则非常低。早期测量煤的孔隙度是使用粉碎的样品，通常使用气体吸附(N_2、CO_2)、氦置换或压汞法，测量的孔隙度受粒度、颗粒间孔隙、注入介质与煤的相互作用(膨胀或表面作用)等因素的影响。由于破坏了割理系统，测量值准确度差。

常规岩心分析测定孔隙度的标准方法，如重量法和气测法(氦气)，不适用于钻井取得的煤岩心样品，因为试验误差(± 0.2%)和有效割理孔隙度具有相同的数量级。氦孔隙计法测量的是总孔隙度而不是割理孔隙度，因为基质孔隙虽然占有很大的比例，但对气、水流动起的作用很小。同时，在计算气—水相对渗透率时也需要使用有效割理孔隙度，所以首先必须准确测定样品的割理孔隙度。

一、混相驱替技术

对于常规岩心，不用干样测定孔隙度的方法就是混相驱替技术（Lerner 等，1990），该技术可用于煤岩割理孔隙度的测定。因为煤岩中的微孔隙不能被液体所饱和，液体只能进入到割理系统中，所以使用这种方法测定的是割理孔隙度。

混相驱替技术的具体作法是：用一种流体饱和岩心，用具有不同物理性质但是与第一种饱和液相混溶的第二种流体驱替，根据密度、示踪剂浓度或离子组成等特性，确定驱替出来的原始饱和液的体积，用其除以样品体积即得割理孔隙度。

Gash（1991）使用去离子水和 100mg/L 的氯化锂溶液作为混相液，使用氯化锂溶液是因为其离解后的离子小且不易被碳表面所吸附（Perrich，1981）。将岩心首先用蒸馏水饱和，在饱和水的岩心中，注入用水蒸气加湿的氦气驱替岩心中的可动水。氦由垂直放置的岩心夹持器的顶端注入，然后将岩心抽空除去任何自由气，在 1atm 下，从岩心夹持器的底端注入水，岩心饱和水。然后向饱和蒸馏水的岩心中注入氯化锂溶液，直到流出氯化锂溶液的浓度与注入浓度相同为止。用折射系数和电导率检测氯化锂的浓度，使用电子天平测量流出液体的体积，继续注入氯化锂溶液 24～72h。以同样的方式用蒸馏水驱替氯化锂溶液检测氯化锂的浓度和流出液体的体积，由氯化锂的浓度和流出液体的体积计算总的驱出体积，减去系统的死体积（岩心夹持器进出口管线），得到割理中饱和水的体积，该值即为割理体积，由此可以计算出割理孔隙度。

使用该方法测得的孔隙度是割理孔隙度的上限值，因为任何氯化锂的吸附都会导致示踪孔隙度比实际割理孔隙度大。

使用碘化钠作示踪剂，用 X 射线检测示踪剂的混相驱替技术可以用来测定煤的割理孔隙度。

二、动水孔隙度法

测定割理孔隙度的另一种方法是"动水"孔隙度法，首先用水饱和岩心，然后用氦气驱替岩心中所饱和的水，驱出水量（减去死体积）称为可动水，用动水体积除以样品的总体积即得动水孔隙度。同样，该方法测得的也是割理孔隙度。用氦气驱替后，会有一部分水残留在样品中，因此使用该方法得到的是有效割理孔隙度。

三、伍德合金法

用压汞法可以测定样品直径大于 3.0nm 的孔隙体积。根据注入汞所占据的孔隙半径正比于水银的表面张力和注入压力的比，通过测量注入压力和进汞体积可确定多孔介质中的孔径分布。

伍德合金法是由 Dullien（1969）设计确定砂岩孔隙分布的，伍德合金以铋为主体，其中铋占 42.5%，铅占 37.7%，锡占 11.3%，镉占 8.5%。其熔点低，为 70～88℃。表面张力高，σ 为 480dyn/cm，θ 为 130°。它可以确定砂岩的孔隙结构、裂缝与应力的关系和裂缝的几何形状，其原理与压汞法一样，不同之处是伍德合金可以固化在介质的孔隙和裂缝中。

样品注入伍德合金前，首先用 CT（Computerized X-ray tomogragphy）扫描确定煤样的密度变化和裂缝的存在。扫描之后，将煤样称重，密封在具有围压的水静压力容器中。因为干燥失水会引起孔隙收缩（Nelson，1989），用氦气提供回压，以防在注入伍德合金过程中样品加热使水分降低。将系统加热到 95～100℃，保持 4h 以便充分加热，然后向样品中注入伍德合金，用计算机采集围压、伍德合金的注入压力、氮气回压和系统温度。注入完成后,保持围压,直到系统冷却。冷却后取出样品称重,用 CAT 扫描确定注入伍德合金的量。

使用该方法可以确定互相连通的大于或等于伍德合金所充填的最小孔隙的有效割理孔隙度,与前两者相比,该值偏小。最好使用混相驱法或动水孔隙度法,因为使用这两种方法可以测定样品的有效割理孔隙度,并且可以在地层条件下进行测定,更能如实地反映地层情况。

第三节　单相渗透率测定

在开采过程中,为预测煤层甲烷和水的产量,必需测定渗透率和气—水相对渗透率。这两项参数是控制开采速度和影响产能的主要因素,下面首先介绍单相渗透率的测定。

一、气体渗透率

与常规天然气藏不同,在采气过程中,煤层的气相渗透率不仅受应力和气体滑脱效应的影响,而且受到由于气体解吸而引起的基岩收缩的影响。

微孔直径比分子平均自由径小,气体在微孔中以扩散方式运移,符合费克定律。气体通过割理系统流向井底,一般认为是层流过程,遵守达西定律。

多孔介质的绝对渗透率与所通过的气体无关,只与介质的孔隙结构有关。然而,视渗透率既与介质的结构有关,又与所通过的气体有关。煤的渗透率受下列因素影响:

第一,有效应力增加会使裂缝闭合,使煤的绝对渗透率下降。渗透率越低,相对变化越大,有的减少两个数量级。通常认为随有效应力的增加渗透率呈指数形式下降。

第二,气体滑脱效应,气体分子与流动路径上的壁面相互作用,引起克林伯格效应。测得的渗透率可以表示如下

$$K = K_0 \left(1 + \frac{b}{p_\text{m}} \right) \tag{13-1}$$

式中　K_0——气体的绝对渗透率,$10^{-3} \mu m^2$;

　　　p_m——平均气体压力,MPa;

　　　b——克林伯格系数,MPa。

如图 13-1 所示,不同气体的 b 值不同。

第三,基岩收缩,气体吸附或解吸导致基岩膨胀与收缩。Moffat 和 Weale(1955)报道了,可用甲烷吸附或解吸与煤岩膨胀与收缩的关系来校正吸附等温线。在 15.20MPa 条件下,不同煤岩体积增加 0.2% ~ 1.6%。压力为 15.20 ~ 70.93MPa,煤岩体积减少或不变。煤的基质收缩使裂缝张开,致使煤的渗透率增加(Gray,1987)。为证实由于气体解吸引起基岩收缩对渗透率的影响,需要进行不同压力下的渗透率试验,以便使气体解吸出来,但是任何气体压力的变化都会导致裂隙被压缩,气体滑脱和基岩收缩同时发生。为了计算出基岩收缩的影响,需要减少另外两种因

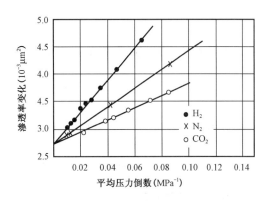

图 13-1　气体渗透率与平均压力倒数关系曲线图

素的影响或是估算出其影响程度。

加在煤样上的有效应力保持为常数,以消除应力对裂隙压缩的影响,有效应力为

$$p_e = p_c - np_m \tag{13-2}$$

式中　p_e——有效应力,MPa;

　　　p_c——外部应力(围压),MPa;

　　　n——有效应力系数。

在低压下($0 \sim 1.04$MPa),n 值取 1(Randolhn 等,1884;Zimmerman,1991)。随着气体压力的变化,时刻调整围压以使有效应力保持恒定。

气体渗透率由($13-1$)式给出,其中克林伯格系数 b 由下式给出

$$b = \frac{16c\mu}{\omega} \sqrt{\frac{2RT}{\pi M}} \tag{13-3}$$

式中　c——常数,一般取 0.19;

　　　μ——气体黏度,mPa·s;

　　　M——气体分子量;

　　　ω——缝宽,cm;

　　　R——通用气体常数;

　　　T——绝对温度,K。

因此,b 是气体特性(μ、M)和样品特性(ω)确定的。由于煤对甲烷的吸附或解吸,b 不再是常数,也不能直接测量,在任何试验中测量渗透率的变化都是滑脱效应和收缩效应的综合影响。氦是非吸附物质,可以在试验中得到 b 值,即 b_H,在相同的有效应力下,甲烷的滑脱系数 b_c 由方程($13-3$)确定

$$b_H = \frac{16c\mu_H}{\omega} \sqrt{\frac{2RT}{\pi M_H}} \tag{13-4}$$

$$b_c = \frac{16c\mu_c}{\omega} \sqrt{\frac{2RT}{\pi M_c}} \tag{13-5}$$

故

$$b_c = \frac{\mu_c}{\mu_H} \frac{M_H}{M_c} b_H \tag{13-6}$$

由于滑脱效应引起的渗透率的变化表示如下

$$\Delta K_{SL} = K - K_0 = K_0 \frac{b_c}{p_m} \tag{13-7}$$

所以由于基岩收缩引起的渗透率的变化表示为

$$\Delta K_{SL} = K_c - K_0 - \Delta K_{SL} = K_c - K_0 - K_0 \frac{b_c}{p_m} \tag{13-8}$$

由基岩形变和解吸气量之间的关系可以得出

$$\Delta K_c = AV_d$$

式中　K_c——甲烷测得的渗透率,$10^{-3}\mu m^2$;

A——系数；

V_d——解吸体积，cm^3/g。

因此，在相同的有效应力条件下，可以分别计算出滑脱效应和基岩收缩的影响。试验步骤为：

第一，用氦气测定渗透率和平均孔隙压力的关系，计算出 b_H。

第二，用氦气的滑脱系数估算出甲烷的滑脱系数 b_c [方程(13-6)]，并用方程(13-7)计算出气体滑脱效应引起的渗透率的变化。

第三，用甲烷测定渗透率和平均压力的关系。

第四，用第三步的结果减去第二步的结果即为基岩收缩引起的渗透率的变化。

Harpalani 和 Chen(1993)用这种方法进行了试验研究，图 13-2 为不同压力条件下滑脱效应和基岩收缩对渗透率的影响程度曲线，通过试验得出结论：① 气体压力在下降到 1.73MPa 以上时，基岩收缩的影响起主要作用，超过 1.73MPa 时，基岩收缩和滑脱效应影响都很明显；② 导致渗透率变化的基岩收缩与基岩形变呈线性相关(图 13-3)，后者与解吸气量又呈线性关系。故渗透率的变化与解吸气量线性相关(图 13-4)，所以由基岩收缩引起的渗透率的变化可以通过吸附等温线计算出来。

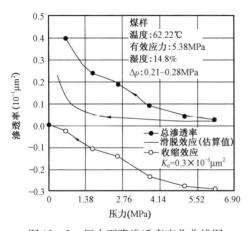

图 13-2 压力下降渗透率变化曲线图
（据 Harpalani 等,1993）

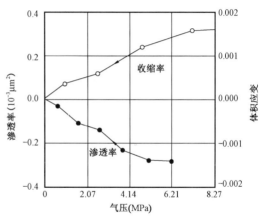

图 13-3 基质收缩和渗透率变化曲线图
（据 Harpalani 等,1993）

二、水相渗透率

前面已经讨论过，样品干燥和与空气接触会导致人为裂缝，因此测定样品的水相渗透率更具有实际意义。样品保持湿润状态送到实验室进行处理，首先必须排出煤样中的气体，将制备好的岩心放入岩心夹持器，开始用热水(48.9~65.6℃)冲洗几个小时(约 8~12h)，绝大部分吸附在煤中的甲烷气会被冲洗出来，然后用脉动压力法和抽真空的方法可以清除所有圈闭在煤的割理系统中的剩余气体。之后在室温条件下，测定煤样的水相渗透率。一般约需 12h，可达到稳定的渗透率值(Puri,1993)。渗透率的主要影响因素有四个方面。

1. 微粒迁移

Gash(1991)测定了水相渗透率随时间的变化，测试时间长达两个月，发现随着时间的增长渗透率下降，图 13-5 是测量的去离子水的绝对渗透率(流量 $10cm^3/h$)与时间的关系。水相渗透率下降的一个原因是微粒迁移，这一现象在常规砂岩中也观察到(Dabbours 等,1974)。在图中所示阶段之前有两个下降期，第一次水相渗透率下降到 $0.05 \times 10^{-3}\mu m^2$，反向注入后渗

透率增加到 $0.15 \times 10^{-3} \mu m^2$。再反向注入后渗透率恢复正常,表明存在微粒迁移。第三次反向后水相渗透率增加,但再也恢复不到初始值。

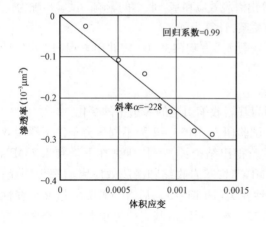

图 13-4   渗透率与体积应变关系图   图 13-5   水相绝对渗透率与时间关系图
（据 Harpalani 等,1993）

2. 黏土膨胀

注入含有 NaCl 或 LiCl 的盐水观察到岩心渗透率增加,说明黏土矿物对该岩心的渗透率下降起着一定作用。同时对其他岩心观察表明,煤的塑性形变(压缩)也可能引起渗透率下降,由此在测定水相渗透率时给出的是渗透率的变化范围。

3. 割理方向

割理方向对渗透率影响很大,平行于层面的面割理方向渗透率最大,与压力恢复试井和历史产量模拟的结果相当。垂直于层面的端割理方向渗透率很小,约是面割理方向的一半(Gash 等,1993),而垂直于层理方向的渗透率远小于模拟研究中所用的值。

在实验中最好能够测定平行于层理和面割理方向煤样的渗透率,但由于钻井取心样品直径比较小,从中钻取平行于层理和面割理方向的岩心直径就会更小,不能代表煤层的实际渗透率。应当考虑选用矿井样品,测定平行于层理和面割理方向的渗透率,然后经换算来预测地层条件下的渗透率。

4. 上覆岩层压力

渗透率受围压的影响很大,根据围压—渗透率的关系可以将渗透率换算到地层条件。Mckee 等(1986)研究指出受应力影响的渗透率可以用下式描述

$$K = K_0 \frac{[1-(1-\varphi_0)e^{\overline{C}\Delta\sigma}]^3}{\varphi_0^3 e^{2\overline{C}\Delta\sigma}} \tag{13-9}$$

其中

$$\overline{C} = \frac{1}{\sigma-\sigma_0}\int_{\sigma_0}^{\sigma} C_0 e^{-a(\sigma-\sigma_0)}d\sigma = \frac{C_0}{a\Delta\sigma}(1-e^{-a\Delta\sigma}) \tag{13-10}$$

式中 K_0——初始渗透率,$10^{-3}\,\mu m^2$;

φ_0——初始孔隙度,小数;

σ_0——初始应力,MPa;

σ——应力,MPa;

$\Delta\sigma$——$\sigma - \sigma_0$,MPa;

$\overline{C}$——$(\sigma - \sigma_0)$内的平均压缩系数,MPa^{-1}。

应力变化,平均压缩系数也变化。

当地层孔隙度很低时,$(13-9)$式中的指数项取级数展开的第一项,则$(13-9)$式简化为

$$K = K_0\left(1 - \frac{\Delta\sigma}{\sigma_0}\right)^3 \qquad (13-11)$$

在某一特定的压缩系数下,原始孔隙度对渗透率的影响:压缩系数越大,渗透率对应力的依赖性越强;同样,原始孔隙度越小,渗透率对应力的依赖越强。因此原始孔隙度低和压缩系数大的煤层,渗透率对应力的变化最敏感。

Seidle 等(1992)使用 Reiss(1980)建立的模型导出渗透率与应力的关系为

$$\frac{K_{f2}}{K_{f1}} = \exp\left[-3C_f(\sigma_{h2} - \sigma_{h1})\right] \qquad (13-12)$$

式中 K_f——割理渗透率,$10^{-3}\,\mu m^2$;

C_f——割理压缩系数,MPa^{-1};

σ_h——水静应力,MPa。

该方程适用于在实验室静水应力条件下煤样的测定。将实验室条件下的单轴向应变转化为地层条件

$$\sigma_h = \frac{1}{3}\frac{1+\gamma}{1-\gamma}\sigma_v \qquad (13-13)$$

$$\sigma_v = S - p_p = (H_r - H_w)h \qquad (13-14)$$

式中 γ——泊松比;

σ_v——垂向应力,MPa;

H_r——上覆岩石压力梯度,MPa/m;

H_w——水的压力梯度,MPa/m;

p_p——孔隙内压力,MPa;

h——埋藏深度,m。

根据测定的渗透率与应力的关系,可以通过数据拟合得到压缩系数,图13-6为皮伸斯盆地模拟曲线图,可以看出计算值与实测结果符合得很好。

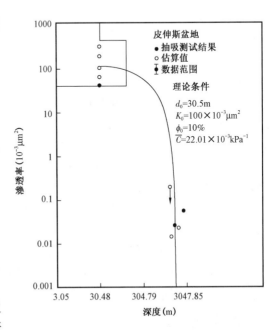

图13-6 渗透率随深度变化及与皮伸斯盆地煤层理论曲线拟合图

第四节　相对渗透率测定

一、测定方法

常规砂岩储层相对渗透率的测定主要有两种方法：即稳态法和非稳态法，测量煤的相对渗透率也使用这两种方法。稳态法是气体和水恒速或恒压注入到岩心中，直至达到稳定，然后根据有效渗透率计算气—水相对渗透率。非稳态法是首先用盐水饱和岩心，然后进行气驱水，由JBN法计算相对渗透率。

Hyman 等（1991）在确定煤层甲烷气藏毛细管压力和相对渗透率时使用修正的孔板法，在不同的注入氮气压力条件下，测定不同时间从煤样中产出水量，然后将产量数据输入到两相模型中确定毛细管压力、相对渗透率和样品的割理孔隙度。该方法不需要达到平衡状态，而采用计算机拟合技术，因而大大节省了试验时间。事实上，由于煤的割理系统不同于砂岩的孔隙系统，用柱状模型来描述不是十分妥当。

二、影响因素

在相对渗透率的测定中，润湿性是主要影响因素。在常规砂岩气—水相对渗透率的测定中，通常使用氮气或氦气来代替天然气。而对于煤，甲烷会被煤吸附，因此煤基质可能被甲烷润湿，然而煤的割理中常常存在着一定量的矿物质，故煤可能被甲烷、水润湿，或是中间润湿。

另外，由于吸附甲烷气会使煤膨胀，从而改变煤的孔隙结构，同理，氮气也会被吸附，因此，在测定煤的相对渗透率时只能用氦气。

Puri（1993）和 Gash（1991）分别报导了煤岩气—水相对渗透率的测定方法和测定结果。通过试验证明，割理方向对水相绝对渗透率影响很大，但对于割理发育的煤层，割理方向对相对渗透率没有影响。所以可以用垂直样品测定煤的气—水相对渗透率，即可直接选用钻井取心的全直径样品。

三、稳态法

在使用稳态法测定煤的相对渗透率时，一般采用恒速法，气和水同时按一定的流量流过样品，直到样品两端的压差达到稳定值，说明达到了平衡。此时用 X 射线扫描法测定样品的含水饱和度，根据达西定律分别求出气和水的有效渗透率，从而得到相对渗透率。

试验过程中一般都选用碘化钠作示踪剂，将碘化钠加入到测试盐水中。由于煤的孔隙度较常规砂岩储层的孔隙度要低得多，必须提高碘化钠的浓度，Puri（1993）选用碘化钠的浓度为每升水中加 147g 碘化钠。然后用 X 射线扫描岩心，根据被阻挡的 X 射线的量计算饱和度的变化。

由于煤的渗透率一般都很低，故平衡时间较长，一般需要几天的时间才能达到毛细平衡。此时 X 射线的背景值达到稳定，由此计算出饱和度，根据稳定的压力和注入流量计算出有效渗透率，从而得到气—水相对渗透率。

四、非稳态法

在非稳态技术中，岩心首先被水饱和，然后用气体置换，因此试验过程中从未达到过饱和度平衡。然后用一个数学模型通过测量压差和流量数据求得样品的相对渗透率，它是样品出口端水饱和度的函数。于是需要单独确定孔隙度,以便将饱和度和孔隙体积联系起来。非稳态法相对渗透率的测定装置如图 13 - 7 所示。

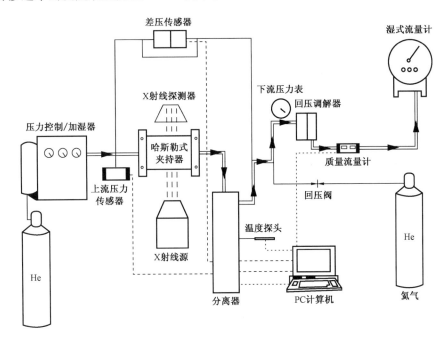

图 13 - 7 非稳态法气—水相渗透率仪示意图

对于每一样品,都在一恒压下注入加湿的氦气,以置换出水来。连续地注入气体,直至水产量的增量达到稳定。用一个自动数据采集系统,记录不同时间水和气的体积、上流压力、压差和温度。用天平或计量管等计量所生产的水的重量。用水的重量和密度计算饱和度。根据水量和气量,利用 Johnson 等(1959)的模型或 Jones 等(1976)的模型计算出气—水相对渗透率。在每次试验完成时,计算出流动水作为有效的样品孔隙体积,用于估计饱和度分布。

在非稳态技术中,需要对割理孔隙度进行单独分析,以确定饱和度数据与孔隙体积间的关系。这一技术还受如下因素的控制,即用于计算相对渗透率的数学模型所具有的简单化假设。这些模型假设以恒定速率流过岩心的整个横断面,但是割理网的不均匀性可能使这种假设无效。不过,与稳态技术相比,非稳态过程大大地减少了试验时间。

Puri(1993)在应用非稳态技术中同时使用 X 射线扫描确定束缚水饱和度。主要试验步骤如下:

第一,用模拟地层水饱和岩心,用 X 射线扫描岩心全长,强度记为 I_1。

第二,用加湿的氦气驱替岩心中饱和的水,连续注气 6L 后再注 4h,以动水体积为基础按JBN 法计算气—盐水的相对渗透率,同时扫描岩心,X 射线强度记为 I_2。

第三,用加碘化钠的盐水驱替岩心中氦气 24~48h,用 X 射线扫描岩心,强度记为 I_3。

第四,与第二步骤相同。用氦气驱替后,计算气—水相对渗透率,然后用 X 射线描述岩心全长,强度记为 I_4。

假设第二和第四步中束缚水饱和度相同,则可根据 X 射线强度的变化计算出岩心不同断面处的束缚水饱和度

$$S_{wr} = \frac{\ln(I_2/I_4)}{\ln(I_1/I_3)}$$

(13 - 15)

图 13 - 8 为测定的某岩心的束缚水饱和度曲线,平均束缚水饱和度为 36.5%。其中有效割理孔隙度为

$$\varphi_e = V_{mw}/V_b \qquad (13-16)$$

式中　V_{mw}——驱水水的体积,cm^3;

　　　V_b——煤心的视体积,cm^3。

有效割理孔隙度表示从割理系统中采出水的最大量(与煤的视体积的比表示),则煤的总割理孔隙度为

$$\varphi_t = \varphi_e/(1 - S_{wr}) \qquad (13-17)$$

根据第二和第四步测得的相对渗透率拟合出最佳相对渗透率曲线如图13 - 9。

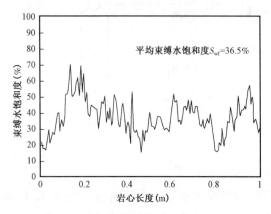

图 13 - 8　割理束缚水饱和度图(据 Puri,1993)

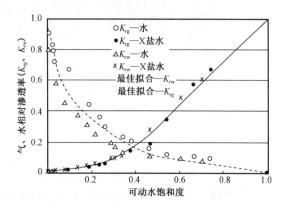

图 13 - 9　试验测定与拟合相对渗透率曲线图
(据 Puri,1993)

由于煤的割理孔隙度非常小,为2%左右,饱和水量及产出水量都很小。在试验前必须准确测定系统的死体积,尽可能减少测量误差。

五、两种方法对比

对同一煤样和成对煤样的各种相对渗透率试验做比较。圣胡安盆地弗鲁特兰组 1 号和 7 号煤样的稳态和非稳态试验的对比结果如图 13 - 10 所示,这两个煤样相对渗透率比值(K_{rg}/K_{rw})的对比结果如图 13 - 11 所示。为了对比,稳态数据经过了校正处理。对每个样品而言,稳态和非稳态相对渗透率的比值是相似的。气的相对渗透率曲线出现了大的差异。如前面所讨论的两种方法中与煤有关的问题,是造成这种偏差的原因。

煤岩与常规砂岩不同,具有双孔隙系统:即基岩孔隙和割理孔隙。基岩孔隙主要为微孔,是煤层甲烷的主要富集场所,一般不含水。割理系统是流体的主要渗流通道。故此,测定煤岩的物性参数主要考虑割理孔隙度、渗透率和气—水相对渗透率:① 煤样的干燥和接触空气会改变其孔隙结构,样品取出后应始终处于润湿状态;② 测定煤岩的割理孔隙度可用混相驱替法和动水法,测得的值都为样品的有效割理孔隙度;③ 测定煤岩水相渗透率时应考虑割理方向和围压的影响,平行于层理的面割理方向的渗透率最大,该值反应了煤层的实际渗透能力,也是工程中主要的应用参数;④ 割理方向对气—水相对渗透率没有影响,由此可以用全直径的垂直取心样品进行测定。

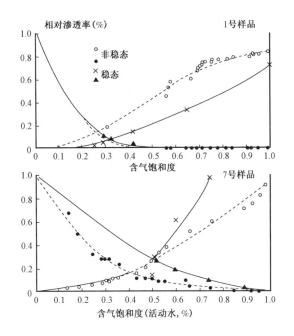

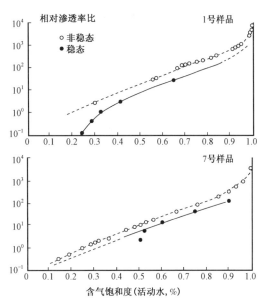

图 13 - 10　煤的气—水相对渗透率对比图
（据 Hyman 等,1993）

图 13 - 11　煤的气—水相对渗透率比值对比图
（据 Hyman 等,1993）

第五节　孔隙度与渗透率的核磁测试技术

近年来,中国石油勘探开发研究院(廊坊分院)将小核磁测量技术用于煤层孔隙度与渗透率的测量取得了很好的效果,主要体现在三个方面。

一、研究孔隙构成

煤阶不同,孔隙度与孔隙结构不同,解吸渗流特征不同,要求降液速率也不同,因而,精确测定孔隙度与孔隙结构甚为必要,小核磁测试技术提供了很好的判别依据(图 13 - 12)。

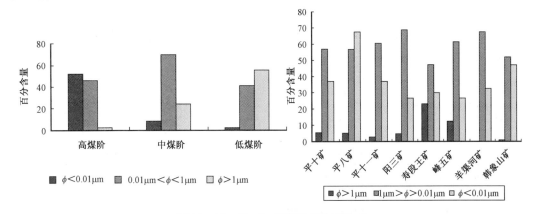

图 13 - 12　高、中、低煤阶的孔隙构成

高煤阶以小于 0.01μm 的微孔和 0.01 ~ 1μm 的中孔为主,一般在 80% 以上,少见原生孔、屑间孔、矿物晶间孔等,中、微孔是煤层气的主要吸附空间,靠次生割理、裂隙疏通运移;低煤阶以大于 1μm 的大孔和中孔为主,演化程度低,裂隙不发育,大孔是吸附气、游离气的主要储集空间和连接割理运移的扩散通道;中煤阶以中大孔为主,中大孔是连接割理裂隙使煤层气扩散的通道

二、核磁共振测试显示

不同煤阶孔隙结构不同,储气类型也明显不同(图13-13),并可据之预测产量高低。

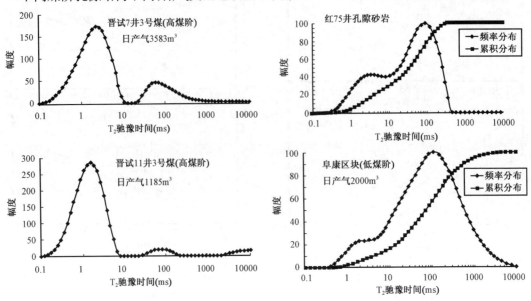

图13-13 据核磁共振测试孔隙结构可预测产量高低

高煤阶峰值左峰高右峰低,两峰中间零值,微孔和割理区分明显;低煤阶相反,
类似孔隙砂岩气藏,高煤阶右峰可流动峰值越高(割理发育),气井产量越高

三、压实渗透率小核磁测试技术

在山西郑庄区块高煤阶、内蒙霍林河盆地低煤阶两种情况下,压实渗透率的小核磁测试技术都获得了有益的结果(图13-14),这对深层孔隙度、煤层吸附量(图13-15)和产量预测都是有益的。

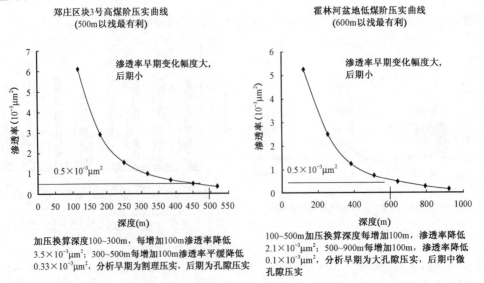

图13-14 郑庄区、霍林河地区煤层压实渗透率小核磁测试结果

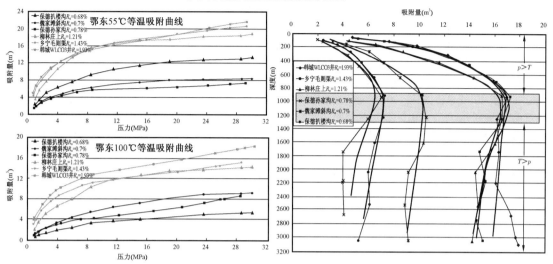

图 13 – 15 深部高温压下煤层吸附量预测技术

实验认为对吸附能力影响:低温、低压下压力影响大,高温、高压
下温度影响大。中高煤阶吸附量临界深度为1300m,低煤阶为900m

　　煤岩物性参数是煤层气勘探开发的基础参数,对于生产和规律性研究都致关重要,所以人们既重视传统方法的应用,也很重视新技术的研发,希望这有助该领域的不断发展,能够更加迅速地为生产研究提供准确适用的科学数据。

参 考 文 献

马东民,张遂安,彭瑛.2011.非低阶煤煤层气解吸关系研究.湖南工业大学学报,25(1):11-15.

王乐平,王现强.2009.我国煤层气超临界吸附的研究进展.现代矿业,477:20-22.

王爱宽,秦勇.2010.生物成因煤层气实验研究现状与进展.煤田地质与勘探,38(5):23-27.

刘曰武,苏中良,方虹斌,张钧峰.2010.煤层气的解吸吸附机理研究综述.油气井测试,19(6):37-44.

刘应书,郭广栋,李永玲,杨雄.2010.变压吸附浓缩低甲烷浓度煤层气的实验研究.低温与特气,28(2):5-8.

孙粉锦,冯三利,赵庆波.2010.煤层气勘探开发理论与技术.北京:石油工业出版社.

孙粉锦,李贵中,欧阳永林,邓泽,陈振宏,王勃,庚勐,杨泳,曾良君.2012.煤层气中游离气含量的测算方法.中国专利.

孙粉锦,赵庆波,邓攀.1998.影响中国无烟煤区煤层气勘探的主要因素.石油勘探与开发,25(1):32-34.

孙粉锦等.2012.华北中高煤阶煤层气富集规律和有利区预测.北京:中国矿业大学出版社.

杜江,胡艾丽.2010.简述煤层气成因.科技向导,18(7):20-21.

李安启,张鑫,钟小刚,杨焦生,任源峰.2008.煤岩吸附曲线在煤层气勘探开发中的应用.天然气工业,13(2):80-82.

李相臣,康毅力,罗平亚.2009.煤层气储层变形机理及对渗流能力的影响研究.中国矿业,18(3):99-102.

李贵中,王红岩,吴立新,刘洪林.2005.煤层气向斜控气论.天然气工业,25(1):26-28.

李贵中,杨健,王红岩,刘洪林,王勃.2008.煤层气储量计算及其参数评价方法.天然气工业,28(3):83-84.

李贵中,秦勇,戴西超,桑树勋,曾勇,范炳恒.1999.沁水盆地山西组煤储层含气性及控制因素分析.中国矿业大学学报,28(4):350-352.

杨克兵,左银卿,甘健,杨春莉.2011.测井资料在煤层气储层评价中的应用研究.中国煤层气,8(2):16-19.

吴财芳,秦勇,傅雪海.2007.煤储层弹性能及其对煤层气成藏的控制作用.中国科学D辑:地球科学,37(9):1163-1168.

吴保祥,段毅,孙涛,何金先.2010.热成因煤层气组成与演化模拟.新能源,30(5):129-132.

汪伟英.2011.煤层气储层阳离子交换容量及其对煤岩物性的影响.中国煤层气,8(4):22-25.

宋旭,孙娇鹏,程龙.2009.压力在煤层气吸附、解吸过程中的作用及变化.科技创新导报,23:96.

张时音,桑树勋.2009.不同煤级煤层气吸附扩散系数分析.中国煤炭地质,21(3):24-27.

张福凯,徐龙君,鲜学福.2008.改性煤变压吸附分离煤层气中甲烷的研究.天然气化工,33(4):17-19.

张晓莹.2011.三维应力对煤层气—水两相渗流特性影响实验研究.水资源与水工程学报,22(3):55-57.

陈浩,李建明,孙斌.2011.煤岩等温吸附曲线特征在煤层气研究中的应用.重庆科技学院学报,自然科学版,13(2):24-26.

陈振宏,王一兵,宋岩,刘洪林.2008.不同煤阶煤层气吸附、解吸特征差异对比.天然气工业,28(3):30-32.

赵文智,王兆云,张水昌,王红军,赵长毅,胡国义.2005.有机质接力成气模式的提出及其在勘探中的意义.石油勘探与开发,32(2):1-7.

赵庆波,孔祥文,赵奇.2012.煤层气成藏条件及开采特征.石油与天然气地质,(4):552-560.

赵庆波,田文广.2008.中国煤层气勘探开发成果与认识.天然气工业,28(3):16-18.

赵庆波,刘兵,姚超.1998.世界煤层气工业发展现状.北京:地质出版社.

赵庆波,孙粉锦,李五忠.2011.煤层气勘探开发地质理论与实践.北京:石油工业出版社.

赵庆波,李五忠,孙粉锦.1997.中国煤层气分布特征及高产富集因素.石油学报,18(4):1-6.

赵庆波,李贵中,孙粉锦.2009.煤层气地质选区评价理论与勘探技术.北京:石油工业出版社.

赵庆波,陈刚,李贵中.2009.中国煤层气富集高产规律、开采特点及勘探开发适用技术.天然气工业,29(9):13-19.

赵毅,毛志强,蔡文渊,罗安银,赵永昌.2011.煤层气储层测井评价方法研究.测井技术,35(1):25-30.

周军平,鲜学福,姜永东,李晓红,姜德义.2010.考虑基质收缩效应的煤层气应力场—渗流场耦合作用分析.岩土力学,31:2317-2323.

周胜国,郭淑敏.1999.煤储层吸附解吸等温线测试技术.石油实验地质,21(1):76-80.

周耀周,郝宁,肖斌.1997.煤层气藏勘探开发程序研究.断块油气田,4(4):20-23.

姜伟,吴财芳,王聪,陈召英,杜严飞.2011.吸附势理论在煤层气吸附解吸研究中的应用.煤炭科学技,39
(5):102-104.

胡向志.2011.钻井工程在地面煤层气开发中的作用.地质装备,12(4):31-33.

秦勇.2005.国外煤层气成因与储层物性研究进展与分析.地学前缘,12(3):289-297.

唐巨鹏,潘一山,李成全,董子贤.2007.三维应力作用下煤层气吸附解吸特性实验.天然气工业,27
(7):35-38.

唐晓敏,邵云.2011.影响煤层气开采模式的相关参数分析.中国产业,6:39.

陶明信,王万春,解光新,李晶莹,张私,史宝光,王彦龙,张小军,高波.2005.中国部分煤田发现的次生生物成
因煤层气.科学通报,50(增刊1):14-18.

陶明信,解光新.2008.煤层气的形成演化、成因类型及资源贡献课题研究进展.天然气地球科学,19
(6):894-896.

桑树勋,朱炎铭,张井,张晓东,唐家祥.2005.煤吸附气体的固气作用机理(Ⅰ)——煤孔隙结构与固气作用.
天然气工业,25(1):13-15.

崔永君,李育辉,张群,降文萍.2005.煤吸附甲烷的特征曲线及其在煤层气储集研究中的作用.科学通报,50
(增刊1):76-81.

蒋书虹,欧成华.2009.煤层气超临界吸附行为的蒙特卡罗法研究综述.西部探矿工程,8:48-51.

辜敏,陈昌国,鲜学福.2001.混合气体的吸附特征.天然气工业,21(4):91-94.

谢学恒,王宁,郝春明,龙毅.2011.煤层气试验井组开发阶段关键问题探讨.中国煤层气,8(1):26-28,36.

彭春洋,陈健,原晓珠,湛祥惠.2011.煤层气储层渗透性影响因素分析.煤,5(20).